无卤阻燃苯乙烯系聚合物材料

刘继纯 著

科学出版社

北京

内 容 简 介

本书是一部论述无卤阻燃苯乙烯系聚合物材料的专著。首先简要介绍了无卤阻燃苯乙烯系聚合物材料的研究概况，然后对苯乙烯系聚合物的合金化阻燃进行了阐述，并分别论述了可膨胀石墨、纳米黏土和金属氢氧化物阻燃剂对苯乙烯类聚合物的阻燃作用和阻燃机理，在此基础上介绍了玻璃纤维增强无卤阻燃高抗冲聚苯乙烯复合材料和非均质结构无卤阻燃高抗冲聚苯乙烯复合材料，最后介绍了耐化学腐蚀的氢氧化镁阻燃高抗冲聚苯乙烯复合材料。全书 90% 以上的内容为作者的第一手科研资料及在研究工作中的感悟和体会。

本书可供从事阻燃苯乙烯系聚合物材料及其他阻燃高分子材料研究、生产及应用的工程技术人员参考，也可作为高等院校相关专业研究生和高年级本科生的学习用书。

图书在版编目（CIP）数据

无卤阻燃苯乙烯系聚合物材料/刘继纯著. —北京：科学出版社，2021.6
ISBN 978-7-03-068795-1

Ⅰ. ①无… Ⅱ. ①刘… Ⅲ. ①苯乙烯-阻燃剂-聚合物-复合材料-研究 Ⅳ. ①TQ569

中国版本图书馆 CIP 数据核字（2021）第 089113 号

责任编辑：贾 超 李丽娇/责任校对：杜子昂
责任印制：肖 兴/封面设计：陈 敬

科学出版社 出版
北京东黄城根北街 16 号
邮政编码：100717
http://www.sciencep.com
天津文林印务有限公司 印刷
科学出版社发行 各地新华书店经销
*
2021 年 6 月第 一 版　开本：720×1000　1/16
2021 年 6 月第一次印刷　印张：17 1/2
字数：350 000
定价：128.00 元
（如有印装质量问题，我社负责调换）

前　言

　　高分子材料在实际应用中存在的一个主要问题是遇火容易燃烧，并且燃烧时会生成大量毒性和腐蚀性气体，环境污染严重。为了预防火灾，保护人们的生命和财产安全，对高分子材料进行阻燃处理已经是国内外学术界和产业界的广泛共识。由于用含卤素阻燃剂阻燃的高分子材料在燃烧时发烟量大并释放有毒和腐蚀性的卤化氢气体，因此无（低）毒、低烟、无卤阻燃成为阻燃材料的发展方向。

　　以聚苯乙烯（PS）、高抗冲聚苯乙烯（HIPS）、丙烯腈-丁二烯-苯乙烯（ABS）为代表的苯乙烯系聚合物是一类重要的热塑性聚合物，它是指苯乙烯均聚物及以苯乙烯为主要组分的共聚物和（或）共混物，这类聚合物材料因具有一系列优异的性能在电子元器件、仪器仪表、保温材料、交通运输及日常生活中有非常广泛的应用。但是，由于这类聚合物材料由碳和氢两种元素组成，在大分子主链上含有大量苯乙烯结构单元，侧基含有大量苯环，遇火极易燃烧，燃烧时无任何残余物生成并且释放大量黑色浓烟，火灾隐患非常严重，所以对其进行阻燃和抑烟处理以提高防火安全性和改善环境质量十分必要。

　　本书作者自 2004 年博士毕业后开始进入高分子材料阻燃领域独立从事聚合物阻燃研究，在此期间花费了较多的时间和精力对苯乙烯系聚合物材料的阻燃进行基础和应用开发研究，培养了十几届研究生，在国内外相关专业学术期刊上发表与高分子材料阻燃有关的研究论文 60 余篇，授权与高分子材料阻燃相关的发明专利 10 余项。随着研究工作的进行，深感有必要对前期的工作进行一个阶段性的总结，作者也乐意将这些研究资料以及作者在教学、科研、应用开发中积累的点滴经验、感悟和体会，系统整理并深化成书，与同仁分享，加强交流与合作，使更多的读者受益，推动阻燃材料的研究和应用。

　　本书对无卤阻燃苯乙烯系聚合物材料做了比较全面和系统的论述，涵盖了阻燃苯乙烯聚合物材料的诸多方面，包括加入成炭聚合物的合金化阻燃、可膨胀石墨的膨胀化阻燃、纳米黏土和金属氢氧化物等无卤阻燃剂对苯乙烯系聚合物的阻燃作用及机理，尤其是对氢氧化镁/红磷协同阻燃体系进行了深入的研究。在此基础上，研究探索了耐化学腐蚀的阻燃材料，以满足特殊场合的需要。同时，对玻纤增强阻燃材料也进行了论述，以期使研究工作更贴近实际应用。另外，本书提出了"非均质结构阻燃材料"的概念，并结合作者自身的研究工作进行了阐述，以期进一步开阔视野，拓宽研究思路。

非常感谢作者的历届学生所付出的辛勤劳动，从某种意义上说，本书是课题组师生多年来共同努力的结晶。感谢国家自然科学基金（U1704144）、河南省科技攻关计划（122102310305）、河南省基础与前沿技术研究计划（142300410013）、河南省高等学校重点科研项目计划（16A430015）以及河南科技大学人才科研基金（09001147）等项目的支持。河南大学化学化工学院常海波教授对本书初稿进行了认真细致的审阅，提出了许多宝贵的意见，在此特别表示由衷的感谢。

由于作为交叉学科的阻燃高分子材料涉及知识面较广，国内外阻燃高分子材料科学技术发展迅速，新技术、新方法和新思路不断涌现，加之作者水平有限，成文时间仓促，对某些实验结果的分析和解释未必完全准确合理，所以书中瑕疵和疏漏之处在所难免，恳请读者不吝赐教！

刘继纯

2021 年 6 月

于河南科技大学开元校区

目　　录

第1章　阻燃聚合物材料概述 ··· 1

1.1　引言 ·· 1

1.2　聚合物材料的燃烧过程分析 ·· 1

1.3　聚合物阻燃机理 ·· 2

1.4　聚合物阻燃方法 ·· 4

1.5　燃烧性能分析测试方法 ·· 4

　　1.5.1　极限氧指数法 ·· 5

　　1.5.2　水平和垂直燃烧实验法 ······································ 5

　　1.5.3　锥形量热仪法 ·· 6

　　1.5.4　辐射气化法 ·· 7

　　1.5.5　热重分析法 ·· 7

　　1.5.6　燃烧残余物形貌分析和组分分析法 ···························· 8

　　1.5.7　热量传递测定法 ·· 8

1.6　无卤阻燃苯乙烯系聚合物材料研究概况 ······························ 10

　　1.6.1　添加无卤阻燃剂阻燃 ·· 10

　　1.6.2　合金化阻燃 ·· 13

　　1.6.3　纳米复合阻燃 ·· 13

　　1.6.4　化学改性阻燃 ·· 14

　　1.6.5　协同阻燃 ·· 15

第2章　苯乙烯系聚合物的合金化阻燃 ································· 16

2.1　引言 ··· 16

2.2　聚苯乙烯/聚苯醚合金的燃烧性能 ···································· 16

　　2.2.1　热失重行为 ·· 16

　　2.2.2　耐高温性能 ·· 17

　　2.2.3　燃烧性能 ·· 18

2.3　聚苯乙烯/聚苯醚/氰尿酸三聚氰胺复合材料的阻燃性能 ················· 20

2.3.1 复合材料结构分析 ··20
2.3.2 燃烧性能 ···21
2.3.3 加工流动性能 ···25
2.4 高抗冲聚苯乙烯/聚苯醚/微胶囊红磷复合材料的阻燃性能 ···27
2.4.1 燃烧性能 ···27
2.4.2 热分解行为 ···32
2.4.3 阻燃机制 ···33
第3章 含有石墨的膨胀阻燃高抗冲聚苯乙烯复合材料 ···············35
3.1 引言 ···35
3.2 不同种类和粒径石墨对 HIPS 阻燃性能的影响 ···············35
3.3 HIPS/EG/MRP 复合材料的燃烧性能和成炭行为 ············37
3.3.1 燃烧性能 ···37
3.3.2 成炭行为 ···42
3.3.3 热分解行为 ···44
3.3.4 燃烧时凝聚相中的温度分布 ·································47
3.4 阻燃 HIPS/EG/MRP 复合材料膨胀炭层的结构与性能 ······48
3.4.1 膨胀炭层的结构与组成 ·······································48
3.4.2 膨胀炭层的热稳定性 ··53
3.4.3 膨胀炭层的热屏蔽效应 ·······································56
第4章 聚苯乙烯/有机黏土纳米复合阻燃材料 ···························59
4.1 引言 ···59
4.2 不同结构黏土对 PS 燃烧性能的影响 ···························59
4.2.1 复合材料结构分析 ··59
4.2.2 热分解成炭行为 ···61
4.2.3 燃烧性能 ···67
4.3 PS/OMMT 纳米复合材料的燃烧性能与阻燃机制 ············68
4.3.1 复合材料结构表征 ··68
4.3.2 燃烧性能 ···70
4.3.3 成炭行为 ···73
4.3.4 阻燃机制 ···82
4.4 OMMT 对 PS/MH 复合材料阻燃性能的影响 ···················84
4.4.1 复合材料结构分析 ··84
4.4.2 热分解行为 ···85

　　　4.4.3　阻燃性能 ··· 88
第 5 章　金属氢氧化物阻燃的苯乙烯系聚合物材料 ················ 94
　5.1　引言 ··· 94
　5.2　PS/MH 复合材料的燃烧性能与阻燃机制 ····················· 95
　　　5.2.1　MH 的热分解行为 ······································ 95
　　　5.2.2　XRD 分析 ··· 96
　　　5.2.3　MH 热处理对 PS/MH 复合材料阻燃性能的影响 ······ 96
　　　5.2.4　阻燃机制 ··· 102
　5.3　交联 PS/MH 复合材料的阻燃性能 ························· 104
　　　5.3.1　复合材料制备方法 ···································· 104
　　　5.3.2　结构分析 ··· 105
　　　5.3.3　热分解行为 ·· 106
　　　5.3.4　阻燃性能 ··· 108
　5.4　HIPS/MH/ATH/MRP 无卤阻燃复合材料 ··················· 112
　　　5.4.1　MH 和 ATH 对 HIPS 的协同阻燃作用 ·············· 112
　　　5.4.2　MRP 对 HIPS/MH/ATH 复合材料阻燃性能的影响 ···· 113
　　　5.4.3　MH/ATH/MRP 对 HIPS 的协同阻燃作用 ············ 118
　5.5　HIPS/MH/MRP 无卤阻燃复合材料 ························· 119
　　　5.5.1　MH 和 MRP 对 HIPS 的协同阻燃作用 ·············· 119
　　　5.5.2　MRP 对 HIPS/MH 复合材料阻燃性能的影响及作用机制 ······ 136
　　　5.5.3　MH 和 MRP 之间的相互作用 ······················· 150
　5.6　纳米炭黑对 HIPS/MH/MRP 复合材料阻燃性能的影响 ······ 158
　　　5.6.1　热分解行为 ·· 158
　　　5.6.2　燃烧性能 ··· 163
　　　5.6.3　阻燃机制 ··· 169
第 6 章　玻璃纤维增强无卤阻燃高抗冲聚苯乙烯复合材料 ········· 173
　6.1　引言 ·· 173
　6.2　HIPS/GF 复合材料的燃烧性能 ···························· 174
　　　6.2.1　燃烧性能 ··· 174
　　　6.2.2　燃烧残余物分析 ·· 177
　　　6.2.3　热失重行为 ·· 177
　6.3　GF 对 HIPS/MH/MRP 复合材料燃烧性能的影响 ·········· 179
　　　6.3.1　样品制备及热传递测定方法 ·························· 179
　　　6.3.2　接触模式下复合材料中的热量传递 ··················· 180
　　　6.3.3　热辐射模式下复合材料中的热量传递 ················ 182

6.3.4　引燃行为 ··· 184

6.3.5　阻燃性能 ··· 185

6.3.6　热稳定性能 ··· 189

6.3.7　力学性能 ··· 190

6.4　GF 对膨胀阻燃 HIPS/EG/MRP 复合材料燃烧性能的影响 ·········· 191

6.4.1　纯 GF 对 HIPS/EG/MRP 复合材料燃烧性能的影响 ··········· 192

6.4.2　DOPO-g-GF 对 HIPS/EG/MRP 复合材料燃烧性能的影响 ····· 197

第 7 章　非均质结构高抗冲聚苯乙烯/氢氧化镁/微胶囊红磷阻燃材料 ········· 201

7.1　引言 ·· 201

7.2　夹层结构 HIPS/MH/MRP 阻燃复合材料 ································· 202

7.2.1　样品制备方法 ··· 202

7.2.2　结构表征 ··· 203

7.2.3　热分解行为 ··· 203

7.2.4　燃烧性能 ··· 205

7.3　梯度结构 HIPS/MH/MRP 阻燃复合材料 ································· 209

7.3.1　样品制备方法 ··· 210

7.3.2　结构表征 ··· 211

7.3.3　热分解行为 ··· 212

7.3.4　阻燃性能 ··· 215

7.4　交替结构 HIPS/MH/MRP 阻燃复合材料 ································· 220

7.4.1　样品制备方法 ··· 220

7.4.2　结构表征 ··· 221

7.4.3　热分解行为 ··· 221

7.4.4　燃烧性能 ··· 223

第 8 章　耐化学腐蚀的氢氧化镁阻燃高抗冲聚苯乙烯复合材料 ··············· 229

8.1　引言 ·· 229

8.2　水/酸腐蚀对 HIPS/MH 复合材料阻燃性能的影响及其作用机制 ······ 229

8.2.1　HIPS/MH 复合材料水腐蚀前后的阻燃性能 ····················· 229

8.2.2　水腐蚀对复合材料阻燃性能影响机理分析 ······················· 233

8.2.3　HIPS/MH 复合材料酸腐蚀前后的阻燃性能 ····················· 238

8.2.4　酸腐蚀对复合材料阻燃性能影响机理分析 ······················· 240

8.3　耐水/酸腐蚀的 HIPS/MH/MRP 阻燃复合材料 ························· 243

8.3.1　HIPS/MH/MRP 复合材料的阻燃性能 ··························· 244

8.3.2　HIPS/MH/MRP 阻燃复合材料的耐水腐蚀性能 ················· 246

8.3.3　HIPS/MH/MRP 阻燃复合材料的耐酸腐蚀性能 ················· 247

8.4　耐水/酸腐蚀的 HIPS/MH/EG 阻燃复合材料⋯⋯⋯⋯⋯⋯⋯⋯ 249

　　8.4.1　EG 对 HIPS/MH 复合材料燃烧性能的影响 ⋯⋯⋯⋯⋯⋯ 249

　　8.4.2　HIPS/MH/EG 阻燃复合材料的电学性能 ⋯⋯⋯⋯⋯⋯⋯ 254

　　8.4.3　HIPS/MH/EG 阻燃复合材料的耐水/酸腐蚀性能 ⋯⋯⋯⋯ 255

　　8.4.4　复合材料微观形貌分析⋯⋯⋯⋯⋯⋯⋯⋯⋯⋯⋯⋯⋯⋯ 257

参考文献 ⋯⋯⋯⋯⋯⋯⋯⋯⋯⋯⋯⋯⋯⋯⋯⋯⋯⋯⋯⋯⋯⋯⋯⋯⋯⋯ 259

中英文对照表 ⋯⋯⋯⋯⋯⋯⋯⋯⋯⋯⋯⋯⋯⋯⋯⋯⋯⋯⋯⋯⋯⋯⋯⋯ 266

索引 ⋯⋯⋯⋯⋯⋯⋯⋯⋯⋯⋯⋯⋯⋯⋯⋯⋯⋯⋯⋯⋯⋯⋯⋯⋯⋯⋯⋯ 268

第1章 阻燃聚合物材料概述

1.1 引　　言

与传统的金属、水泥、玻璃、陶瓷和混凝土材料相比，聚合物材料因具有原料来源丰富、价格低廉、质轻、成型加工容易、性能多样等优点，在日常生活、包装材料、工农业生产、交通运输工具、国防军工等各个领域有非常广泛的应用。但是，高分子材料主要由碳、氢、氧等元素构成，大多数属于可燃或易燃材料，在使用过程中遇火容易发生燃烧，具有极大的火灾隐患。由高分子材料燃烧引起的重大火灾事故时有发生，严重威胁着人们的生命和财产安全。另外，高分子材料在燃烧过程中经常会产生有毒气体，例如，聚氯乙烯（PVC）会释放氯化氢，聚苯乙烯（PS）会产生甲苯、苯乙烯等，同时伴有大量浓烟，造成严重的环境污染。因此，对聚合物进行阻燃研究，降低其可燃性和发烟性具有极其重要的意义，这方面的研究已经成为高分子材料领域重要的研究方向之一。

1.2　聚合物材料的燃烧过程分析

聚合物分为热塑性聚合物和热固性聚合物，它们的燃烧过程基本上一致，不同之处在于热固性聚合物在高温下不会熔融，而热塑性聚合物首先软化或熔融变成流体。众所周知，聚合物的燃烧是与氧气在一定的温度下发生的剧烈氧化反应，燃烧机理非常复杂。聚合物材料在燃烧过程中主要生成 CO_2、CO 和 H_2O 等物质并放出热量。图 1-1 是聚合物燃烧过程示意图。从图中可见，热塑性聚合物在遇到热源时，首先发生聚集态结构的改变，结晶态聚合物熔融变成熔融态，非结晶态聚合物软化变成黏流态。当继续受热达到分解温度时，聚合物大分子链就会发生断裂反应。热固性聚合物受热时不会熔融或软化，当温度足够高时大分子链同样发生断裂反应。聚合物及其复合材料热分解释放出的产物主要有非挥发性残余物、可燃性气体和不燃气体。这些产物中，非挥发性残余物主要是无机化合物，如炭、金属氧化物、磷酸化合物、二氧化硅等。这些主要由无机化合物组成的热分解残余物覆盖在聚合物材料表面，聚合物分解产生的可燃性气体通过覆盖在聚合物表面的残余物层逸出到气相中，在空气中的氧气和外界的热量作用下发生剧烈的氧化反应，释放出更多的热量。其中的一部分热量反馈到聚合物内部，进一步促进聚合物的降解。如此循环，使燃烧反应得以继续，生成的热量越多，燃烧越激烈，当燃烧达到失控的局面就演变成了火灾。聚合物降解产生的不燃性气体一般包括 CO_2、H_2O、NH_3 和 N_2 等。当然，也有一部分聚合物如聚乙烯、聚丙烯、聚苯乙烯、乙烯-乙酸乙烯酯共聚物、聚甲基丙烯酸甲酯、丁二烯-苯乙烯共聚物、聚氨酯等，在燃烧时全部分解成气体参与燃烧反应，没有任何残余物生成。

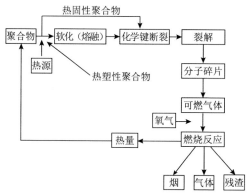

图 1-1　聚合物燃烧过程示意图

从微观上看，聚合物燃烧是一个包括引发、增长和终止反应的复杂的自由基化学反应；从宏观上看，热量、氧气和可燃性物质是维持燃烧的三个基本要素。热量是燃烧的物理条件，氧气是燃烧的化学因素，可燃性物质是燃烧的物质基础，三者缺一不可[1,2]。从图 1-1 可见，要实现阻燃，打断上述燃烧循环中的任何一个环节即可。

1.3　聚合物阻燃机理

根据物质的燃烧机理可知，三个要素是物质燃烧的充要条件：①达到着火点以上温度；②助燃性气体，如 O_2；③可燃物等。此三个基本条件缺失任何一个，燃烧都不能进行。聚合物的燃烧属于自由基的连锁反应，所以阻燃所采取的措施也应根据以上原理，选择阻燃剂也是从这三个方面入手。

根据聚合物的燃烧机理，实现聚合物的阻燃一般需要采用气相、凝聚相以及中断热交换等阻燃机制来体现[3]。气相阻燃，就是终止或抑制链自由基的连锁反应来发挥其阻燃功效；凝聚相阻燃，就是在固相体系减缓或抑制聚合物的热降解，减少或切断对火焰的燃料供应；中断热交换阻燃，一般是通过带走聚合物燃烧过程中的部分热量来实现阻燃的。综合而言，聚合物的阻燃及其燃烧，其实质是较为复杂的物理、化学变化的多种作用相结合，其因素众多，因此很难将某一种阻燃现象归结为特定的阻燃机制，许多阻燃体系可以同时包含多种阻燃机制。

1. 气相阻燃

聚合物燃烧过程中，在气相中减缓聚合物燃烧链式反应的发生，进而中断聚合物的燃烧。常见有以下几种情况：

（1）受强热或燃烧条件下，聚合物材料能够产生自由基抑制剂，利用它捕获气相中的高活性自由基实现燃烧链式反应的中断，达到阻止燃烧进行的目的。例如，卤-锑协同体系就是按此机理产生阻燃功效。

（2）受强热或燃烧条件下，聚合物材料生成细微的粒子，促进自由基间的结合，终止链式反应。

（3）受强热或燃烧条件下，聚合物材料迅速降解，大量的惰性气体释放出来，起到稀释 O_2 或者可燃性挥发物浓度的作用；同时还可能伴有高密度蒸气的释放，从而使可燃性物质的温度得以降低，终止燃烧反应的进行。

2. 凝聚相阻燃

凝聚相阻燃是指燃烧或者受强热时，在凝聚相中使聚合物材料的热降解行为延缓或者终止，进而起到阻燃功效。常见情况如下：

（1）在固相中，聚合物热降解行为被阻燃剂延迟或者中断，进而减少或终止可燃性物质和活性自由基的产生。

（2）在聚合物材料中添加无机粒子，由于其比热容大，具有导热、蓄热功效，降低聚合物材料的降解。

（3）受强热或燃烧时，聚合物中的阻燃剂能够吸收热量，致使聚合物材料温度上升趋势变缓或者停止，氢氧化铝和氢氧化镁的阻燃均属于此类情况。

（4）受强热或燃烧时，在聚合物材料表面生成一层厚厚的多孔炭层，利用多孔炭层不易燃烧、隔热、隔氧等物理性质，赋予聚合物材料一层保护屏障，能够阻止可燃性挥发物进入气相，进而使燃烧无法继续进行。此种阻燃机理最为典型的阻燃剂为膨胀型阻燃剂。

3. 中断热交换阻燃

中断热交换阻燃是指减少聚合物材料燃烧过程中产生的部分燃烧热，使聚合物材料难以维持其热分解温度，同时聚合物材料也不能持续产生可燃性挥发气体，最终使其燃烧自熄。此类阻燃剂可以在一定温度范围中分解，能够生成金属水合物。这些物质不仅能借助自身分解消耗一部分热量，同时反应生成的水汽化时又能够消耗一部分热量，进而使聚合物材料的温度降低，抑制了燃烧的进行。除此之外，当受强热或燃烧时，聚合物材料熔融，吸收热量，并且伴随着熔滴的脱离而损失一部分热量，减少了反馈给聚合物材料的燃烧热，这样能够延缓聚合物的燃烧，甚至有可能使燃烧反应终止，但是带火焰的灼热熔滴又可以引燃其他可燃物，增大了火灾传播的危险性。

1.4　聚合物阻燃方法

根据聚合物的特性和实际使用领域，对聚合物材料的阻燃改性可以采用不同的方法。通常根据阻燃剂在聚合物中的添加方式，将聚合物的阻燃方法分为三种类型：一是添加型，二是反应型，三是阻燃涂层[4-7]。添加型是指在聚合物基体中加入一种或多种阻燃剂，燃烧时利用凝聚相机理或（和）气相阻燃机理来实现聚合物基体/阻燃剂复合体系的阻燃；反应型是指采用接枝改性或者共聚方法，在聚合物的大分子主链或者侧链上引入具有阻燃特性的元素基团或结构单元；阻燃涂层是指在材料表面涂覆一层阻燃层，在聚合物材料燃烧时该涂层能够迅速在材料表面形成一层致密的多孔炭层，起到热屏障保护作用，保护聚合物基体，该涂层主要指膨胀型涂层，其属于化学反应范畴。第一种方式是当前工业领域和科研领域经常采用的方法，主要是因为此种方式工艺简洁、操作简便、成本低[8,9]，但是该方法的弊端是阻燃剂添加量较大，对材料的力学强度和成型工艺影响较大，甚至有可能使材料失去实际使用价值[10,11]。第二种方法阻燃剂添加量降低、阻燃性能稳定、力学性能较好，其弊端是操作工艺较麻烦、不易精确控制、成本较高，特别是在实际工业领域应用较少。因此，研究开发出性能良好，并且具有实际生产和使用价值的本质阻燃材料是一项困难的挑战。第三种方法技术不太成熟，适用范围不广。

1.5　燃烧性能分析测试方法

传统的用于测定聚合物材料阻燃性能的方法有极限氧指数法（LOI）、UL-94水平和垂直燃烧实验法以及烟箱实验法。随着科学技术的发展，近年来涌现出多种新型测试方法，如锥形量热仪法、辐射气化法、热重分析法、燃烧残貌分析和组分分析法、热量传递测定法等实验方法，其中锥形量热仪测试是公认的能够定量测试燃烧特性的方法，可以测量出多组相关火灾参数。另外，本书作者所在课题组自行设计开发了一种热电偶包埋装置，在整个燃烧过程中，其能够实时、动态、准确地测定材料内部温度变化，定量地评价材料的阻燃性能。

1.5.1 极限氧指数法

极限氧指数法(LOI)是一种较为定量地评价材料的阻燃性能的实验方法，是指材料在氮氧混合物气体中达到平衡燃烧时所需的最低氧气浓度。其表达式为

$$LOI = \frac{V(O_2)}{V(O_2) + V(N_2)} \times 100\%$$

根据 ISO 4589 标准，若 LOI<21%，则该材料称为可燃材料，反之则称为自熄材料。但是，对于某些材料，该标准并不适用。通常 LOI 值与燃烧现象的关系表现为：LOI 值越高，燃烧越难，它可用来判定材料燃烧的难易程度。对于阻燃材料，LOI 值越高，可认为材料的阻燃性能越好。此实验方法设备非常简单、重复性良好，被广泛采用。但是利用其评价材料的燃烧性能尚存在争议，其争议焦点在于 LOI 测试的燃烧方式与实际火灾的燃烧方式不相同，并且其结果与其他测试方式的结果相关性差。再者，LOI 不是材料本身固有的特征参数，其测量结果与压力、温度、气体流速及样条尺寸等有密切关系，所以并不能够真实地反映实际火灾中材料的燃烧行为[12-14]。

1.5.2 水平和垂直燃烧实验法

水平和垂直燃烧实验法（UL-94 法）是目前世界上评价聚合物材料阻燃性能最常采用的一种测试方法，它主要根据材料在燃烧过程中的燃烧程度、燃烧速率、燃烧所耗时间以及是否有熔融聚合物滴落等现象来评定材料的燃烧性能。由于该方法测试条件的局限性，因此材料在实际火灾中的燃烧情况并不能被其精确地显现出来。按照 UL-94 标准进行标准检测和评价材料阻燃等级，目前共分为 HB、V-0、V-1、V-2、5V（A、B）、VTM（0、1、2）、HBF、HF1、HF2 等 12 个防火等级。UL-94 可分为水平燃烧测试和垂直燃烧测试两种。

水平燃烧测试试样规格的宽度一般为 13 mm，将材料水平夹在铁架台上，在材料上标示两处标示线，分别为 25 mm 和 100 mm 处，向下倾斜 45°点燃材料，引燃时间为 30 s，如果材料在到达标线前未足 30 s，则停止点燃，记录开始，当燃烧到第二标示线处停止计时，并记录时间 t。

垂直燃烧测试是将试样垂直夹在夹具上，于材料底部引燃。本节只对经常用到的 V-0、V-1、V-2 三种阻燃级别做介绍。评定标准如表 1-1 所示。

表 1-1　UL-94 垂直燃烧级别评定标准[15]

项目	V-0	V-1	V-2
样品个数	5	5	5
单个样品的 t_1/t_2	≤10 s	≤30 s	≤30 s
所有样品的 t_1+t_2	≤50 s	≤250 s	≤250 s
单个样品的 t_2+t_3	≤30 s	≤60 s	≤60 s
是否燃尽	否	否	否
是否滴落引燃棉花	否	否	是

1.5.3　锥形量热仪法

与 UL-94 和 LOI 测试方法相比，锥形量热仪测试能够更为真实地模拟火灾发生的实际情况，是目前国内外较为先进的阻燃性能测试和表征方法。该仪器由加热系统、重量检测系统、热释放校准系统、发烟检测系统及排热系统组成，是以氧消耗原理为基础的小型火灾测试仪器，因其锥形加热器而得名。它可以测试燃烧过程中材料的热释放速率（heat release rate，HRR）、生烟速率（smoke production rate，SPR）、质量损失速率（mass lose rate，MLR）、总释放热量（total heat release，THR）、引燃时间（time to ignition，TTI）等数据，可以较为全面地对材料的阻燃性能进行评价[16-18]。

（1）TTI：TTI 是指在一定热辐射功率下，材料从接受热辐射开始达到燃烧所需的时间。引燃时间越长，表示材料越难被点燃，材料的阻燃性越好。

（2）HRR：HRR 通常被阻燃界视为锥形量热仪法中的一个非常重要的数据，它可以描述特定材料的燃烧性能，指单位面积的阻燃试样在其受到一定热量燃烧时所释放热量的速率。人们通过对得到的 HRR 曲线进行积分运算即可得到该阻燃试样的 THR。HRR 有一最大值，称为 HRR 的峰值，一般记为 PHRR。由 HRR 的定义可知，HRR、PHRP、THR 的数值越大，该阻燃试样在燃烧时的火焰温度越高，其火灾危险性及危害程度也就越严重。

（3）THR：THR 指在规定热辐射功率下，样品从点燃到燃烧结束整个过程中释放的总热量。THR 独立于外界环境因素，所测量的是样品内部的能量，将其与 PHRR 和 TTI 结合起来可以更加准确、全面地评价材料的火灾性能。

（4）MLR：MLR 指在一定热辐射功率下，材料的质量随时间的变化曲线。MLR 曲线可以更加直观地显示在整个燃烧过程中的材料热降解情况。

（5）SPR：SPR 指聚合物材料燃烧受热分解，单位质量聚合物材料生成烟雾的数量，单位为 m^2/s。SPR 能够从整体上反映材料的产烟情况，对于研究材料的抑烟性具有重要指导意义。其值越大，表明聚合物材料的火灾危险系数就越高。

（6）有效燃烧热（effective heat of combustion，EHC）：在某一指定时刻，HRR 与 MLR 的比值。EHC 反映了在气相火焰中，材料分解释放出的可燃性挥发物质的燃烧程度。其对研究阻燃材料的阻燃机理有比较大的指导意义。

（7）火灾性能指数（fire performance index，FPI）：FPI 指 TTI 和 PHRR 之比，通常用其来评价材料的潜在火灾危险性，将其与 THR 结合能够全面评价材料的火灾危险性。通常情况下，FPI 数值越大，火灾危害程度就越小。

（8）火增长速率指数（fire growth rate，FIGRA）：FIGRA 指最大热释放速率值与燃烧时间之比，其单位为 kW/（$m^2 \cdot s$）。通常用其来描述火焰的蔓延速率，进而预测火焰传播速度和火势发展趋势。通常情况下，FIGRA 数值越小，材料的火灾危害程度就越小。

（9）CO/CO_2 生成量：通常材料 CO 生成量越大，表明材料的火灾危险性就越大。锥形量热仪测试中材料生成总的 CO_2 量越大，CO 量越小，表明材料的生烟毒性较小，材料的火灾危险性越小。

1.5.4　辐射气化法

辐射气化法主要通过测量聚合物材料在氮气（N_2）气氛中受到剧烈热辐射（但材料并不燃烧）时的质量损失速率和温度变化来研究材料的气化过程。所用辐射气化仪（radiant gasification apparatus，RGA）的结构与锥形量热仪类似，不同之处有[19-21]：①聚合物试样在 N_2 气氛下测试，材料不存在气相氧化反应过程，因此所观察到的实验现象和结果只与凝聚相存在的反应有关，这样即可把聚合物材料凝聚相的热分解与气相燃烧分开，消除了两者间的相互影响；②测试过程中聚合物材料没有燃烧，只是在辐射热通量的作用下发生气化，且气化过程可通过摄像机直接进行原位、动态地观察；③由于测试过程中没有材料燃烧火焰的热量反馈作用，所以在整个测试过程中外界提供给试样表面的热通量保持恒定不变。

1.5.5　热重分析法

热重分析（TGA）指的是在程序控制温度下，材料的质量变化与温度或者时间关系的一种分析方法。TGA 能够比较准确地测定材料的质量变化，定量测试性相对较强，它可以评估高分子材料中添加剂对热稳定性的影响、材料自身的热稳定性、共聚物和共混物的定量分析以及材料的热解老化现象等。其曲线反映了样品质量残余率与温度或者时间之间的变化关系，如果将质量对温度或者时间求导，则称为微分热重分析（DTG）。

TGA 常用于研究聚合物在不同气氛中的热稳定性和热降解反应，并不能直接反映聚合物材料的燃烧和阻燃性能，但由于聚合物在高温下的热降解行为对材料的燃烧性能有很大影响，两者之间有非常密切的关系，因此通过 TGA 可间接地了解聚合物材料的燃烧性能[22-24]。

1.5.6　燃烧残余物形貌分析和组分分析法

阻燃高分子材料由于其复杂的燃烧机理和阻燃机理，燃烧结束后大多会产生一定的残余物。借助扫描电子显微镜（scanning electron microscope，SEM）、能量色散 X 射线谱（X-ray energy dispersive spectrum，EDS）仪、X 射线衍射（X-ray diffraction，XRD）仪、傅里叶变换红外光谱仪（Fourier transform infrared spectrometer，FTIR）和拉曼光谱仪（Raman spectrometer，RS）等仪器对热分解和燃烧残余物的微观结构和化学组成进行表征，研究和分析材料的阻燃机理。

1.5.7　热量传递测定法

聚合物的燃烧是一个非常复杂的物理-化学变化过程，燃烧过程中释放的热量回馈给材料本身，会加剧聚合物热分解，进一步促进燃烧。凝聚相阻燃机理提出聚合物燃烧过程中，在聚合物表面生成的炭层屏障能够有效地阻止燃烧热向聚合物内部传递，降低材料内部的温度，进而起到阻止聚合物降解的作用。但是，目前还没有任何商业化仪器设备能够定量地测定材料燃烧过程中其内部温度的变化。如果能够定量地测定材料燃烧过程中样品内部温度的实时变化情况，将有助于更好地了解材料的阻燃机理，为阻燃材料研究提供新的手段。

基于前期的工作积累，本实验室研究开发出一种通过在材料内部包埋热电偶实现原位、实时、动态地测量并记录材料燃烧过程中内部温度变化的装置。该装置外观如图 1-2 所示，包括热电偶焊接装置、燃烧室和数据采集记录装置[25,26]。

图 1-2　复合材料内部温度测量装置

　　图 1-3（a）为燃烧过程中测量复合材料内部温度的示意图，图 1-3（b）为实验过程中燃烧测试现场的数码照片。如图 1-3（a）所示，首先根据实验实际情况，将热电偶丝包埋在样品合适的位置，然后将制备的样品放进燃烧室，采用火焰喷射法，将燃烧的火焰直接喷射在聚合物样品的表面。通过调节与压缩天然气容器相连接的喷火器的气流阀门来方便有效地控制喷射火焰的长度和强度。热电偶丝与数据采集端口连接，燃烧过程中，聚合物样品内部温度的变化通过热电偶丝和数据传输线反馈给数据采集终端，并在显示仪上显示实时温度，同时记录仪同步记录实时温度。本仪器能够精确地测量和记录阻燃高分子材料燃烧时内部温度随时间的动态变化。通过比较化学组成和（或）微观结构不同的高分子材料在燃烧时的内部温度变化，可以定量表征燃烧生成的碳质残余物对热量传递的影响，结合对燃烧残余物的形态结构观察，有助于更好地理解材料的阻燃机理。

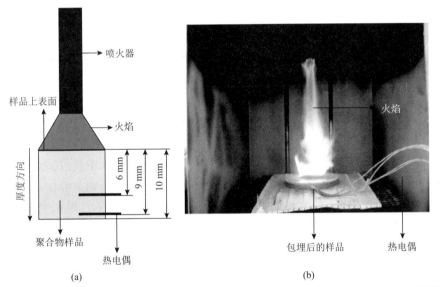

　　　　　　　　　　（a）　　　　　　　　　　　　　　　　　（b）

图 1-3　　（a）复合材料内部温度测量设计示意图；（b）燃烧测试现场的数码照片[25,26]

　　需要指出的是，上述各种阻燃性能的分析测试方法分别是从不同角度出发对材料的燃烧性能进行表征。由于每种分析测试方法考虑问题的角度不同，对影响材料燃烧的诸多因素敏感程度不同，因此采用这些方法得到的测试结果可能彼此并不一致，甚至互相矛盾，这也是研究中经常遇到的现象[27,28]。因此，在对测试结果进行分析时要特别注意这一点。例如，同样是小火燃烧实验，LOI 方法测试的是小火燃烧条件下聚合物材料的临界需氧量，着重考虑材料燃烧对氧气的敏感度，而 UL-94 实验着重考虑材料燃烧时火焰在材料表面的扩散传播、熔融滴落以及对周围可燃物的引燃情况。一些 LOI 数值更大的材料并不一定能够通过 UL-94

测试，而某些 LOI 数值较小的材料反而能够通过 UL-94 测试。再如，锥形量热仪法主要用于测试材料在燃烧过程中的 HRR、THR、MLR、SPR 等热量释放和烟释放参数，并不涉及聚合物的熔融滴落、火焰蔓延传播和燃烧时需要的最低氧气浓度，因此其测试结果与 LOI 和 UL-94 等方法的测试结果并没有可比性。

1.6　无卤阻燃苯乙烯系聚合物材料研究概况

聚苯乙烯（PS）是 20 世纪 30 年代出现的塑料品种，由于其具有卓越的透明性、电绝缘性、加工流动性、良好的耐化学腐蚀性和刚性等优点一举成为世界第三大塑料。与其他大部分聚合物材料一样，PS 及其同系聚合物材料在空气中极易燃烧，并且在燃烧过程中产生大量浓黑烟，因此多年来苯乙烯系聚合物的阻燃改性研究一直备受关注。从 20 世纪 80 年代起，占据阻燃剂市场的产品主要是含卤素阻燃体系（特别是含溴阻燃剂），然而，溴系阻燃剂的毒性一直是这个领域争论的焦点问题。基于环境保护和可持续发展的要求，无卤阻燃体系具有更加广阔的发展前景。为了防止燃烧时产生的烟雾所带来的二次灾害，人们对无卤阻燃材料的使用越来越重视，寻求综合性能好的高效无卤阻燃体系，对开发无卤阻燃聚合物材料极为重要。对 PS 的阻燃研究主要集中在两个领域：一是对 PS 的分子链进行化学改造，赋予聚合物本身阻燃特性；二是在 PS 基体中添加各种阻燃剂以达到提高阻燃特性的效果。目前，国内外研究和开发的重点集中在红磷微胶囊化、膨胀型阻燃剂、有机和无机硅系、金属氢氧化物阻燃剂和聚合物共混体系等领域，并取得了一定的成果。低毒少烟、高效绿色的新型无卤阻燃苯乙烯系聚合物材料的研究开发是一个重要的发展方向[29]。

1.6.1　添加无卤阻燃剂阻燃

1. 磷系无卤阻燃体系

磷系阻燃体系可分为有机磷系阻燃体系和无机磷系阻燃体系，而用于 PS 的磷系阻燃剂主要为红磷、聚磷酸铵等无机磷系阻燃剂。磷系阻燃剂的阻燃机理主要为：①燃烧时分解生成磷酸或者多聚磷酸，然后进一步形成高黏性熔融玻璃质或者致密的炭层，以固体形态使聚合物基质与燃烧产生的热量和外界的氧气隔绝开来。②捕捉自由基。在燃烧中分解生成 PO·或者 HPO·等自由基，在气相状态下捕捉活性 H·自由基或 OH·自由基。③膨胀发泡，在燃烧过程中能促进形成蓬松的多孔性炭层，保护了基体材料。磷系阻燃剂之所以能发挥阻燃功能，可以理解为上述各种阻燃机理的组合，具体的作用机理则因燃烧体系的不同而各异。

　　1）红磷

　　红磷阻燃主要是在凝聚相起作用，其阻燃机理是在燃烧时红磷先被氧化，吸水后水化成磷酸，磷酸可进一步脱水生成偏磷酸，进而聚合生成聚偏磷酸玻璃状物质覆盖于聚合物表面，促进了燃烧时形成炭化层，此炭化层既可以阻挡热量和氧气进入，又可以阻止燃烧分解的可燃性小分子进入气相，从而抑制燃烧。当然，红磷也有一定的气相阻燃作用，有人在研究红磷阻燃作用时发现，添加红磷的高聚物在燃烧时，火焰中存在微量的一氧化磷自由基（PO·），它的存在降低了火焰的强度[30]。

　　但是，由于红磷色泽鲜艳，吸水性较高，容易被氧化，与 PS 树脂相容性较差，因而应用受到一定限制。与纯红磷相比，表面包覆一层或几层保护膜的微胶囊红磷（MRP）具有良好的耐候性、热稳定性以及与聚合物基材相容性好等优点，因此应用更为广泛[31-33]。

　　2）磷酸酯体系

　　磷酸酯类阻燃剂同时具有阻燃与增塑双重功能，它在燃烧过程中形成的磷酸和偏磷酸可以在凝聚相中起到隔热的作用，而且磷酸酯及其热解产物的挥发也可在气相中发挥作用，从而达到较好的阻燃效果。

　　2. 氮系无卤阻燃体系

　　相对其他阻燃剂而言，氮系阻燃剂发展较晚，这类阻燃剂具有无卤、低毒、无腐蚀、阻燃效果较好且价格低廉的优点。常用于 PS 的氮系阻燃剂主要为有机氮系阻燃剂，而且通常磷-氮配合使用。

　　1）膨胀型阻燃剂

　　膨胀型阻燃剂（IFR）是以氮、磷为主要成分的阻燃剂，含此类阻燃剂的高分子材料受热时，会在材料表面生成一层均匀的炭质泡沫层，起到隔热、隔氧、抑烟的作用，具有良好的阻燃性能。IFR 通常具有 3 个组分：①酸源：一般为无机酸，如磷酸、硫酸、硼酸及磷酸酯等；②碳源：一般为含碳的多元醇化合物，如季戊四醇、乙二醇及酚醛树脂等；③发泡源：一般为含氮的多碳化合物，如尿素、双氰胺、聚酰胺、脲醛树脂等。

　　研究表明[34]，由聚磷酸铵（APP）、季戊四醇（PER）和三聚氰胺（MEL）组成的三元复合阻燃体系对 PS 具有良好的阻燃效果，其中 PER 对 PS 阻燃性能的影响最为显著。当体系受热或燃烧时，APP 会生成聚偏磷酸作为强脱水剂，使 PER 脱水炭化，黏稠状的炭化物在 MEL 分解所释放的 NH_3、H_2O 等气体的作用下膨胀，形成微孔结构的膨胀炭层，覆盖在聚合物材料表面形成防火屏障，有效地阻止热量传递和可燃挥发产物及氧气扩散，从而达到阻燃的目的。

2）磷腈阻燃剂

磷腈作为一种新型的磷氮系阻燃剂骨架材料，其分子结构中含有许多可被取代的 Cl 原子，因此可以通过分子设计制备各种功能性阻燃剂。磷-氮复配型阻燃剂，如磷腈、磷酸脲、磷酸胍等都引起了人们的广泛重视，其中，常应用于阻燃 PS 的多数为磷腈类化合物。近年来，国内外有许多关于磷腈聚合物阻燃 PS 的研究，这类聚合物所具有的磷-氮-磷协调的结构特点使其具有很好的阻燃效果[35]。有研究表明[36]，把低相对分子质量的磷腈化合物二（苯氧基）磷酰基三（苯氧基）磷腈（NDTPh）与 PS 共混后，可以显著改善 PS 的阻燃性能，而且 NDTPh 与 PS 不存在相分离，在一定含量范围内，对材料力学性能影响较小，是一种新型的无卤阻燃剂。与以前常用的磷酸三苯酯（TPP）相比，NDTPh 对 PS 的阻燃效果更好。这主要是由于 NDTPh 分子结构中存在的磷-氮-磷协调结构使得在燃烧过程中，不仅磷脂在凝聚相中燃烧后形成碳膜，阻止复合材料进一步燃烧，而且氮的存在在一定程度上起到了膨胀型阻燃剂的作用，所形成的疏松碳层可以有效地阻止聚合物热降解，抑制挥发性可燃组分的产生。此外，如果上述阻燃剂与其他阻燃剂（如金属氧化物、金属氢氧化物、无机填料等）并用还可以发挥协同作用，使材料的阻燃效果比单一组分的阻燃效果大幅度提高[37-39]。

3. 硅系无卤阻燃体系

硅系阻燃剂可以分为无机硅系阻燃剂和有机硅系阻燃剂，这类阻燃剂不仅环境友好，而且在赋予基材优异阻燃性能的同时也可以改善基材的其他性能，因此近几年得到了较快的发展。

1）有机硅系阻燃剂

有机硅系阻燃剂的研究开发落后于卤系及磷系阻燃剂，但是由于它具有优异的阻燃性、成型加工性和环境友好的特性而被广泛关注。作为一种新型的无卤阻燃剂，有机硅系阻燃剂不仅低毒、抗熔滴，而且还有明显的成炭、抑烟作用。常用于 PS 阻燃的有机硅系阻燃剂主要包括硅油、硅树脂、硅橡胶、硅氧烷等[40,41]。有机硅阻燃剂在燃烧时，开始熔融的阻燃剂穿过基材的缝隙迁移到基材表面，形成致密稳定的含硅焦化炭保护层。保护层能起到加强隔热、隔氧、防止熔融滴落的作用，从而达到阻燃效果[42,43]。但是在一般情况下，有机硅阻燃剂单独使用时，其阻燃效率并不高，常需与其他阻燃剂（如金属氢氧化物等）协同使用才能达到理想的阻燃效果[44]。

2）无机硅系阻燃剂

无机硅化合物资源丰富，取材方便，其阻燃的高聚物大多无毒少烟、燃烧值低、火焰传播速度慢。近年来，国内外对无机硅系阻燃剂的研究主要集中在二氧化硅、玻璃纤维、微孔玻璃、硅凝胶/碳酸钾以及聚合物/层状硅酸盐纳米复合材料（PLSN）等方面[45-47]。

4. 金属氢氧化物无卤阻燃体系

目前应用最为广泛的金属氢氧化物阻燃剂是氢氧化铝（ATH）和氢氧化镁（MH），这类阻燃剂具有无毒、无腐蚀、稳定性好、不挥发、高温下不产生有毒气体等优点，是集阻燃、抑烟、填充三大功能于一身的阻燃剂。其阻燃机理主要为[48-50]：ATH 和 MH 在高温下吸热脱水，从而转移燃烧时所产生的热量，生成的水蒸气稀释燃烧环境中的氧气和可燃气体浓度；脱水生成的金属氧化物有助于催化成炭覆盖在复合材料表面。同时，ATH 和 MH 会生成表面积大而且可以吸收烟尘、可燃物粒子，甚至自由基的活性金属氧化物层，从而赋予复合材料较好的抑烟性能。虽然 ATH 和 MH 都是脱水反应，但二者的分解温度和吸热量有所差别，MH 比 ATH 的热稳定性好，所以两者复合使用能相互补充，阻燃性能比单独使用的效果要好[51]。

值得注意的是，ATH 和 MH 都是无机金属氢氧化物，与有机高分子材料相容性较差，而且阻燃效率低，通常需要较大的添加量才能获得适宜的阻燃效果，这势必会影响材料的力学性能和加工性能。因此，使用前需要对其进行适当表面处理，并与适当的其他阻燃剂配合使用发挥协同效应，尽可能减少其用量[52-55]。此外，ATH 和 MH 都属于碱性化合物，对酸非常敏感，用其阻燃的高分子材料与酸接触或在酸性环境中使用时阻燃剂会被腐蚀掉，从而使材料的阻燃性能逐渐降低，因此必须采取适当措施或者避免在酸性环境中使用。

1.6.2　合金化阻燃

常用于 PS 材料阻燃的聚合物阻燃剂是聚苯醚（PPO）和酚醛树脂，通常都是将 PS 与其共混制得聚合物合金。这种共混体系实现了阻燃剂与基体材料能够以分子水平均匀混合，从而使复合材料与其他添加型阻燃体系相比，具有更好的相容性和成炭性能。由于所采用的阻燃剂也是高聚物，因此与基体材料的相容性比其他添加型阻燃剂要好，混合更均匀，降低了物理沉降和团聚效应，改善了添加型阻燃剂对 PS 材料加工流动性能的不利影响。

以聚苯醚为例，PPO 是一种难燃、易成炭的聚合物，与 PS 具有很好的相容性，可以任意比例共混而不使力学性能下降太多。其易成炭的性质又可在燃烧过程中对 PS 起到一定的阻燃作用。PPO 阻燃剂受热后会在共混物材料表面形成覆盖层，隔绝氧气，从而阻止火焰蔓延[56]。

1.6.3　纳米复合阻燃[57-60]

近年来，纳米材料已在许多科学领域引起广泛的重视，成为材料科学研究的热点之一。纳米复合材料是指在复合体系中至少有一相在一维方向上以纳米尺度（1～100 nm）分散于基体中。由于材料在纳米尺度这一介观领域，其物理化学性能会产生从宏观到微观的突变，如产生量子尺寸效应、表面效应、宏观量子隧道效应等，因此纳米复合材料不仅能够明显改善聚合物的拉伸强度、刚性、冲击强度等力学性能，而且还会对材料的耐热性、阻燃性、透光性、防水性、阻隔性及抗老化性能等产生重要影响。

纳米科学技术的发展，为 PS 材料的高性能化研究开辟了新的潜在途径。其中最引人注目的是聚合物/层状硅酸盐纳米复合材料（PLSN）的研究与开发。利用插层复合法把层状硅酸盐（如蒙脱土）引入到聚合物基体中制得的 PLSN 不仅能够改善聚合物基体的力学性能、气体阻隔性能、耐溶剂性能，而且其耐热温度和阻燃性能也有所提高。目前的研究认为，PLSN 的阻燃机理主要是黏土片层的物理阻隔效应所致[60-62]。纳米复合材料在燃烧时，黏土片层逐渐富集在材料表面，形成一层致密的阻隔层，隔绝了聚合物表面与外界的热量传递和物质（氧气、可燃性分解产物）交换，抑制了聚合物降解的进行，起到了阻燃作用。纳米黏土的阻燃作用主要表现在能较大幅度地降低材料在燃烧时的热释放速率（HRR）、热释放速率峰值（peak heat release rate，PHRR）、质量损失率（MLR）等方面，同时还具有一定的抑烟功能。此外，在 PS 等聚合物基体中加入少量（<5wt%）纳米炭黑、石墨烯、富勒烯、碳纳米管等碳基纳米材料也可使聚合物在燃烧时的 HRR、PHRR 和 MLR 等明显降低，起到一定的阻燃作用。

但是，上述纳米复合阻燃也存在一些突出的缺点，主要表现在得到的纳米复合材料的极限氧指数（LOI）数值很低（通常小于 25.0%），不能够通过 UL-94 垂直燃烧实验（达不到 UL-94 VBT V-0 级），无法满足工业实际应用的要求，因此必须与传统的阻燃剂配合使用才有可能满足实际应用的需要。

1.6.4　化学改性阻燃

PS 及其同系聚合物容易燃烧并且会在燃烧过程中放出大量黑烟的原因是在燃烧过程中容易分解并放出大量的苯乙烯（St）单体。在受热分解过程中，PS 随着温度的逐步升高，首先发生 C—C 键断裂，分解成两个自由基，然后再进一步进行分解。对 PS 进行适当化学改性，如进行接枝、交联和共聚等，通常是在大分子主链或侧链上引入某些具有阻燃或（和）抑烟功能的基团或侧链，有效阻止这种分解，从而达到阻燃和抑烟的目的。这种方法是除了添加阻燃剂外的一种非常有效的阻燃方法，不仅能够实现材料的阻燃和（或）抑烟，而且可以避免添加大量阻燃剂对聚合物材料力学性能和成型加工性能带来的不利影响。

基于 PS 本身是线形结构，通常还利用添加二乙烯基苯（DVB）或三乙烯基苯（TVB）对 PS 进行交联改性，从而减少挥发量，促进成炭，起到阻燃作用[63]。在 PS 主链上进行接枝共聚也能明显提高其热稳定性能，接枝含有其他阻燃元素或具有阻燃作用的单体也可以有效提高其阻燃性能[64]。例如，采用含有磷元素的烯类单体与苯乙烯单体共聚，改变 PS 大分子主链的化学结构，可显著提高 PS 的阻燃性能。研究表明[65]，在 PS 分子结构中引入磷元素后能够增强材料在燃烧过程中的成炭能力，改变材料的凝聚态结构，从而显著提高材料的阻燃性能。同时，磷的化学环境对 PS 的阻燃性能也有很大影响，有机磷酸盐比无机磷酸盐表现出更加优越的阻燃效果。

1.6.5 协同阻燃

对 PS 等聚合物同时采用两种或两种以上的阻燃处理措施，提高其阻燃性能，是目前应用较多的一种阻燃方法，其特点是可以充分发挥各种阻燃方法的优点，取长补短，在赋予高分子材料阻燃性能的同时，尽可能降低对其他性能的负面影响，从而满足各种实际应用的需要。因此，协同阻燃是目前研究最多，也是最具有实用价值的阻燃体系[66-70]。例如，本书作者的研究表明[70]，在 PS 树脂基体中单独加入阻燃剂氢氧化镁（MH）时，MH 用量要达到 100 phr（质量份）时复合材料才能在空气中自熄，若同时加入有机蒙脱土（OMMT）和 MH，则只需要加入 6 phr OMMT 和 60 phr MH 材料即可达到自熄，表明 OMMT 和 MH 对于 PS 具有显著的协同阻燃作用。二者同时使用时，可以显著减少外加阻燃剂的用量，从而减轻阻燃剂的加入对于高分子加工性能和其他性能（如力学性能）的不利影响。

第2章 苯乙烯系聚合物的合金化阻燃

2.1 引 言

聚苯醚（PPO）是一种易成炭、能够自熄、机械强度高、具有优良耐热性和耐化学腐蚀性的高聚物，极限氧指数（LOI）为29%，与聚苯乙烯（PS）、高抗冲聚苯乙烯（HIPS）具有很好的相容性，能以任意比例共混而对其力学性能影响不大。其易成炭的特性对PS、HIPS在燃烧过程中可以起到阻燃作用。PPO受热分解成炭后会覆盖在共混物材料表面，起到隔绝氧气的作用，从而阻止火焰的蔓延。由于PPO相对分子质量大、热稳定性好、与聚合物基体相容性较好、不容易从聚合物基体中迁移和析出，因而有良好的应用前景。

本章分别以PS和HIPS为基体，引入适量PPO，通过熔融混合的方法得到一系列不同组成的PS/PPO和HIPS/PPO二元合金体系，然后在合金体系中引入氰尿酸三聚氰胺（MCA）或微胶囊红磷（MRP），分别得到PS/PPO/MCA和HIPS/PPO/MRP三元复合体系，通过多种手段详细研究了合金材料的阻燃性能和阻燃机理，以期得到具有良好阻燃性能的无卤阻燃苯乙烯系复合材料。

2.2 聚苯乙烯/聚苯醚合金的燃烧性能

2.2.1 热失重行为

图2-1和表2-1分别为纯PS和质量比为100/100的PS/PPO合金在氮气中的TGA曲线及其热失重数据。为方便起见，本节采用PS/PPOX表示质量比为100/X的PS/PPO合金。从图2-1和表2-1可以看出，在相同实验条件下，纯PS的热失重温度明显低于PS/PPO合金，纯PS在500℃时没有任何残留物，而加入100 phr PPO使PS/PPO合金失重10%、50%和70%的温度比纯PS分别提高8.5℃、18.7℃和33.6℃，高温热分解后的残余率增加24.1%，表明PS/PPO合金的热稳定性显著提高。这是因为温度升高后，PPO分解生成的炭质残余物覆盖在合金材料表面，不仅延缓了外界供给的热量向材料内部传递的速度，而且使材料内部聚合物分子

链的热分解速率降低，生成的可燃性小分子物质数量下降，从而起到隔热和稳定作用，增强了材料在高温下的热稳定性，同时减少了燃料供给，这势必会对材料的阻燃起到积极作用。

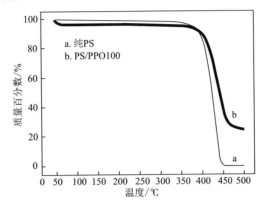

图 2-1　PS 和 PS/PPO100 合金在氮气中的 TGA 曲线

表 2-1　PS 和 PS/PPO 合金在氮气中的热失重数据[56]

材料名称	$T_{10\%}$/℃	$T_{50\%}$/℃	$T_{70\%}$/℃	R/%
PS	389	419	425	0
PS/PPO100	398	437	459	24.1

注：$T_{10\%}$、$T_{50\%}$和 $T_{70\%}$分别为失重 10%、50%和 70%时对应的温度；R 为 500℃时的质量保留率，PS/PPO100 表示质量比为 100/100 的 PS/PPO 合金

2.2.2　耐高温性能

图 2-2 为不同 PPO 用量的 PS/PPO 合金在 400℃热分解 3 h 后用数码相机在相同放大倍数下拍摄的残余物照片。从图中可见，纯 PS 热分解后几乎没有残留，只剩下少量斑点[图 2-2（a）]。随着 PPO 用量增加，聚合物合金热分解后的残留物铺展程度逐渐增大，厚度逐渐增加，数量增多，表面更加致密[图 2-2（b）、（c）、（d）]。PPO 用量超过 60 phr 后，残余物炭层的面积几乎与热分解前的样品面积相当。这是由于 PPO 用量较少时（如 20 phr），聚合物合金熔融后的黏度较低，有较好的流动性，从而易于铺展，此时聚合物分解产生的小分子气体物质容易从聚合物熔体中逸出，使残余物破碎。而 PPO 用量较多时（100 phr），合金熔融黏度较大，流动性变差，铺展变小，产生的小分子气体逸出时受到的阻力增大，很难冲破熔体，因而残余物比较完整，破碎现象很少。毫无疑问，残余物炭层厚度越厚，连续性越好，表面越致密，越有利于在聚合物材料表面形成保护层，阻止聚合物在燃烧时的热传递和热分解，同时对聚合物分解产生的可燃性气体的逸出

和外界氧气的进入形成屏蔽作用，使材料的热稳定性能和阻燃性能增强。

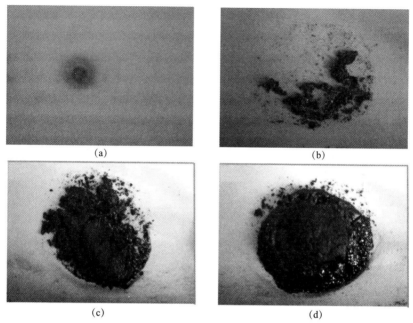

图 2-2　PS/PPO 合金在 400℃热分解 3 h 后残余物形貌的数码照片[56]

PPO 用量（phr）：（a）0；（b）20；（c）60；（d）100

2.2.3　燃烧性能

图 2-3 为 PPO 用量对 PS/PPO 合金 LOI 的影响，可见，加入 20 phr PPO 即可使 PS 的 LOI 从 17.5%提高到 20.9%；随着 PPO 用量增加，合金的 LOI 逐渐增大。在 PPO 用量为 100 phr 时，合金的 LOI 达到 22.9%。由此可见，引入 PPO 可明显

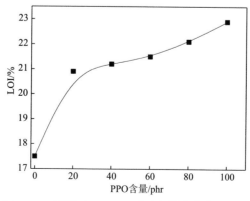

图 2-3　PPO 用量对 PS/ PPO 合金极限氧指数的影响[56]

提高 PS 的阻燃性能。这是由于 PPO 是一种难燃、易成炭、具有自熄性的聚合物，PS/PPO 合金燃烧时 PPO 生成的炭层在材料表面形成覆盖层，隔绝氧气，阻止燃烧区域的热量向合金内部传递，降低了聚合物的热分解速率，减少了燃料的有效供给，因而增强了材料的阻燃性能。

图 2-4 和表 2-2 分别为 PS/PPO 合金的热释放速率（HRR）曲线及锥形量热实验数据。从中可以看出，PPO 用量为 20 phr 和 100 phr 的 PS/PPO 合金的热释放速率峰值（PHRR）为 936 kW/m^2 和 749 kW/m^2，与纯 PS 的 PHRR（1120 kW/m^2）相比，分别降低了 16.4% 和 33.1%，表明 PS/PPO 合金可以降低燃烧时的放热速率，减少火焰传播，降低发生火灾的危险，材料的火灾安全性随着 PPO 用量的增加而逐渐改善。

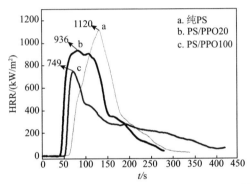

图 2-4　纯 PS 及 PS/PPO 合金的热释放速率曲线[56]

表 2-2　PS/PPO 合金的锥形量热实验数据[56]

PPO 用量/phr	TTI/s	PHRR/（kW/m^2）	AEHC/（MJ/kg）	THR/（MJ/m^2）
0	65	1120	33.0	106.6
20	45	936	32.0	102.6
100	55	749	32.1	81.3

注：AEHC 为平均有效燃烧热

从表 2-2 可以看出，随着 PPO 用量的增加，PS/PPO 合金的总释放热量（THR）逐渐降低，尤其是当 PPO 用量为 100 phr 时，合金的 THR 比纯 PS 降低了 23.7%，表明材料在燃烧时的放热量下降，潜在的火灾危险性降低。另外，PS/PPO 合金的平均有效燃烧热（AEHC）基本不变，表明聚合物合金热分解产生的可挥发气体在气相火焰中的燃烧程度相同，因此材料阻燃性能的改善是由凝聚相的变化造成的，其阻燃机理为凝聚相成炭阻燃。

图 2-5 为 PPO 用量对 PS/PPO 合金质量损失速率的影响。从图中可见，纯 PS、PS/PPO20 和 PS/PPO100 合金的质量损失速率峰值分别为 0.31 g/s、0.29 g/s 和 0.24 g/s，尤其是当加入 100 phr PPO 时，其质量损失速率曲线的峰值不再尖锐，

在整个燃烧过程中，样品质量损失比较缓慢改为（图 2-5 中 c 曲线）。由此可见，随着 PPO 用量的增加，聚合物合金的热稳定性提高，热分解速率降低，阻燃性增强。这是由于 PPO 在高温下很容易成炭，生成的炭层覆盖在聚合物合金表面形成隔离层，隔绝了氧气与热分解生成的可燃性物质（燃料）的有效接触和燃烧热向聚合物材料内部的有效传递，使聚合物热分解速率降低，因此改善了阻燃性能。

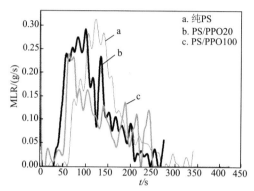

图 2-5 PPO 用量对 PS/PPO 合金质量损失速率的影响[56]

2.3 聚苯乙烯/聚苯醚/氰尿酸三聚氰胺复合材料的阻燃性能

2.3.1 复合材料结构分析

表 2-3 给出了几种不同复合材料的名称与组成，图 2-6 为熔融复合后得到的质量比为 100/50/50 的 PS/PPO/MCA 复合材料的 XRD 图。可见，由于 PS 和 PPO 均为非结晶性聚合物，在 XRD 图上没有衍射峰出现，与阻燃剂 MCA 相比，PS/MCA100

表 2-3 不同材料的名称与组成[71]

材料名称	PS/PPO/MCA 质量比
PS	100/0/0
PS/PPO100	100/100/0
PS/PPO90/MCA10	100/90/10
PS/PPO50/MCA50	100/50/50
PS/PPO10/MCA90	100/10/90
PS/MCA100	100/0/100

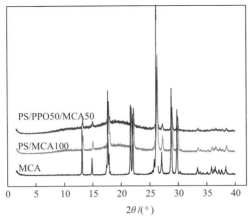

图 2-6　MCA 和含 MCA 复合材料的 XRD 图[71]

和 PS/PPO50/MCA50 两种复合材料中 MCA 的衍射峰的位置和相对强度并没有发生变化，表明在复合材料的制备和加工过程中，MCA 没有热分解，也没有受热升华，其结晶结构没有发生任何变化，因此，复合材料中 MCA 的阻燃作用不变。

　　图 2-7 为不同放大倍数的 PS/PPO50/MCA50 复合材料断面的 SEM 照片。可见，复合材料的断面粗糙，PS 和 PPO 两种聚合物融为一体，阻燃剂 MCA 的粒子在复合材料中分散比较均匀，无明显团聚现象。从整体上来看，PS/PPO/MCA 复合材料的组成分布比较均匀。

（a）　　　　　　　　　　　　　　（b）

图 2-7　PS/PPO50/MCA50 复合材料断面的 SEM 照片[71]

2.3.2　燃烧性能

　　图 2-8 为纯 PS 及不同质量比的 PS/PPO/MCA 复合材料的热释放速率曲线图，表 2-4 列出了各试样的锥形量热实验和极限氧指数实验数据。从图 2-8 和表 2-4 可见，纯 PS 的 HRR 曲线具有尖锐的峰形，材料的 PHRR 为 1120 kW/m^2。与纯

PS 相比，质量比为 100/100 的 PS/PPO 合金的 PHRR 值为 749 kW/m²，比 PS 的相应值降低 33.1%，LOI 数值增加 5.4%，火灾性能指数（FPI）由 58.1×10⁻³ s·m²/kW 增加到 69.4×10⁻³ s·m²/kW，表明 PS/PPO 合金的阻燃性能比纯 PS 有显著提高。

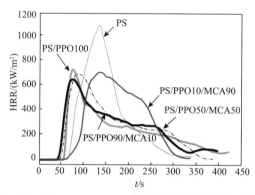

图 2-8　纯 PS 及 PS/PPO/MCA 复合材料的热释放速率曲线[71]

表 2-4　不同材料的锥形量热实验和极限氧指数实验数据[71]

材料名称	TTI/s	PHRR/（kW/m²）	TTP/s	AEHC/（MJ/kg）	FPI/（10⁻³ s·m²/kW）	LOI/%
PS	65	1120	130	33.0	58.1	17.5
PS/PPO100	52	749	75	32.1	69.4	22.9
PS/PPO90/MCA10	45	668	75	31.1	67.4	22.0
PS/PPO50/MCA50	50	713	80	30.2	70.1	23.5
PS/PPO10/MCA90	85	724	130	28.5	117.4	24.0

注：TTP 为材料从开始点燃到出现 PHRR 的时间

　　保持阻燃剂总量不变，在 PS/PPO 合金中加入第三组分 MCA 后得到的 PS/PPO/MCA 复合材料的 PHRR 均比 PS/PPO 合金的相应值有所降低。在 MCA 用量较少时（如样品 PS/PPO90/MCA10 和 PS/PPO50/MCA50），PS/PPO/MCA 复合材料的 LOI 数值和 FPI 数值与 PS/PPO 合金差别不大，但是当 MCA 用量较多时（如样品 PS/PPO10/MCA90），PS/PPO/MCA 复合材料的 LOI、FPI、TTI 和 TTP 均比 PS/PPO 合金的相应值增加很多，这表明加入 MCA 的确能够使复合材料的阻燃性能有更加明显的改善，并且随着 MCA 用量的增加，PS/PPO/MCA 复合材料的阻燃性能逐渐增强。仔细观察图 2-8 可以发现，尽管 PS/PPO 合金的 PHRR 值与 PS/PPO/MCA 复合材料的 PHRR 值差别不大，但随着 MCA 用量增加，PS/PPO/MCA 复合材料的 HRR 曲线的峰宽逐渐增大，不再有尖锐的峰值，复合材料从开始点燃到出现 PHRR 的时间（TTP）逐渐延长，即 PHRR 逐渐向后延迟，表明材料在燃烧时的放热速率逐渐变得比较平缓，降低了材料在使用中的火灾危险性。

从表 2-4 还可看出，尽管 PS/PPO 合金的阻燃性能与纯 PS 相比有很大提高，但是两种材料的平均有效燃烧热（AEHC）基本不变，表明这两种材料热分解产生的挥发性气体物质在气相火焰中燃烧的程度基本相同，因此 PS/PPO 合金阻燃性能的改善只能是由燃烧时材料凝聚相的变化所致，其阻燃机理为凝聚相成炭阻燃[72]。在 PS/PPO 合金中加入 MCA 后形成的复合材料的 TTI、TTP、FPI 和 LOI 数值均随着 MCA 用量的增加而逐渐增大，而 AEHC 数值随着 MCA 用量增加而逐渐减小，表明复合材料的阻燃性能随着 MCA 用量增加而不断改善，复合材料热分解产生的挥发性气体物质在气相火焰中的燃烧程度不断降低，无法充分燃烧，因此其阻燃机理为气相阻燃。

为了进一步证实上述阻燃机理，把几种不同材料在 400℃高温热分解 3 h，观察其热分解残余物形貌并计算残余率。从图 2-9 可见，纯 PS 在 400℃高温热分解 3 h 后没有任何残留，PS/MCA 复合材料的残余物铺展很大，但很不连续，碎裂成许多小块。PS/PPO 合金的残余物铺展较小，生成的炭层比较完整致密，破碎现象很少。随着 MCA 用量的增加，PS/PPO/MCA 复合材料的残余物铺展程度越来越大，生成的炭层更加破碎，致密程度明显降低。

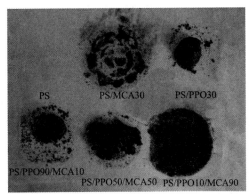

图 2-9　不同材料在 400℃热处理 3 h 后的残留物形貌的数码照片[71]

图 2-10 给出了复合材料的热分解残余率变化曲线，可见随着 MCA 用量的增加，PS/PPO/MCA 复合材料的热分解残余率呈不断下降趋势，材料的成炭性能逐渐下降。图 2-9 和图 2-10 的实验结果清楚地表明，PS/PPO 合金的阻燃机理为凝聚相成炭阻燃，随着加入 MCA 及其用量的增加，PS/PPO/MCA 复合材料的成炭数量逐渐减少，生成的炭层碎裂成许多小块，高温热分解和燃烧时无法在复合材料表面生成连续和致密的炭层，材料的阻燃机理逐渐转变为以气相阻燃为主，这是由于随着 MCA 含量增加，PS/PPO/MCA 复合材料中 PS/PPO 合金的净含量逐渐减少，具有成炭作用的 PPO 的净含量也逐渐减少，因此复合材料的成炭能力逐渐

降低。与此同时，MCA 在高温下热分解产生的氨气、水蒸气、二氧化碳等惰性气体不仅能够稀释燃烧区可燃气体及氧气的浓度，而且具有覆盖作用（毯子效应），提高了材料的阻燃性能。此外，由于复合材料中的 MCA 在受热升华和热分解时要吸收大量热量，对复合材料能够起到冷却作用，这也会使材料的阻燃性能得到一定程度的提高[73]。因此，PS/PPO/MCA 复合材料阻燃性能的提高是惰性气体气相稀释和对复合材料基体的冷却降温两种因素共同作用的结果，并不是源于凝聚相的阻燃作用。

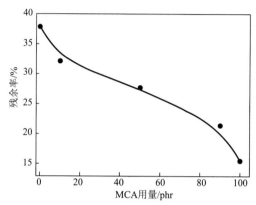

图 2-10　PS/PPO/MCA 复合材料在 400℃热处理 3 h 后的残余率变化曲线[71]

　　图 2-11 为几种不同材料在锥形量热仪测试中的总释放烟量曲线，表 2-5 给出了相应的发烟数据。可见，与纯 PS 相比，PS/PPO 合金在燃烧时虽然阻燃性能有较大改善，但材料的总释放烟量（TSR）从 5060 m^2/m^2 增加到 12625 m^2/m^2，增加了近 1.5 倍，其他表征材料生烟的参数，如比消光面积峰值（PSEA）、比消光面积平均值（ASEA）、生烟总量（TSP），也都有显著增加（表 2-5），这对发生火灾时受困人员的生命安全和救援工作都构成了极大威胁，是不符合当今新型阻燃材料的发展方向的。与 PS/PPO 合金相比，PS/PPO/MCA 复合材料的 TSR 数值随着 MCA 用量增加大幅度降低。例如，在复合材料中加入 5%（PS/PPO90/MCA10）、25%（PS/PPO50/MCA50）和 45%（PS/PPO10/MCA90）质量分数的 MCA 可分别使材料的 TSR 数值比 PS/PPO 合金的相应值降低 43.7%、82.6%和 91.6%。此外，PS/PPO/MCA 复合材料的 PSEA、ASEA 和 TSP 数值也都比 PS/PPO 合金的相应值大幅度降低。实验结果清楚地表明，加入 MCA 不但能够增强 PS/PPO 合金的阻燃性，更重要的是能够大幅度降低材料的发烟量，从而实现 PS/PPO 合金复合材料阻燃、低烟的目标。

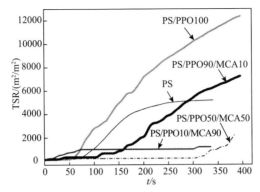

图 2-11　不同材料在锥形量热仪实验中的总释放烟量曲线[71]

表 2-5　不同材料的锥形量热实验发烟数据[71]

材料名称	PSEA/（m²/kg）	ASEA/（m²/kg）	TSR/（m²/m²）	TSP/（m²/m²）
PS	4418	1566	5060	45
PS/PPO100	4857	3963	12625	112
PS/PPO90/MCA10	4981	2209	7103	63
PS/PPO50/MCA50	4378	636	2191	19
PS/PPO10/MCA90	3806	295	1059	9

2.3.3　加工流动性能

图 2-12 为 PS/PPO/MCA 复合材料的熔体流动速率（MFR）随 MCA 含量的变化曲线。可见，在 PS/PPO 合金中加入 MCA 后得到的复合材料的 MFR 随着 MCA 含量增加而呈不断增大趋势，表明复合材料在熔融后的黏度逐渐减小，流动性能逐渐改善，成型加工更加容易进行。

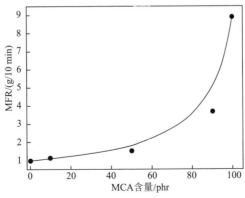

图 2-12　MCA 含量对 PS/PPO/MCA 复合材料熔体流动速率的影响[71]

　　图 2-13 为上述几种材料的 HAAKE 流变曲线，可以看出，几种材料在熔融后的流变曲线形状类似，但是实验过程中 HAAKE 流变仪转子的转矩不同。实验时间相同时，PS/PPO 合金材料的转矩最大，随着 MCA 含量增加，PS/PPO/MCA 复合材料的转矩逐渐减小。图 2-14 为上述几种材料在 10 min 时的平衡转矩随 MCA 含量的变化曲线，可见随着 MCA 含量增加，PS/PPO/MCA 复合材料熔融后的平衡转矩逐渐降低。图 2-13 和图 2-14 的实验结果表明，所有 PS/PPO/MCA 复合材料在熔融后的转矩都比 PS/PPO 合金更低，并且 MCA 含量越多，复合材料的转矩越低。物料的转矩越低，表明对流变仪转子运动时的阻力越小，材料的黏度越低，熔融流动性越好，成型加工越容易，这与图 2-12 的实验结果一致。因此，加入 MCA 对复合材料的流动性能也有较大改善。

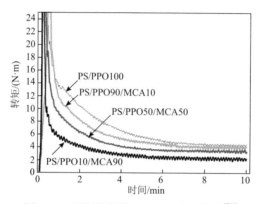

图 2-13　不同材料的 HAAKE 流变曲线[71]

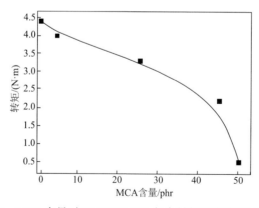

图 2-14　MCA 含量对 PS/PPO/MCA 复合材料平衡转矩的影响[71]

2.4 高抗冲聚苯乙烯/聚苯醚/微胶囊红磷复合材料的阻燃性能

2.4.1 燃烧性能

　　表 2-6 给出了本节用到的几种不同高抗冲聚苯乙烯/聚苯醚/微胶囊红磷（HIPS/PPO/MRP）复合材料的名称与组成，图 2-15 为 MRP 与 PPO 的总质量分数固定为 30%时 HIPS/PPO/MRP 复合材料的 LOI 随着 MRP 用量的变化曲线。可见，阻燃剂总用量相同时，MRP 和 PPO 的相对用量对复合材料的 LOI 有较大影响。随着 MRP 用量的增加，复合材料的 LOI 先增加，达到一个峰值后又逐渐减小。MRP 和 PPO 并用时所得到的复合材料的 LOI 均比单独使用时得到的复合材料的 LOI 数值更大。在 HIPS 基体中单独加入 MRP 或 PPO 时，所得到的两种复合材料的 LOI 分别为 22.4%和 19.4%，当 HIPS/PPO/MRP 的质量比为 70/20/10 时，复合材料的 LOI 达到最大值 23.9%。由此可见，MRP 和 PPO 对 HIPS 的确具有一定的协同阻燃作用，MRP 的最佳用量为 10%左右，用量过多时复合材料的阻燃性能反而会降低。

表 2-6　不同材料的名称与组成[74]

材料名称	HIPS/PPO/MRP 质量比
HIPS	100/0/0
HIPS/PPO30	70/30/0
HIPS/PPO20/MRP10	70/20/10
HIPS/PPO15/MRP15	70/15/15
HIPS/PPO10/MRP20	70/10/20
HIPS/MRP30	70/0/30

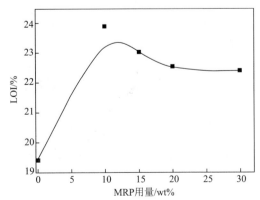

图 2-15　MRP 用量对 HIPS/PPO/MRP 复合材料 LOI 的影响（MRP 与 PPO 的总质量分数固定为 30%）[74]

　　图 2-16 和图 2-17 分别为几种不同材料的水平燃烧残余物和垂直燃烧残余物的数码照片。由图 2-16 可见，纯 HIPS 在燃烧时熔融滴落非常严重，很快烧完。当 PPO 和 MRP 的总质量分数固定为 30%时，HIPS/MRP30 和 HIPS/PPO30 两种复合材料仍然能够烧完并伴随有严重的熔融滴落现象。但是，HIPS/PPO20/MRP10 复合材料在离开火源后立即自熄（在第一个标线前自熄），完整地保持着样品的初始形状。在垂直燃烧实验中，纯 HIPS、HIPS/MRP30 和 HIPS/PPO30 三种材料离开火源后都能够持续燃烧到样品夹具，伴随有严重的熔融滴落现象，滴落物引燃脱脂棉，没有任何阻燃级别，而 HIPS/PPO20/MRP10 复合材料离开火源后很快自熄，完整地保持着样品的初始形状（图 2-17）。实验中发现，单独加入 PPO 或 MRP 时，即使质量分数达到 50%，所得到的两种复合材料仍然能够烧完，并滴落引燃脱脂棉，垂直燃烧没有级别。HIPS/PPO30 复合材料在垂直燃烧实验中同样有熔融滴落和引燃脱脂棉现象，垂直燃烧没有级别。

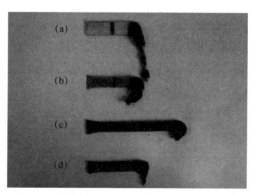

图 2-16　几种不同材料的水平燃烧残余物数码照片（PPO 和 MRP 的总质量分数固定为 30%）[74]
（a）HIPS；（b）HIPS/PPO30；（c）HIPS/PPO20/MRP10；（d）HIPS/MRP30

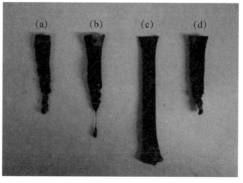

图 2-17　几种不同材料的垂直燃烧残余物数码照片（PPO 和 MRP 的总质量分数固定为 30%）[74]
（a）HIPS；（b）HIPS/PPO30；（c）HIPS/PPO20/MRP10；（d）HIPS/MRP30

上述水平和垂直燃烧性能实验结果表明，MRP 和 PPO 以适当比例并用时对 HIPS 具有非常明显的协同阻燃效应，能够得到具有优良阻燃性能的复合材料，这与极限氧指数的实验结果一致。

图 2-18 为以上几种不同材料的热释放速率（HRR）曲线，表 2-7 列出了这几种材料的锥形量热实验和极限氧指数实验数据。可见，纯 HIPS 的 HRR 曲线具有尖锐的峰形，样品在点燃后 HRR 增加很快，在 200 s 左右时达到峰值（其 PHRR 为 738 kW/m^2），然后迅速降低，样品在 480 s 左右烧完，材料的 LOI 只有 18.1%。PPO 质量分数为 30% 的 HIPS/PPO30 复合材料的 HRR 曲线同样具有尖锐的峰形，但 HRR 比纯 HIPS 有所降低，其 PHRR 值只有 633 kW/m^2，比纯 HIPS 降低了 14.2%，燃烧时间为 580 s 左右，燃烧过程中的总释放热量（THR）比纯 HIPS 有所降低，LOI 增加到 19.4%。HIPS/MRP30 复合材料的 HRR 曲线不再有尖锐的峰形，其 PHRR 值为 362 kW/m^2，比纯 HIPS 降低了 50.9%，LOI 为 22.4%。但材料在 300 s 后的 HRR 在四种材料中最大，燃烧时间明显延长，达到 790 s，燃烧过程中的 THR 最大，达到 140.1 MJ/m^2。HIPS/PPO20/MRP10 复合材料的 HRR 曲线也没有尖锐的峰值，其 PHRR 值为 252 kW/m^2，比纯 HIPS 降低了 65.9%，材料在开始燃烧 20 s 后 HRR 曲线出现了一个很宽的平台，HRR 几乎保持不变，直到 300 s 后才逐渐降低至样品熄灭。该材料的 THR 只有 75.0 MJ/m^2，比纯 HIPS 降低了 37.0%，火灾性能指数（FPI）最大，比纯 HIPS 增加了 104.9%，LOI 达到 23.9%，表现出良好的阻燃性能。由此可见，MRP 和 PPO 以适当比例并用时能够大幅度降低复合材料在燃烧过程中的热释放速率和总热释放量，极大地改善材料的阻燃性能，对 HIPS 具有显著的协同阻燃效应，这与 LOI 以及 UL-94 VBT 实验的结果一致。

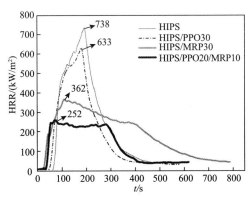

图 2-18　几种不同材料的热释放速率曲线[74]

表 2-7   几种不同材料的锥形量热实验和极限氧指数实验数据[74]

材料名称	TTI/s	PHRR/(kW/m²)	THR/(MJ/m²)	AEHC/(MJ/kg)	FPI/(10^{-3} s·m²/kW)	LOI/%
HIPS	63	738	119.1	34.0	85.3	18.1
HIPS/PPO30	63	633	101.1	31.6	99.6	19.4
HIPS/MRP30	40	362	140.1	38.6	110.6	22.4
HIPS/PPO20/MRP10	44	252	75.0	23.1	174.8	23.9

从表 2-7 还可看出，与纯 HIPS 相比，HIPS/PPO30 复合材料的平均有效燃烧热（AEHC）变化很小，表明该材料热分解后产生的挥发性气体物质在气相火焰中的燃烧程度与纯 HIPS 几乎相同，因此其阻燃性能的改善并不是由于燃料分子在气相中的燃烧受到抑制，而是由材料热分解时凝聚相的变化造成的，其阻燃机制为凝聚相阻燃。与纯 HIPS 和 HIPS/PPO30 相比，HIPS/MRP30 复合材料的 AEHC 高达 38.6 MJ/kg，表明该材料热分解后产生的挥发性气体物质在气相火焰中的燃烧程度非常高（比纯 HIPS 的热分解产物燃烧更加充分），放出的热量很多，这本应该有利于材料的燃烧，使其阻燃性能下降，但实验结果却表明其阻燃性能比纯 HIPS 和 HIPS/PPO30 都好，因此其阻燃机制为凝聚相阻燃。与其他几种材料相比，HIPS/PPO20/MRP10 复合材料的 AEHC 数值最小，只有 23.1 MJ/kg，表明该材料热分解后产生的挥发性气体物质在气相火焰中无法充分燃烧，放出的热量很少，其阻燃机制有可能为气相阻燃。

图 2-19 为上述几种不同材料在燃烧过程中的总释放热量（THR）曲线，可见纯 HIPS 样品在点燃后很快烧完，其 THR 为 119.1 MJ/m²，HIPS/PPO30 复合材料的 THR 比纯 HIPS 有所降低，为 101.1 MJ/m²。与纯 HIPS 和 HIPS/PPO30 不同，HIPS/MRP30 复合材料的 THR 曲线在材料燃烧过程中一直呈快速上升趋势，燃烧结束时其 THR 值达到 140.1 MJ/m²，放出大量热量。与其他几种材料相比，HIPS/PPO20/MRP10 复合材料的 THR 曲线上升比较平缓，THR 数值始终明显小于其他几种材料的相应值。燃烧结束时，HIPS/PPO20/MRP10 复合材料的 THR 值只有 75.0 MJ/m²。例如，燃烧时间为 400 s 时，HIPS、HIPS/PPO30、HIPS/MRP30 和 HIPS/PPO20/MRP10 四种材料的燃烧热分别为 115.1 MJ/m²、95.9 MJ/m²、100.1 MJ/m² 和 67.4 MJ/m²。燃烧放出的热量越少，能够反馈到材料中的热量就越少，就可以减少材料的进一步热分解和火焰传播，降低发生火灾的危险性。因此，HIPS/PPO20/MRP10 复合材料的阻燃性能最好。

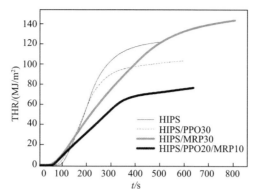

图 2-19 几种不同材料在燃烧过程中的总释放热量曲线[74]

图 2-20 为几种不同材料在燃烧过程中的质量损失曲线。可以看出,含有 MRP 的两种复合材料（HIPS/MRP30 和 HIPS/PPO20/MRP10）在燃烧刚开始时质量损失速率比纯 HIPS 和 HIPS/PPO30 更快,两条曲线几乎完全重叠在一起,燃烧进行大约 140 s 后这两种材料的质量损失变慢,而此时纯 HIPS 和 HIPS/PPO30 的质量损失变得更快。燃烧结束时,纯 HIPS、HIPS/PPO30、HIPS/MRP30 和 HIPS/PPO20/MRP10 四种材料的质量残余率分别为 1.9%、4.5%、10.2%和 7.4%。由此可见,含有 MRP 的两种复合材料具有更强的成炭能力。成炭能力的增强,必然会对材料的阻燃性能产生积极影响。

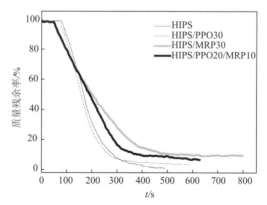

图 2-20 几种不同材料在燃烧过程中的质量损失曲线[74]

图 2-21 为相同放大倍数的几种不同材料在锥形量热仪测试后燃烧残余物的数码照片。可以看出,纯 HIPS 样品完全烧尽,燃烧后在铝箔上没有任何残余物[图 2-21（a）]。PPO 质量分数占 30%的 HIPS/PPO 复合材料在燃烧后有一定的成炭现象,但生成的炭层较薄,不够连续,仍然能够清晰地看到铝箔基底[图 2-21（b）]。如图 2-21（c）所示,MRP 质量分数占 30%的 HIPS/MRP 复合材料的燃烧残余物

数量很多，成炭明显，炭层厚度较大，表面比较致密，但炭层中间有少量裂纹，能够看到铝箔基底。HIPS/PPO20/MRP10 复合材料燃烧后留下了一层厚厚的炭层，虽然炭层的表面有一些波浪状的起伏，不很平整，但相当连续，无明显裂纹，看不到铝箔基底[图 2-21（d）]。由此可见，含有 MRP 的两种复合材料在燃烧时具有很强的成炭能力，这与图 2-20 的结果一致。

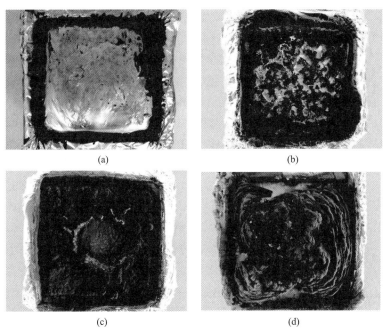

(a)　　　　　　　　　　(b)
(c)　　　　　　　　　　(d)

图 2-21　锥形量热仪测试后几种不同材料燃烧残余物的数码照片[74]
（a）HIPS；（b）HIPS/PPO30；（c）HIPS/MRP30；（d）HIPS/PPO20/MRP10

2.4.2　热分解行为

为进一步了解这几种材料的凝聚相阻燃行为，把几种不同材料在高温下进行热分解，观察其成炭情况。图 2-22 给出了这些材料在 400℃热分解 3 h 后残余物的数码照片。可见，纯 HIPS 热分解后几乎没有任何残余物，全部变成气体逸出[图 2-22（a）]。HIPS/PPO30 复合材料热分解后有一定成炭现象，但数量较少，连续性差[图 2-22（b）]。如图 2-22（c）和（d）所示，含有 MRP 的两种复合材料 HIPS/PPO20/MRP10 和 HIPS/MRP30 在热分解后均具有很强的成炭能力，生成的炭层不仅数量多，而且连续性较好。仔细观察图 2-22（c）和（d）可以发现，HIPS/MRP30 热分解后生成的炭层表面比较粗糙，上面有很多裂纹[图 2-22（d）]，而 HIPS/PPO20/MRP10 热分解后生成的炭层的连续性和表面致密度都比 HIPS/MRP30 的热分解残余物要好[图 2-22（c）]。

上述结果表明,MRP 和 PPO 并用时比二者单独使用时对 HIPS 具有更好的成炭性能,二者对复合材料的成炭性能也具有明显的协同效应。成炭性能的改善,必然会对复合材料的阻燃性能起到积极作用。

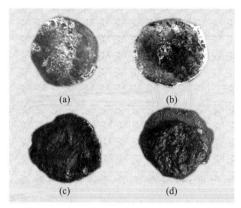

图 2-22　几种不同材料在 400℃高温热分解 3 h 后的残余物数码照片
（PPO 和 MRP 总质量分数固定为 30%）[74]
（a）HIPS；（b）HIPS/PPO30；（c）HIPS/PPO20/MRP10；（d）HIPS/MRP30

2.4.3　阻燃机制

根据上述实验结果以及对复合材料分子结构和燃烧过程的分析,研究认为,MRP 和 PPO 对 HIPS 的协同阻燃作用主要是通过以下机制来实现的：①从燃烧过程来看,两者以适当比例加入 HIPS 基体后得到的复合材料在燃烧时的热释放速率和燃烧热都大幅度降低,这样使气相燃烧区热量不足,温度较低,生成的气态可燃性小分子（燃料分子）不能够充分燃烧,从而会在气相起到一定的阻燃作用。由于燃烧产生的热量显著减少,能够反馈到复合材料内部的热量也相应减少,这样会抑制凝聚相中聚合物的热分解速率,减少燃料供应,起到阻燃作用。②从分子结构和化学反应的角度来看,PPO 是一种多芳环结构的聚合物,在热分解时本身很容易成炭。由于 PPO 分子结构中含有大量氧原子,适合以脱水的方式形成炭层达到阻燃。MRP 在高温下解聚生成白磷,白磷在水汽存在下被氧化成黏性的含氧磷酸。这类含氧酸具有强烈的脱水性能,既可以在材料表面加速脱水炭化,又可以覆盖在被阻燃材料表面,形成的炭层和液膜将外部的氧气、挥发性可燃物和热量与材料内部的聚合物基质分隔开来,因此有助于燃烧中断,提高材料的阻燃性能。由含氧磷酸从 PPO 中脱出的水分又可以与 MRP 解聚生成的白磷进行反应生成新的含氧磷酸,这些新生成的含氧磷酸又会促进更多 PPO 脱水成炭,因此MRP 和 PPO 以适当比例并用时会使复合材料在热分解和燃烧时的成炭能力大大增强,生成更加连续和致密的炭质残余物,具有显著的协同阻燃作用。这些残余物炭层包裹在复合材料表面，在聚合物材料与燃烧火焰之间形成了一道屏障。由于炭层具有很好的绝热性，LOI 高达 60%，会抑制燃烧过程中产生的热量向复合材料内部传递以及聚合物热分解产生的小分子可燃气体向燃烧区域迁移，减少聚合物热分解，抑制气相区的燃料供应，阻止氧气与燃料分子汇合引起新的燃烧，起到凝聚相阻燃作用。因此，HIPS/PPO/MRP 复合材料阻燃性能的显著改善是气相阻燃和凝聚相阻燃共同作用的结果。对于 HIPS/PPO 复合材料来说，虽然 PPO 具有良好的成炭能力，但由于质量分数相对较低（只有 30%），材料中大部分仍然是 HIPS，后者在热分解时没有成炭能力，全部变成气体逸出，复合材料热分解后生成的炭层不仅数量少，而且连续性很差，对材料无法起到有效的保护作用，因此对其阻燃性能的改善相当有限。至于 HIPS/MRP 复合材料，虽然具有较好的成炭能力，生成的炭层数量较多，比较连续，能够在凝聚相起到阻燃作用，但是由于 MRP 用量过多，而 MRP 本身的氧化反应属于放热反应，用量越多，燃烧时放出的热量越多，越有利于复合材料的燃烧[75]。因此，含有 MRP 的复合材料的燃烧性能是 MRP 的凝聚相成炭阻燃与氧化放热促进燃烧两种相反效应互相竞争的结果，MRP 用量过多时复合材料的阻燃性能反而会降低。

上述分析推断已经得到了实验证实，如图 2-23 所示，纯 HIPS 在燃烧时的总放热量为 119.1 MJ/m², 加入 5wt%的 MRP 后，材料的总放热量降至 84.5 MJ/m², 此后随着 MRP 用量增加，HIPS/MRP 复合材料在燃烧时的总放热量一直呈增大趋势。MRP 用量为 30wt%时，燃烧时的总放热量高达 140.1 MJ/m²。毫无疑问，这对材料的阻燃非常不利。从图 2-23 还可以看出，随着 MRP 用量的增加，HIPS/MRP 复合材料 LOI 逐渐增大，表明其阻燃性能提高，但用量过多时，复合材料的 LOI 又开始逐渐降低，阻燃性能变差。此外，从表 2-7、图 2-19～图 2-21 可以清楚地看出，虽然 HIPS/MRP 复合材料成炭明显，生成的炭质残余物数量较多，也比较连续，但材料的 THR 和 AEHC 数值非常高，MRP 的氧化放热促进燃烧效应严重地干扰了凝聚相成炭阻燃的效果，因此该材料的阻燃性能提高有限，远不如 HIPS/PPO/MRP 复合材料明显。

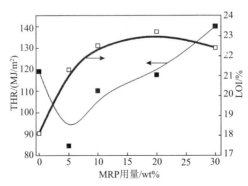

图 2-23　MRP 用量对 HIPS/MRP 复合材料燃烧总释放热量和极限氧指数的影响[74]

第3章 含有石墨的膨胀阻燃高抗冲聚苯乙烯复合材料

3.1 引　　言

作为一种碳基材料，石墨具有许多优异的性能[76]：①耐高温性：其熔点为3850℃±50℃，沸点为4250℃。即使把石墨用超高电弧灼烧，其质量损失很少，热膨胀系数也很小。石墨的强度随温度提高而增大，在2000℃，石墨强度提高一倍。②导热性好：导热性超过钢、铁、铝等金属材料。其导热系数随温度升高而降低，甚至在极高的温度下，石墨呈绝缘体。③抗热震性：石墨在高温下使用时能经受住温度剧烈变化而不致破坏，石墨的体积变化不大，不会产生裂纹。由于以上特性，可以推测出石墨也应具有一定的阻燃性能。

可膨胀石墨（expandable graphite，EG）是近年来出现的一种新型无卤阻燃剂，它是利用石墨能形成层间化合物的特性，由天然鳞片石墨经化学处理，使其形成某种特殊的层间化合物。可膨胀石墨经高温处理使层间化合物分解，同时石墨沿碳轴得到高速膨胀，从而形成膨胀石墨[77]。本章首先讨论了不同种类和粒径的石墨对HIPS阻燃性能的影响，分析了其作用机制的差别，然后在HIPS/EG二元体系中引入微胶囊红磷（MRP）协同阻燃剂，详细研究了EG和MRP对HIPS的协同阻燃效应、作用机制以及膨胀炭层的结构与性能。

3.2　不同种类和粒径石墨对HIPS阻燃性能的影响

研究了不同种类和不同粒径的石墨单独使用和与MRP共同使用时对HIPS阻燃性能的影响，实验结果如图3-1和表3-1所示。从图3-1可见，随着阻燃剂用量增加，两种含有可膨胀石墨（EG）的HIPS复合材料的LOI迅速增大，而两种含有天然鳞片石墨（NG）的HIPS复合材料的LOI增加非常缓慢，前者的LOI数值远远大于后者。相对而言，EG的粒径越大（即目数越小），复合材料的LOI数值越大，阻燃效率越高。例如，阻燃剂用量小于40wt%时，HIPS/EG50复合材料的LOI总是大于HIPS/EG150复合材料的相应值。与EG相比，NG的粒径大小对聚合物的阻燃性能影响很小，几乎可忽略不计。其原因在于，NG 受热时不能膨胀，无法在聚合物表面生成膨胀炭层，形成防火屏障，因此阻燃效率很低。EG 的片层之间插入了 H_2SO_4 氧化剂，高温下氧化剂与石墨碳原子之间发生氧化还原反应产生大量气体，使石墨迅速膨胀，在材料表面形成绝热的膨胀炭层，起到了防火屏障作用，因此聚合物材料的阻燃性能显著提高。在其他条件相同的情况下，EG 的粒径越大，膨胀体积越大，较少的用量就能够在聚合物表面形成完整的膨胀炭层，把聚合物完全覆盖，因此大粒径的 EG 阻燃效率更高。但是，当 EG 的用量增加到一定程度时，这种粒径效应的影响就不显著了。从图 3-1 可见，当 EG 用量大于 40wt%时，HIPS/EG50 和 HIPS/EG150 两种复合材料的 LOI 就非常接近了，这是因为在很高的用量下，两种材料表面都能够形成完整的膨胀炭层，因此其阻燃性能就差别不大了。

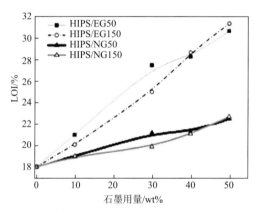

图 3-1　石墨种类、粒径和用量对 HIPS 极限氧指数的影响

EG50，粒径为 50 目的可膨胀石墨；EG150，粒径为 150 目的可膨胀石墨；NG50，粒径为 50 目的天然鳞片石墨；NG150，粒径为 150 目的天然鳞片石墨

表 3-1　阻燃剂用量为 **20wt%**时几种不同组成的 HIPS 复合材料的燃烧性能实验结果

材料名称	HIPS	HIPS/EG50	HIPS/NG50	HIPS/EG50/MRP	HIPS/NG50/MRP
LOI/%	18.1	21.9	20.2	25.0	22.4
UL-94 VBT	无级别	无级别	无级别	V-0	V-2

注：HIPS，高抗冲聚苯乙烯；EG50，粒径为 50 目的可膨胀石墨；NG50，粒径为 50 目的天然鳞片膨胀石墨；MRP，微胶囊红磷；LOI，极限氧指数；UL-94 VBT，垂直燃烧等级。不同种类石墨与 MRP 的质量比均为 3∶1

　　从表 3-1 可见，当阻燃剂的用量固定为 20wt%时，HIPS/EG50 复合材料的 LOI 明显比 HIPS/NG50 复合材料的 LOI 更大，表明粒径相同（均为 50 目）时，EG 的阻燃效率明显比 NG 更高，但是由于阻燃剂用量较少，两种复合材料在垂直燃烧实验中都没有级别。加入少量 MRP 后，HIPS/EG50/MRP 复合材料的 LOI 显著

增大，UL-94 VBT 达到 V-0 级，而 HIPS/NG50/MRP 复合材料的 LOI 仅有轻微增加，UL-94 VBT 只能达到 V-2 级。这些结果表明，EG 与 MRP 有显著的协同阻燃作用，而 NG 与 MRP 并没有明显的协同阻燃作用。显然，这是由于 EG 在高温下能够膨胀，与 MRP 并用时能够生成高质量的膨胀炭层，起到防火屏障作用，而NG 不能膨胀，无法生成有效的膨胀炭层保护聚合物。

3.3　HIPS/EG/MRP 复合材料的燃烧性能和成炭行为

3.3.1　燃烧性能

表 3-2 列出了一系列含有可膨胀石墨（EG）或（和）微胶囊红磷（MRP）的阻燃 HIPS 复合材料的配方组成，表 3-3 给出了这些 HIPS 复合材料的 LOI 和 UL-94 VBT 实验数据。纯 HIPS 的 LOI 只有 18.1%，表明其在空气中极易燃烧。比较几组 HIPS/EG 复合材料的 LOI 数据发现，EG 可以显著增加 HIPS 的 LOI。当 EG 的质量分数为 50%时，HIPS/EG50 复合材料的 LOI 增加到 28.7%，在 UL-94 VBT 测试中达到 V-0 级。当阻燃剂的质量分数固定在 20%时，HIPS/EG20 和 HIPS/MRP20均未达到 V-0 级，但是同时含有 EG 和 MRP 的 HIPS/EG/MRP 三种复合材料都可以通过 V-0 测试。HIPS/EG15 复合材料和 HIPS/MRP5 复合材料的阻燃性能均不好，但是 HIPS/EG15/MRP5 复合材料不仅通过 V-0 测试，同时其 LOI 达到最大值26.8%，表现出良好的阻燃性能。上述结果表明，EG 本身对 HIPS 具有一定的阻燃效果，但是其阻燃效率相对较低，单独使用时其质量分数需要 50%时复合材料才能达到 V-0 级。EG 和 MRP 对 HIPS 具有明显的协同阻燃效应，在 HIPS/EG 复合材料中添加少量的 MRP 就可以显著提高其阻燃性能。

表 3-2　不同阻燃 HIPS 复合材料的组成[25]

材料名称	HIPS/EG/MRP 质量比	阻燃剂含量/wt%	MRP 含量/wt%
HIPS	100/0/0	0	0
HIPS/EG20	80/20/0	20	0
HIPS/EG40	60/40/0	40	0
HIPS/EG50	50/50/0	50	0
HIPS/EG15/MRP5	80/15/5	20	5
HIPS/EG10/MRP10	80/10/10	20	10
HIPS/EG5/MRP15	80/5/15	20	15
HIPS/MRP20	80/0/20	20	20
HIPS/MRP5	95/0/5	5	5
HIPS/EG15	85/15/0	15	0

表 3-3　不同 HIPS 复合材料 LOI 和 UL-94 VBT 测试结果[25]

材料名称	UL-94 VBT	LOI/%
HIPS	无级别	18.1
HIPS/EG20	无级别	21.9
HIPS/EG40	V-1	27.6
HIPS/EG50	V-0	28.7
HIPS/EG15/MRP5	V-0	26.8
HIPS/EG10/MRP10	V-0	23.8
HIPS/EG5/MRP15	V-0	23.7
HIPS/MRP20	无级别	23.2
HIPS/MRP5	无级别	21.3
HIPS/EG15	无级别	21.0

　　图 3-2 为阻燃剂用量固定在 20% 时，HIPS/EG/MRP 复合材料的 LOI 随着 MRP 用量的变化曲线。可见，随着 MRP 用量增加，HIPS/EG/MRP 复合材料的 LOI 迅速增加，当 MRP 的用量为 5% 时，HIPS/EG/MRP 复合材料的 LOI 达到最大值。由此可见，加入少量的 MRP 就可以显著提高 HIPS/EG/MRP 复合材料的 LOI。随着 MRP 用量继续增加，HIPS/EG/MRP 复合材料的 LOI 开始逐渐减小，表明添加过多 MRP 反而会使复合材料的阻燃性能下降。这是因为 MRP 本身是易燃材料，其氧化反应是一个放热过程。复合材料在燃烧时，过多的 MRP 会产生更多的热量，对复合材料的阻燃性能非常不利。

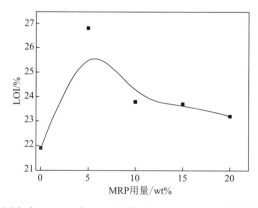

图 3-2　阻燃剂量固定为 20wt% 时 MRP 含量对 HIPS/EG/MRP 复合材料 LOI 的影响[25]

　　图 3-3 为 UL-94 VBT 垂直燃烧实验后不同 HIPS 复合材料残余物的数码照片。在测试过程中观察到, 纯 HIPS、HIPS/EG20 复合材料和 HIPS/MRP20 复合材料极易燃烧, 火焰一直燃烧到样品夹具, 燃烧过程中伴有严重的滴落现象, 并且这三种材料滴落的熔融物能够引燃脱脂棉, 导致火灾蔓延。与上述三种材料相比, HIPS/EG15/MRP5 复合材料离开火源后立刻自熄, 并保持样品的初始形貌, 没有任何滴落和引燃发生 [图 3-3 (d)]。这些结果清楚地表明, EG 和 MRP 共同使用时能够显著提高复合材料的阻燃性能。加入少量 MRP 就可极大地改善 HIPS/EG 复合材料的阻燃性能, 这与 LOI 的实验结果一致。

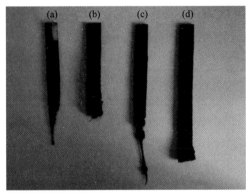

图 3-3　不同 HIPS 复合材料垂直燃烧实验后残余物形貌的数码照片[25]
(a) 纯 HIPS; (b) HIPS/EG20; (c) HIPS/MRP20; (d) HIPS/EG15/MRP5

　　图 3-4 为不同 HIPS 复合材料的 HRR 和 THR 随时间的变化曲线, 表 3-4 给出了相关的锥形量热仪实验数据。从图 3-4 (a) 和表 3-4 可以看出, 纯 HIPS 在被引燃后很快烧完, 其 HRR 曲线有尖锐的峰形, 其 PHRR 为 738 kW/m^2, 而其他三种含有 EG 或 (和) MRP 的 HIPS 复合材料的 HRR 均大幅度降低, 引燃时间也有所延长。HIPS/EG20、HIPS/MRP20 和 HIPS/EG15/MRP5 三种复合材料的 PHRR 分别为 258 kW/m^2、330 kW/m^2 和 191 kW/m^2, 比纯 HIPS 的相应值分别降低了 65%、55% 和 74%。与此同时, 这三种复合材料的热释放速率平均值 (AHRR) 也明显减小, 它们的 HRR 曲线都没有尖锐的峰形, 有一个较长的稳定期, 表现出成炭材料的典型特征, 表明三种 HIPS 复合材料在燃烧过程中在其表面有碳质残余物生成。这些实验结果表明, 在 HIPS 树脂中添加 EG 或者 MRP 可以明显减小 HIPS 树脂的 HRR, 改变其燃烧模式。尽管这三种 HIPS 复合材料含有的阻燃剂数量相同, 但 HIPS/EG15/MRP5 复合材料的 PHRR、AHRR、THR、火增长速率指数 (FIGRA) 和残余物质量最小, 火灾性能指数 (FPI) 最大。这些数据表明, EG 和 MRP 对 HIPS 具有很强的协同阻燃效应。

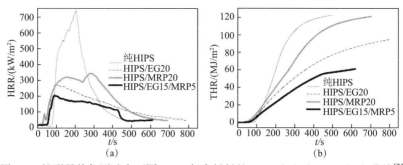

图 3-4　锥形量热仪测试中不同 HIPS 复合材料的 HRR（a）和 THR（b）曲线[25]

表 3-4　不同 HIPS 复合材料的一些燃烧参数[25]

参数	HIPS	HIPS/EG20	HIPS/MRP20	HIPS/EG15/MRP5
TTI/s	63	51	30	54
PHRR/(kW/m²)	738	258	330	191
AHRR/(kW/m²)	280	125	178	107
THR/(MJ/m²)	119	92	118	59
AEHC/(MJ/kg)	34	41	32	29
TSR/(m²/m²)	5112	2778	6112	2480
ASEA/(m²/kg)	1461	1234	1673	1200
FPI/(10⁻³s·m²/kW)	85.3	198	91	283
FIGRA/[kW/(m²·s)]	4.3	3.0	2.7	2.2
燃烧残余率/wt%	1.9	41.7	7.0	73.5

注：TTI，引燃时间；PHRR，热释放速率峰值；AHRR，热释放速率平均值；THR，总释放热量；AEHC，平均有效燃烧热；TSR，总释放烟量；ASEA，比消光面积平均值；FPI，火灾性能指数；FIGRA，火增长速率指数

图 3-4（b）为以上四种材料在锥形量热仪测试中总释放热量曲线。从图中可以明显地看出，HIPS/EG15/MRP5 复合材料的 THR 曲线的斜率在四种材料中最小，在燃烧过程中该复合材料的 THR 值也是最小的。纯 HIPS、HIPS/EG20 复合材料、HIPS/MRP20 复合材料和 HIPS/EG15/MRP5 复合材料在燃烧时间为 300 s 时的 THR 分别为 102 MJ/m²、50 MJ/m²、70 MJ/m² 和 37 MJ/m²。在锥形量热测试结束时，上述四种材料的 THR 值分别为 119 MJ/m²、92 MJ/m²、117 MJ/m² 和 59 MJ/m²。当阻燃剂的质量分数固定在 20%时，单独含有 EG 或者 MRP 的 HIPS 复合材料的 THR 值要比 HIPS/EG15/MRP5 复合材料的 THR 大得多。由此可见，EG 和 MRP 以适当比例共用时可以显著降低 HIPS 复合材料的热量释放。显然，这对提高材料的阻燃性能是非常有利的。

图 3-5 为上述四种材料的生烟速率（SPR）和总释放烟量（TSR）曲线。可见，纯 HIPS 和 HIPS/MRP20 复合材料在燃烧过程中的 SPR 比较高。相比之下，两种含有 EG 的 HIPS 复合材料在燃烧过程中的 SPR 较小，而 HIPS/EG15/MRP5 复合材料的 SPR 又比 HIPS/EG20 复合材料的 SPR 相对更小些。从图 3-5（b）可以看出，HIPS/MRP20 复合材料的 TSR 甚至比纯 HIPS 的还大，两种含有 EG 的复合材料的 TSR 远远小于纯 HIPS 和 HIPS/MRP20 复合材料的相应值。在这四种材料中，HIPS/EG15/MRP5 复合材料的 TSR 最小。如表 3-4 所示，纯 HIPS、HIPS/EG20 复合材料、HIPS/MRP20 复合材料和 HIPS/EG15/MRP5 复合材料的 TSR 分别为 5112 m²/m²、2778 m²/m²、6112 m²/m² 和 2480 m²/m²。上述四种材料的比消光面积平均值（ASEA）分别为 1461 m²/kg、1234 m²/kg、1673 m²/kg 和 1200 m²/kg。这些实验数据表明，EG 本身对 HIPS 具有较强的抑烟作用。当 EG 添加量为 20 wt%时，可以显著降低 HIPS 的烟释放。相比之下，加入 20 wt% MRP 反而会增加 HIPS 的发烟量。当阻燃剂用量固定为 20wt%时，EG 和 MRP 以适当比例共同使用可以大幅度降低复合材料的 SPR 和 TSR。这些发烟特征的改变主要是由于引入阻燃剂改变了聚合物的热分解行为和燃烧模式。在燃烧过程中，MRP 热分解产物中的 PO·能够捕捉气相火焰中的活泼自由基（如 H·和·OH），终止链反应，这将使气相分解产物不能充分燃烧，导致发烟量增大[30,78-82]。因此，HIPS/MRP20 复合材料的 SPR 和 TSR 甚至比纯 HIPS 还要大。在燃烧时，EG 能够迅速膨胀，在聚合物表面形成膨胀型炭层，阻止热量传递，因此含有 EG 的 HIPS 复合材料的热降解行为显著变慢，这样也就降低了其燃料释放速率和燃料释放数量。因此，EG 对 HIPS 树脂具有显著的抑烟作用。

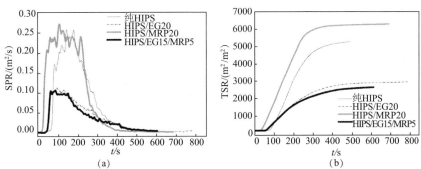

图 3-5　不同 HIPS 复合材料在锥形量热仪测试中的 SPR（a）和 TSR（b）曲线[25]

图 3-6 为不同 HIPS 复合材料在锥形量热测试中的质量损失曲线。纯 HIPS 和 HIPS/MRP20 复合材料在点燃后迅速燃烧，质量很快就开始降低，而含有 EG 的两种复合材料热分解相当缓慢，HIPS/EG15/MRP5 复合材料在燃烧后有大量的残余物生成。燃烧时间为 300 s 时，纯 HIPS、HIPS/EG20 复合材料、HIPS/MRP20

复合材料及 HIPS/EG15/MRP5 复合材料的残余率分别为 8.6%、61.5%、13.6%及 82.0%。在锥形量热测试结束时,上述四种材料的残余率分别为 2.0%、41.7%、7.0% 和 73.5%,HIPS/EG15/MRP5 复合材料的质量损失残余率只有 26.5%。上述数据清楚地表明,EG 和 MRP 以适当比例共同使用时可以极大地减少 HIPS 复合材料的质量损失,提高复合材料的阻燃性能,这与 LOI 和 UL-94 VBT 实验结果十分吻合。

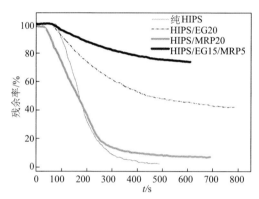

图 3-6　不同 HIPS 复合材料锥形量热测试中的质量损失曲线[25]

表 3-4 和图 3-6 中的结果表明,在锥形量热测试后,含有 EG 的两种 HIPS 复合材料有大量的残余物。尤其是 HIPS/EG15/MRP5 复合材料燃烧残余率达到 73.5%,该数值比阻燃剂添加量相同的 HIPS/EG20 复合材料的相应残余率数值高出 30%。为了阐述其中原因,对这两种复合材料在锥形量热测试后的残余物进行了研究。

3.3.2　成炭行为

图 3-7 为上述几种不同 HIPS 复合材料在锥形量热测试后燃烧残余物侧视图的数码照片。可见,纯 HIPS 完全燃烧,几乎无残余物[图 3-7(a)];HIPS/MRP20 复合材料有少量残余,但是残余的炭层没有扩展[图 3-7(c)];从图 3-7(b)和(d)可见,两种含有 EG 的 HIPS 复合材料的残余物有所扩展,它们的厚度明显比

图 3-7　不同 HIPS 复合材料热分解后残余物侧视图的数码照片[25]

(a)HIPS;　(b)HIPS/EG20;　(c)HIPS/MRP20;　(d)HIPS/EG15/MRP5

HIPS/MRP20 复合材料的残余物更大。相比之下，HIPS/EG15/MRP5 复合材料残余物的膨胀倍率比 HIPS/EG20 复合材料的残余物更大。这两种复合材料在锥形量热测试中产生大量的残余物，这极有可能与形成的膨胀型炭层相关。

　　图 3-8 为锥形量热测试后两种含有 EG 的复合材料热分解后残余物的扫描电镜照片，图中这四个图像的放大倍率相同。如图 3-8（a）和（b）所示，HIPS/EG20 复合材料热分解残余物的顶部位置和底部位置的形貌明显不同。顶部位置的残余物为蠕虫状多孔疏松结构，而底部位置的残余物则连续致密，仿佛复合材料没有任何分解和燃烧。如图 3-8（c）和（d）所示，HIPS/EG15/MRP5 复合材料的顶部位置和底部位置的残余物形貌也有类似的巨大差别。如图 3-8（a）和（c）所示，HIPS/EG15/MRP5 复合材料顶部位置的残余物形貌明显比 HIPS/EG20 复合材料顶部位置的残余物形貌更加疏松多孔，蠕虫状结构数量更多，残余物中的孔洞尺寸更大，表明 HIPS/EG15/MRP5 复合材料的膨胀倍率比 HIPS/EG20 复合材料的膨胀倍率更大，这与图 3-7 中观察到的结果相吻合。上述实验结果清晰地表明，这两种复合材料燃烧生成的残余物的组成并不完全相同。顶部位置的残余物膨胀倍率更大，而底部位置的残余物绝大部分甚至全部是未分解的 HIPS。总的来看，锥形

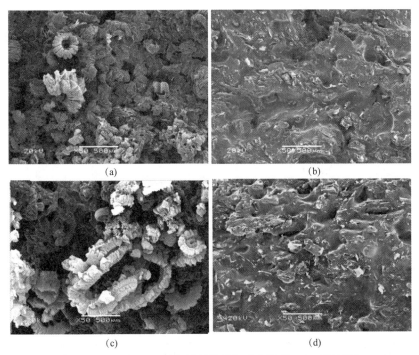

(a)　　　　　　　　　　　　　　(b)

(c)　　　　　　　　　　　　　　(d)

图 3-8　不同 HIPS 复合材料热分解残余物的 SEM 照片[25]

（a）HIPS/EG20，顶部残余物；（b）HIPS/EG20，底部残余物；（c）HIPS/EG15/MRP5，顶部残余物；

（d）HIPS/EG15/MRP5，底部残余物

量热测试后的残余物中含有大量未分解的聚合物。因此，与不含 EG 的 HIPS/MRP20 复合材料相比，含有 EG 的 HIPS 复合材料的残余物数量要大得多。另外，图 3-7 和图 3-8 的结果也表明，添加少量的 MRP 可以进一步增加顶部位置残余物的膨胀倍率，减小燃烧过程中的质量损失。

为进一步验证上述分析，收集锥形量热测试后 HIPS/EG15/MRP5 复合材料不同位置的残余物，在氮气氛围下进行 TG 分析。图 3-9 给出了 HIPS/EG15/MRP5 复合材料不同位置残余物的 TGA 曲线。在相同条件下，将 HIPS/EG15/MRP5 复合材料的 TGA 曲线与顶部位置残余物和底部位置残余物的 TGA 曲线进行对比。如图 3-9 所示，顶部位置的残余物在高温下非常稳定，而底部位置的残余物在 360℃后迅速降解。顶部位置残余物的 TGA 曲线从 30℃到 800℃接近一条直线，而底部位置残余物的 TGA 曲线与未分解的 HIPS/EG15/MRP5 复合材料的 TGA 曲线几乎重叠。顶部位置残余物、底部位置残余物和 HIPS/EG15/MRP5 复合材料在 800℃降解后的残余率分别为 91.2%、17.0% 和 14.7%。这些数据清楚地表明，锥形量热测试后 HIPS/EG15/MRP5 复合材料的残余物的确不均匀，底部位置残余物几乎与未分解的 HIPS/EG15/MRP5 复合材料相同。由于含有大量未分解的聚合物，所以 HIPS/EG15/MRP5 复合材料在燃烧后的残余物数量会比较大。因此，在聚合物顶部位置形成的膨胀型炭层能够非常有效地防止聚合物的降解和燃烧，对底部位置的聚合物起到了很好的保护作用。

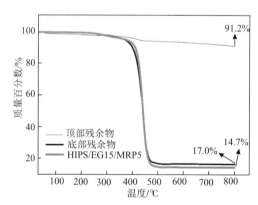

图 3-9 HIPS/EG15/MRP5 复合材料沿厚度方向不同位置残余物在氮气中的 TGA 曲线[25]

3.3.3 热分解行为

图 3-10 为不同 HIPS 复合材料在空气气氛中的 TGA 和 DTG 曲线。如图 3-10（a）所示，两种含有 EG 的 HIPS 复合材料均早于纯 HIPS 和 HIPS/MRP20 复合材料开始降解。纯 HIPS、HIPS/EG20 复合材料、HIPS/MRP20 复合材料和

HIPS/EG15/MRP5 复合材料质量损失 10%时所对应的温度分别为 365℃、350℃、370℃和 337℃。上述四种复合材料质量损失 50% 时所对应的温度分别为 410℃、380℃、401℃和 368℃。从含有 MRP 阻燃剂的两种 HIPS 复合材料的 TGA 曲线可以看出，这两种复合材料在空气中热降解过程中都出现了质量增加现象。HIPS/EG15/MRP5 复合材料的残余质量随温度的升高先降低，随后在 400℃表现出轻微的质量增加，在 492℃时质量增加达到最大值。与 HIPS/EG15/MRP5 复合材料相比，HIPS/MRP20 复合材料在温度为 419℃以上时出现明显的质量增加现象。在温度从 419℃增加到 507℃的过程中，试样的质量百分数从 35%增大到 52%，然后随着温度的升高逐渐下降。在测试结束时，纯 HIPS、HIPS/EG20 复合材料、HIPS/MRP20 复合材料和 HIPS/EG15/MRP5 复合材料的残余率分别为 0%、12.4%、30.4%和 27.4%。虽然 HIPS/EG15/MRP5 复合材料和 HIPS/EG20 复合材料含有相同的阻燃剂用量，但是前者热氧化降解后的残余量大约是后者的 2.2 倍。

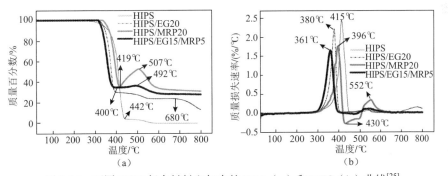

图 3-10 不同 HIPS 复合材料空气中的 TGA（a）和 DTG（b）曲线[25]

图 3-10（b）是上述四种材料在空气气氛中热降解时的 DTG 曲线。纯 HIPS 和 HIPS/EG20 复合材料在它们的 DTG 曲线上均只有一个质量损失峰，其质量损失速率峰值所对应的温度分别为 415℃和 380℃。然而，在含有 MRP 的两种 HIPS 复合材料的 DTG 曲线中有两个质量损失峰和一个质量增加峰。HIPS/MRP20 复合材料的质量增加速率峰值最大，峰值对应的温度为 430℃。HIPS/EG15/MRP5 复合材料表现出轻微的质量增加峰。虽然 HIPS/EG15/MRP5 复合材料在较低温度下就开始分解，但是它的质量损失速率峰值在这四种材料中是最小的。与 HIPS/EG20 复合材料相比，HIPS/EG15/MRP5 复合材料不仅残余物比较多，而且其降解后的残余物在高温下也更加稳定。如图 3-10（a）所示，HIPS/EG20 复合材料在温度高于 400℃后持续进行降解，甚至在 800℃时，还在继续降解。与之相比，HIPS/EG15/MRP5 复合材料在 400℃以上时非常稳定，质量损失很小。图 3-10 的结果表明，含有 EG 的 HIPS 复合材料在较低温度下就开始降解。显然，这是由于插入到石墨层间的 H_2SO_4 分子与石墨中的碳原子进行反应放出气体，这也导致了

EG 的膨胀，并且生成了泡沫状的膨胀炭层。HIPS/MRP20 复合材料和 HIPS/EG15/MRP5 复合材料出现质量增加是由 MRP 的氧化造成的[55]。MRP 添加量越大，质量增加越多，释放的热量也越多。因此，MRP 含量较高的 HIPS/MRP20 复合材料在空气中加热时，质量增加最多，释放的热量也最多。显然，这不利于材料阻燃性能的提高。但是，用质量分数为 5%的 MRP 代替 EG，可以有效地提高 HIPS/EG 复合材料的热氧化稳定性。

图 3-11 是上述四种材料在氮气气氛中的 TGA 和 DTG 曲线。如图 3-11（a）所示，四种材料的 TGA 曲线在 430℃以下时几乎重叠在一起，在 430℃以上才彼此分开。纯 HIPS、HIPS/EG20 复合材料和 HIPS/EG15/MRP5 复合材料在 473℃左右时就不再继续分解，而 HIPS/MRP20 复合材料的热降解行为一直延续到 514℃。在 800℃时，纯 HIPS、HIPS/EG20 复合材料、HIPS/MRP20 复合材料和 HIPS/EG15/MRP5 复合材料的残余率分别为 0%、18.5%、7.3%和 14.6%。从图 3-11（b）可知，四种复合材料的质量损失速率峰值所对应的温度都在 437℃左右。在此温度下，HIPS 中是否添加 EG 或者 MRP 对质量损失都没有影响，表明 HIPS 树脂的降解机理不受这些阻燃剂的影响。然而，也可以从这些材料的质量损失速率峰值（PMLR）观察到一些细微的差别。如图 3-11（b）所示，纯 HIPS 的 PMLR 为 2.7%/℃，而 HIPS/EG15/MRP5 复合材料的 PMLR 为 2.1%/℃，HIPS/EG20 和 HIPS/MRP20 两种复合材料的 PMLR 均为 2.3%/℃，这意味着 HIPS/EG15/MRP5 复合材料在这四种 HIPS 材料中降解最慢。对比图 3-10 和图 3-11，不难发现，含有 MRP 的两种 HIPS 复合材料在氮气气氛中的 TGA 曲线没有质量增加。这也证明了上述分析，即 MRP 的氧化反应是复合材料在空气中质量增加的真正原因，正是 MRP 的氧化反应导致同一种材料在空气氛围下比在氮气氛围下质量残留明显增加。此外，四种材料在空气中的质量损失速率峰值所对应的温度均比在氮气中所对应的温度更低。显然，在高温下，氧气的存在加速了纯 HIPS 和 HIPS 复合

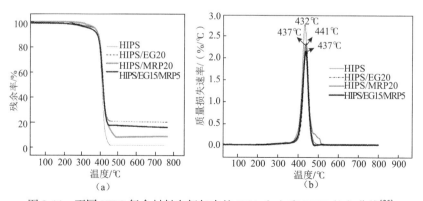

图 3-11 不同 HIPS 复合材料在氮气中的 TGA（a）和 DTG（b）曲线[25]

材料的降解。从整体上来看，添加极少量的 MRP 可以降低 HIPS/EG 复合材料的质量损失速率，抑制其热降解行为，这有助于复合材料阻燃性能的提高。

上述结果表明，添加少量 MRP 可以提高 HIPS/EG 复合材料燃烧残余物的膨胀比，抑制火灾发生时聚合物的热降解行为。膨胀炭层在高温下非常稳定，能够承受热量和氧气的破坏作用，保持良好的结构稳定性。HIPS/EG15/MRP5 复合材料表面生成了稳定的绝热膨胀炭层，使燃烧火焰区与材料内部未分解的聚合物之间的热传递变得非常困难，抑制了聚合物的降解，降低了对火焰的燃料供应。显然，这非常有利于材料阻燃性能的提高。

3.3.4　燃烧时凝聚相中的温度分布

为了证实以上分析,测量了纯 HIPS 和两种阻燃剂含量相同的含有 EG 的 HIPS 复合材料在燃烧过程中试样内部不同位置的温度变化，其结果如图 3-12 所示。从图中可见，在燃烧过程中这三种材料相同位置处的温度有明显区别。如图 3-12（a）所示，纯 HIPS 在燃烧时 6 mm 处的温度迅速升高，而含有 EG 的两种 HIPS 复合材料在相同位置处的温度增加比较缓慢。这是因为纯 HIPS 是典型的不能够成炭的聚合物，燃烧过程中其样品表面无碳质残余物生成，燃烧产生的热量能够非常容易地传递到材料内部。相比之下，两种含有 EG 的 HIPS 复合材料在燃烧时其表面能够生成连续致密的膨胀炭层，起到绝热屏蔽作用，能够有效地阻止气相火焰和凝聚相的聚合物之间进行热量传递和物质交换。因此，这两种含有 EG 的复合材料的内部温度比纯 HIPS 内部温度更低。另外，如上所述,由于 HIPS/EG15/MRP5 复合材料生成的膨胀炭层比 HIPS/EG20 复合材料生成的膨胀炭层更厚，热稳定性更好，所以它能更有效地阻止热量传递和物质交换。此外，如表 3-4 所示，在燃烧过程中，HIPS/EG15/MRP5 复合材料的 AHRR、PHRR 和 THR 均比 HIPS/EG20 复合材料低，前者产生的燃烧热远远小于后者。因此，在相同厚度位置，HIPS/EG15/MRP5 复合材料的内部温度比 HIPS/EG20 复合材料更低。例如，在燃烧时间为 100 s 时，纯 HIPS、HIPS/EG20 复合材料和 HIPS/EG15/MRP5 复合材料在 6 mm 位置处的温度分别为 285℃、163℃和 133℃。在燃烧时间为 200 s 时，它们的温度分别增加到 485℃、245℃和 185℃。尽管 HIPS/EG15/MRP5 复合材料与 HIPS/EG20 复合材料的阻燃剂含量相同，但是前者的内部温度明显比后者更低。图 3-12（a）的数据还表明，在整个燃烧过程中，在材料内部 6 mm 处，纯 HIPS 的温度接近 600℃，而另外两种复合材料的温度均小于 330℃。这意味着纯 HIPS 已经降解，而含有 EG 的两种 HIPS 复合材料中的聚合物却很少或者没有开始降解。由此可见，膨胀炭层的保温隔热效果相当明显。在材料内部 9 mm 位置处的实验结果与 6 mm 处的结果类似。如图 3-12（b）所示,在 9 mm 位置处，HIPS/EG15/MRP5

复合材料的内部温度同样比 HIPS/EG20 复合材料更低。例如，在燃烧时间为 200 s 时，纯 HIPS、HIPS/EG20 复合材料和 HIPS/EG15/MRP5 复合材料在 9 mm 位置处的温度分别为 323℃、182℃和 153℃。因此，用 5wt%的 MRP 替换 5wt%的 EG 可以有效地降低 HIPS 复合材料的内部温度。HIPS/EG15/MRP5 复合材料在燃烧过程中生成的厚实而稳定的炭层能够有效地降低热释放速率，减少总释放热量，同时阻碍内部聚合物的降解，大幅度减少甚至完全切断对火焰的燃料供应。因此，HIPS/EG15/MRP5 复合材料的阻燃性能显著提高。

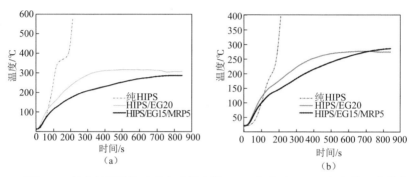

图 3-12　不同 HIPS 复合材料燃烧过程中试样内部 6 mm（a）和 9 mm（b）处温度分布曲线[25]

3.4　阻燃 HIPS/EG/MRP 复合材料膨胀炭层的结构与性能

3.4.1　膨胀炭层的结构与组成

图 3-13 为 HIPS/EG20 和 HIPS/EG15/MRP5 两种复合材料在火焰中燃烧 30 s 后表面膨胀炭层的 FTIR 谱图。如图所示，HIPS/EG20 复合材料生成的膨胀炭层的吸收峰强度很弱，其 FTIR 谱图上在 3449 cm^{-1} 和 1577 cm^{-1} 处有两个很弱的吸收峰，二者分别对应于 O—H 键和 C=C 键的伸缩振动，其中的 O—H 键吸收峰很可能是由 KBr 粉末中的微量水分造成的。这表明该膨胀炭层完全由碳原子组成，几乎没有极性基团。与此形成对比的是，HIPS/EG15/MRP5 复合材料生成的膨胀炭层在 3442 cm^{-1}、1628 cm^{-1}、1268 cm^{-1} 和 1020 cm^{-1} 处有明显的吸收峰，这些吸收谱带分别对应于 O—H、C=C、P=O 和 P—O 键的伸缩振动吸收[80,81]。由此可见，由 HIPS/EG15/MRP5 复合材料生成的膨胀炭层中含有一些极性基团，炭层中存在一些缔合氢键和含磷化合物，这些含磷化合物可能是磷酸及其衍生物以及磷酸酯类化合物。与由 HIPS/EG20 复合材料生成的膨胀炭层相比，由

HIPS/EG15/MRP5 复合材料生成的膨胀炭层的极性更强。显然，这是由 MRP 的氧化反应引起的。因此，在 HIPS/EG20 复合材料中加入适量 MRP 可显著改变膨胀炭层的组成。由于膨胀炭层中存在含磷的极性物质，该膨胀炭层的结构与性能势必与由 HIPS/EG20 复合材料生成的膨胀炭层有所不同。

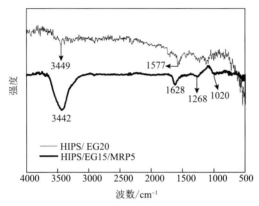

图 3-13　不同复合材料表面膨胀炭层的红外光谱图[79]

　　图 3-14 给出了纯 EG 以及 EG、HIPS/EG20 复合材料、HIPS/EG15/MRP5 复合材料在火焰中燃烧 30 s 后生成的膨胀炭层的拉曼光谱图。显然，纯 EG 在膨胀前后的拉曼光谱图保持不变，二者在 1357 cm^{-1} 处均有一个极弱的 D 吸收峰，该峰与 1583 cm^{-1} 处的很强的 G 吸收峰形成了鲜明对比。上述结果表明，EG 中碳原子的排列方式在 EG 膨胀前后并没有发生改变，均以典型的石墨碳形式存在。两种含有 EG 的复合材料生成的膨胀炭层的拉曼光谱图上均出现了明显的 D 吸收峰，其中由 HIPS/EG15/MRP5 复合材料生成的膨胀炭层的拉曼光谱图上的 D 吸收峰的相对强度比由 HIPS/EG20 复合材料生成的膨胀炭层的拉曼光谱图上的 D 吸收峰的相对强度更大。由 HIPS/EG15/MRP5 复合材料生成的膨胀炭层和由 HIPS/EG20 复

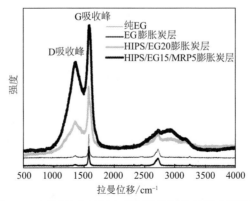

图 3-14　不同复合材料表面膨胀炭层的拉曼光谱图[79]

合材料生成的膨胀炭层的 I_D/I_G 数值分别为 0.74 和 0.58，这表明含有 MRP 的复合材料生成的膨胀炭层中的碳原子更多地以无定形炭而不是以石墨碳的形式存在。拉曼光谱的结果表明，由 HIPS/EG20 复合材料生成的膨胀炭层中的一部分碳原子以无定形炭形式存在，一部分以石墨碳形式存在，加入 MRP 后进一步促进了成炭，并提高了无定形炭的含量。因此，引入 MRP 明显改变了膨胀炭层的组成，这与前面 FTIR 的结果是一致的。

图 3-15 为上述两种复合材料生成的膨胀炭层的 XPS 宽带图谱，从图中可见，两种膨胀炭层在 284.6 eV 和 532.3 eV 结合能位置均有强峰，这两个特征峰分别是 C 1s 和 O 1s 的吸收峰。HIPS/EG15/MRP5 复合材料生成的膨胀炭层的 XPS 图谱在 134.5 eV 结合能位置有一个对应于 P 2p 的弱峰，表明该炭层中含有少量磷元素。因此，两种复合材料生成的膨胀炭层主要由碳元素和氧元素组成，由 HIPS/EG15/MRP5 复合材料生成的膨胀炭层还含有少量磷元素。根据计算，由 HIPS/EG20 复合材料和 HIPS/EG15/MRP5 复合材料生成的膨胀炭层的 $I_{O 1s}/I_{C 1s}$ 的比值分别为 0.32 和 0.61，这意味着后者中的氧含量远远大于前者。此外，后者中还含有少量磷元素，这与上述 FTIR 的结果一致。

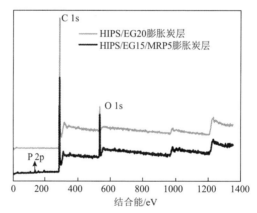

图 3-15　不同复合材料在火焰中燃烧 30 s 后表面膨胀炭层的 XPS 宽扫描图谱[79]

图 3-16 为两种复合材料在火焰中燃烧 30 s 后表面生成的膨胀炭层的 SEM 图像，其中图 3-16（a）和（c）的放大倍数相同，图 3-16（b）和（d）的放大倍数相同。如图 3-16（a）所示，HIPS/EG20 复合材料在火焰中燃烧 30 s 后表面生成了一些"蠕虫"状的结构，但是"蠕虫"之间几乎没有联结，膨胀炭层显得疏松和分离，这从放大后的图 3-16（b）中可以看得更清楚。从图 3-16（b）可以清楚地看到，石墨"蠕虫"呈孤立分散状态，彼此之间存在很大的空洞。相比之下，由 HIPS/EG15/MRP5 复合材料生成的膨胀炭层明显更加致密和连续。如图 3-16（c）和（d）所示，该膨胀炭层由许多紧密堆积在一起的尺寸很小的"蠕虫"组成，"蠕

虫"之间观察不到有空洞存在。这些结果表明，由 HIPS/EG15/MRP5 复合材料生成的膨胀炭层比不含 MRP 的 HIPS/EG20 复合材料生成的膨胀炭层更加连续致密。显然，该致密连续的膨胀炭层比由 HIPS/EG20 复合材料生成的疏松多孔的膨胀炭层能够更有效地阻止燃烧火焰区与聚合物之间的热量传递和物质交换，更好地起到防火屏障作用。因此，加入适量 MRP 可极大地提高膨胀炭层的质量。其原因可能是 HIPS/EG15/MRP5 复合材料在燃烧时材料中的 MRP 氧化成 P_2O_5，P_2O_5 在高温下吸水迅速转变成磷酸及其衍生物，材料表面生成的磷酸及其衍生物可作为酸源促进聚合物的成炭反应，从而加速炭层的形成[82]。此外，这些含有磷和氧的酸及其衍生物属于强极性和黏性物质，能够把本来是非极性的石墨"蠕虫"连接在一起形成一个整体。所以，由 HIPS/EG15/MRP5 复合材料生成的膨胀炭层更加连续致密，接触到外力时不破碎，强度较好，而由 HIPS/EG20 复合材料生成的膨胀炭层疏松多孔，接触到外力时极易碎裂，几乎没有任何强度。

图 3-16　不同复合材料在火焰中燃烧 30 s 后表面膨胀炭层的 SEM 图像
（a）和（b）为 HIPS/EG20；（c）和（d）为 HIPS/EG15/MRP5[79]

表 3-5 列出了上述两种膨胀炭层元素组成的 EDS 数据。可见，由 HIPS/EG20 复合材料生成的膨胀炭层由碳元素和少量氧元素组成，由 HIPS/EG15/MRP5 复合材料生成的膨胀炭层中的碳元素含量降低，氧元素含量增加，同时还出现了磷元

素。这些结果表明，MRP 的确在聚合物的成炭反应中起到了重要作用，膨胀炭层质量的变化与炭层的组成密切相关。

表 3-5　不同复合材料在火焰中燃烧 **30 s** 后表面膨胀炭层元素组成的 **EDS** 数据[79]

材料名称	质量分数/wt%		
	C	O	P
HIPS/EG20	96.4	3.6	0
HIPS/EG15/MRP5	92.8	5.3	1.9

为更好地了解上述不同阻燃复合材料的炭层结构，图 3-17 给出了两种复合材料在空气中于 400℃热分解 5 min 后表面膨胀炭层的 SEM 图像。如图 3-17（a）所示，HIPS/EG20 复合材料生成的膨胀炭层由彼此分离的尺寸很大的"蠕虫"组成，"蠕虫"之间没有联结，炭层十分疏松和离散。与此对照，HIPS/EG15/MRP5 复合材料生成的膨胀炭层由尺寸较小的紧密堆积的"蠕虫"组成，"蠕虫"之间彼此连接在一起形成一个整体，显得非常连续和致密，这与前者形成了鲜明对比 [图 3-17（b）]。在实验中观察到，HIPS/EG20 复合材料生成的膨胀炭层一旦用镊子触碰就立即坍塌并碎裂[图 3-18（a）]，炭层几乎没有任何强度。而在相同条件下由 HIPS/EG15/MRP5 复合材料生成的膨胀炭层可以用镊子多次夹起，炭层始终完好无损[图 3-18（b）]。该结果清楚地表明，在 HIPS/EG20 复合材料中引入 MRP 后膨胀炭层的质量得到了极大提高，这与图 3-16 和图 3-17 的结果是一致的。这可能是残余物中含有氧和磷的物质联结作用所致的。如前所述，HIPS/EG15/MRP5 复合材料在燃烧或热氧化时会生成磷酸、多聚磷酸和磷酸酯化合物，这些极性、黏稠的物质很可能进入膨胀后的石墨"蠕虫"之间的空隙，把这些本来分散存在的石墨"蠕虫"连接在一起形成一个统一的整体，从而使膨胀炭层的致密度和强度显著提高。

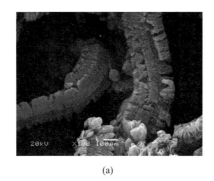

（a）　　　　　　　　　　　　（b）

图 3-17　不同复合材料在空气中于 400℃热分解 5 min 后表面膨胀炭层的 SEM 图像[79]
（a）HIPS/EG20；（b）HIPS/EG15/MRP5

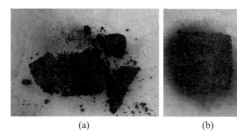

(a)　　　　　　　　　　(b)

图 3-18　不同复合材料在空气中 400℃热分解 5 min 后表面膨胀炭层用镊子夹起后的数码照片[79]
（a）HIPS/EG20；（b）HIPS/EG15/MRP5

表 3-6 给出了图 3-17 和图 3-18 中两种膨胀炭层元素组成的 EDS 数据。可见，由 HIPS/EG20 复合材料生成的膨胀炭层由碳元素和少量氧元素组成，而由 HIPS/EG15/MRP15 复合材料生成的膨胀炭层除了含有碳元素和氧元素外，还含有 3.7wt%的磷元素，并且后者的氧元素含量比前者更多。也就是说，加入 MRP 后得到的膨胀炭层中的氧元素和磷元素显著增加。由于氧元素和磷元素的电负性较大，复合材料在燃烧或热氧化时会生成一些含有氧和磷的物质，如磷酸、多聚磷酸和磷酸酯等。这些极性和黏性较大的物质可作为黏结剂把本来属于非极性的石墨"蠕虫"连接起来形成一个整体，提高了膨胀炭层的连续性、致密度和力学强度。表 3-6 的结果与表 3-5 的结果具有很好的一致性。

表 3-6　不同复合材料在空气中 400℃热分解 5 min 后表面膨胀炭层元素组成的 EDS 数据[79]

材料名称	质量分数/wt%		
	C	O	P
HIPS/EG20	95.0	5.0	0
HIPS/EG15/MRP5	89.0	7.3	3.7

3.4.2　膨胀炭层的热稳定性

图 3-19 为 HIPS/EG20 和 HIPS/EG15/MRP5 两种复合材料生成的膨胀炭层在 N_2 中的 TGA 曲线。总的来看，两种膨胀炭层在 800℃时的质量损失百分数均小于 5wt%，表现出很高的热稳定性。在温度较低时，HIPS/EG15/MRP5 复合材料生成的膨胀炭层的热分解速率比 HIPS/EG20 复合材料生成的膨胀炭层的热分解速率稍快一些，其原因可能是前者含有一些极性物质，如磷酸、多聚磷酸和磷酸酯类化合物，这些极性物质会吸附一些自由水分和（或）缔合水分。随着温度升高，这些水分子会被除去，从而导致质量损失速率较高。当温度高于 520℃时，HIPS/EG15/MRP5 复合材料生成的膨胀炭层的残余质量百分数比 HIPS/EG20 复合材料生成的膨胀炭层的残余质量百分数更大，其原因可能是后者由松散地堆积在

一起的石墨"蠕虫"组成。由于膨胀炭层疏松多孔的结构，外界的热量很容易进入膨胀炭层内部，导致膨胀炭层热分解。与此对照，HIPS/EG15/MRP5 复合材料生成的膨胀炭层表面非常连续致密，并且炭层中含有一定数量的 P—O 键和 P＝O 键，这两种化学键的键能分别为 410 kJ/mol 和 433 kJ/mol，均远大于 C—C 键的键能（332 kJ/mol），含磷物质的热稳定性比炭层本身的热稳定性更好，需要吸收更多热量才能使这些化学键断裂，导致在相同温度下的残余质量百分数更高。因此，加入 MRP 后生成的膨胀炭层在高温下的热稳定性更好。

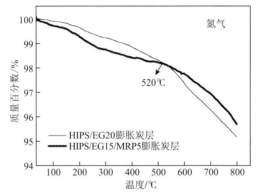

图 3-19 不同复合材料表面的膨胀炭层在氮气中的 TGA 曲线[79]

图 3-20 为上述两种膨胀炭层在空气中的 TGA 和 DTG 曲线。如图 3-20（a）所示，两种膨胀炭层从 470℃开始热氧化分解，但是由 HIPS/EG15/MRP5 复合材料生成的膨胀炭层的 TGA 曲线上只有一个台阶，而由 HIPS/EG20 复合材料生成的膨胀炭层的 TGA 曲线上出现两个台阶。由 HIPS/EG15/MRP5 复合材料生成的膨胀炭层在温度大于 645℃后几乎停止分解，而由 HIPS/EG20 复合材料生成的膨胀炭层在温度大于 645℃后继续热氧化分解，甚至在温度达到 800℃时热氧化分解仍然没有结束。实验结束时，前者的残余质量百分数为 79%，而后者只有 13%。该结果表明，由 HIPS/EG15/MRP5 复合材料生成的膨胀炭层在空气中燃烧后大部分仍然覆盖在复合材料表面，而由 HIPS/EG20 复合材料生成的膨胀炭层在相同条件下将氧化成气体消失，复合材料表面几乎没有残余物存在。从图 3-20（b）可见，两种膨胀炭层在温度低于 645℃时的质量损失速率的峰值比较接近，但是由 HIPS/EG15/MRP5 复合材料生成的膨胀炭层的质量损失速率峰值对应的温度为 572℃，而由 HIPS/EG20 复合材料生成的膨胀炭层的质量损失速率峰值对应的温度仅为 530℃，前者比后者高 42℃。由 HIPS/EG20 复合材料生成的膨胀炭层的第二个质量损失峰非常明显，其峰值温度为 770℃，该膨胀炭层甚至在 800℃时的质量损失速率仍然相当大。这些结果清楚地表明，加入 MRP 后得到的膨胀炭层具有非常好的热氧化稳定性，该膨胀炭层在高温下可以很好地抵御热量和氧气的破

坏，而由 HIPS/EG20 复合材料生成的膨胀炭层在相同条件下很容易被氧化成气体而无法在复合材料表面形成有效的防火屏障。所以，加入 MRP 可极大地增强膨胀炭层的热氧化稳定性，形成有效的防火屏障。显然，这对于复合材料的阻燃是非常有利的。其原因是 MRP 的存在使复合材料在燃烧或热氧化时生成了磷酸、多聚磷酸和磷酸酯等强极性和黏性的物质，这些物质把非极性的石墨"蠕虫"连接起来，提高了膨胀炭层的连续性、致密度、力学强度和热氧化稳定性，阻止了氧气和热量向复合材料内部扩散，对材料起到很好的保护作用。与此形成鲜明对比的是，由 HIPS/EG20 复合材料生成的膨胀炭层疏松多孔，热氧化稳定性很差，在高温下炭层大部分被消耗掉，外界的氧气和热量很容易扩散到材料内部，材料表面没有保护层，因此阻燃性能很差。

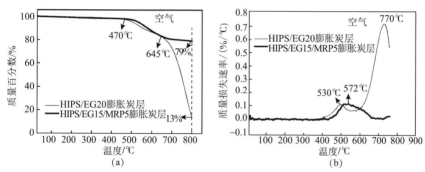

图 3-20　不同复合材料表面生成的膨胀炭层在空气中的 TGA（a）和 DTG（b）曲线[79]

为了进一步了解上述两种膨胀炭层的热学性能，图 3-21 给出了二者在不同气氛中的 DSC 曲线。如图 3-21（a）所示，两种在氮气环境中均表现出吸热效应。在温度低于 555℃时，两条 DSC 曲线几乎重合在一起，当温度大于 555℃时，由 HIPS/EG15/MRP5 复合材料生成的膨胀炭层的吸热热流大于由 HIPS/EG20 复合材料生成的膨胀炭层的相应值。温度越高，二者之间的差值越大。800℃时由 HIPS/EG15/MRP5 复合材料生成的膨胀炭层和由 HIPS/EG20 复合材料生成的膨胀炭层的吸热热流数值分别为 33.1 W/g 和 29.6 W/g。该结果表明，前者在热分解时比后者需要吸收更多的热量。显然，这是由前者中含有氧和磷两种元素组成的极性物质引起的，这些极性物质在高温下的热稳定性比膨胀炭层的热稳定性更好。图 3-21（b）的结果显示，在空气氛围中加热且温度在 330~535℃范围内时，由 HIPS/EG15/MRP5 复合材料生成的膨胀炭层的吸热热流数值比由 HIPS/EG20 复合材料生成的膨胀炭层的吸热热流数值稍大。前者在整个升温过程中只有吸热效应，但是后者从 680℃开始出现了一个明显的放热峰，该放热峰的峰值温度为 760℃。显然，该放热峰是由膨胀炭层在空气中的氧化反应造成的。因此，含氧和磷元素的物质的存在可有效抑制炭层在空气中的氧化反应。换句话说，磷酸、多聚磷酸和磷酸酯等极性物质的存在可极大地增强膨胀炭层的热氧化稳定性，从而在燃烧时对复合材料起到有效的保护作用。

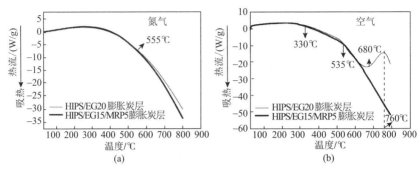

图 3-21　不同膨胀炭层在氮气（a）和空气（b）氛围中的 DSC 曲线[79]

3.4.3　膨胀炭层的热屏蔽效应

在膨胀阻燃研究中，膨胀炭层对热量传递的抑制对于阻燃效果有决定性的影响。为了更好地表征膨胀炭层的这种热屏蔽效应，本书作者所在课题组尝试把一系列热电偶沿着复合材料厚度方向包埋在样品内部不同位置处，得到包埋有热电偶的阻燃材料样品，然后按照图 3-22 所示的方法测试样品内部不同厚度处的温度随时间的变化。如图 3-22（a）所示，首先制备出两个阻燃剂含量相同但组成不同的 HIPS 基复合材料（HIPS/EG20 和 HIPS/EG15/MRP5），接着向复合材料上表面喷射火焰（实验过程中保持火焰的长度和强度不变），在火焰热量的作用下，样品表面发生膨胀，得到表面覆盖有膨胀炭层的包埋样品[图 3-22（b）]，将样品缓慢冷却至室温并保持 2 h[图 3-22（c）]，随后向膨胀炭层表面喷射火焰，原位、动态、实时地测量和记录样品内部不同厚度位置处的温度随着火焰喷射时间的变化[图 3-22（d）]。分析样品内部不同厚度处的温度变化，结合复合材料的阻燃性

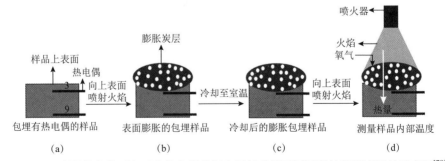

图 3-22　强制燃烧条件下包埋有热电偶的复合材料内部不同厚度处的温度测量示意图[79]

图中的数字表示复合材料内部热电偶所在位置

能、膨胀炭层的形态结构、化学组成，可以更好地了解膨胀炭层的热屏蔽行为与材料阻燃性能、发烟性能、炭层化学组成、微观结构之间的关系，掌握有效控制膨胀炭层热屏蔽作用的关键措施，实现膨胀炭层热屏蔽作用的最大化。

为了探讨 HIPS/EG20 和 HIPS/EG15/MRP5 两种复合材料阻燃性能存在巨大差别的原因，按照图 3-22 所示的方法在完全相同的条件下测量了这两种材料生成的膨胀炭层的热屏蔽效应，实验结果示于图 3-23 中。如图 3-23（a）所示，当把燃烧的火焰喷射到两种复合材料表面的膨胀炭层上时，两种材料内部在厚度为 3 mm 位置处的温度均随着火焰喷射时间的延长而逐渐升高。但是，在整个火焰喷射过程中，HIPS/EG15/MRP5 复合材料内部的温度明显比 HIPS/EG20 复合材料内部的温度更低。例如，火焰喷射时间为 300 s 时，HIPS/EG20 和 HIPS/EG15/MRP5 两种复合材料内部 3 mm 位置处的温度分别为 197℃和 149℃；火焰喷射时间为 500 s 时，两种复合材料内部 3 mm 位置处的温度分别为 234℃和 191℃。HIPS/EG15/MRP5 复合材料内部的温度比 HIPS/EG20 复合材料内部的温度低大约 45℃。两种复合材料内部在 9 mm 厚度处的温度变化也存在类似的现象。从图 3-23（b）可见，当火焰喷射到复合材料表面的膨胀炭层上时，HIPS/EG15/MRP5 复合材料内部的温度比 HIPS/EG20 复合材料内部的温度低大约 40℃。

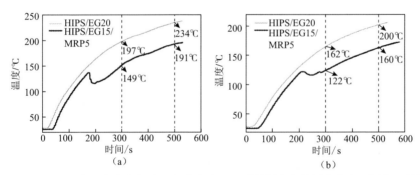

图 3-23　火焰喷射到复合材料表面的膨胀炭层上时材料内部沿厚度方向不同位置处的温度变化曲线[79]

（a）3 mm；（b）9 mm

仔细观察图 3-23 可以发现，两种复合材料内部的温度曲线的形状存在一些不同之处。HIPS/EG20 复合材料内部两个厚度（3 mm 和 9 mm）处的温度在整个实验过程中均随着火焰喷射时间的增加而持续稳定地升高，但是 HIPS/EG15/MRP5 复合材料内部 3 mm 位置处的温度出现了明显降低的现象。如图 3-23（a）所示，该位置处的温度从火焰喷射时间为 175 s 开始降低，到 200 s 后重新开始上升，然后一直处于上升状态，直至测试结束。该复合材料内部 9 mm 位置处的温度也同样出现了小幅度降低。从图 3-23（b）可见，该处的温度从 220 s 开始降低，到 250 s

后重新开始上升。研究认为，这可能是由两种膨胀炭层形态结构的不同引起的。如前所述，HIPS/EG20 复合材料表面生成的膨胀炭层疏松多孔，连续性和致密性较差，来自火焰的热量能够比较容易地传递到复合材料内部，导致材料内部的温度持续上升。相比较而言，在测试开始时来自火焰的热量能够通过膨胀炭层的热传导传递到 HIPS/EG15/MRP5 复合材料内部，但是由于该复合材料表面的膨胀炭层不仅连续致密，而且具有非常好的热稳定性和热氧化稳定性，来自火焰的热量被膨胀炭层阻挡在表面，无法轻易地传递到复合材料内部。由于复合材料内部存在巨大的温度梯度，靠近膨胀炭层下面的热量将会传递到样品内部。例如，在 3 mm 位置处的热量将会传递到 9 mm 位置处，从而导致 3 mm 位置处的温度降低。当聚集在该材料膨胀炭层表面的热量足够多时，这些热量能够通过热传导继续传递到材料内部，因此材料内部的温度重新升高。

图 3-23 的结果表明，尽管 HIPS/EG20 和 HIPS/EG15/MRP5 两种复合材料中阻燃剂的用量相同，但是后者表面生成的膨胀炭层的热屏蔽效应比前者更加显著。也就是说，后者表面生成的膨胀炭层能够比前者表面生成的膨胀炭层更加有效地阻止热量向材料内部传递。在相同的火焰热量作用下，HIPS/EG15/MRP5 复合材料内部的温度比 HIPS/EG20 复合材料内部的温度更低。毫无疑问，这将抑制聚合物的降解，减少可燃气体产生，降低对火焰的燃料供应。因此，与 HIPS/EG20 复合材料相比，HIPS/EG15/MRP5 复合材料的阻燃性能显著提高。

第4章 聚苯乙烯/有机黏土纳米复合阻燃材料

4.1 引　言

近年来，在环境友好阻燃聚合物材料的研究中，黏土（如蒙脱土、高岭土、滑石、蛭石等）对聚合物材料的阻燃效应引起了越来越多的关注。层状硅酸盐黏土矿物具有原料来源丰富、价格低廉、有机化处理相对简单、有机化后的黏土在聚合物基体中分散均匀、对材料加工性能无显著负面影响等优点。采用熔融复合方法把黏土引入聚合物基体中制备出有机相和无机相复合材料，在适当条件下可以赋予传统的有机聚合物材料以新的性能和功能，如优异的力学性能、耐热性能、气体阻隔性能、尺寸稳定性能、热稳定性能、阻燃性能等[60-62]。由于该技术可直接采用目前工业上广泛应用的挤出机、注塑机等机械进行加工成型，投资少、见效快，因此是非常具有应用前景的一种技术，已成为近年来在新材料和功能材料领域中研究的热点之一。

本章首先把不同种类的蒙脱土（MMT）引入聚苯乙烯（PS）树脂基体中，得到一系列不同组成的 PS/MMT 复合材料，研究材料在热分解时的成炭行为以及成炭行为与燃烧性能之间的关系，然后着重讨论了聚苯乙烯/有机黏土纳米复合材料的燃烧性能和阻燃机制，在此基础上进一步探讨了氢氧化镁（MH）与有机改性蒙脱土（OMMT）对 PS 的协同阻燃效应及其作用机制，得到了耐热性能、阻燃性能、抑烟性能均显著提高且毒气释放明显降低的无卤阻燃 PS/MH/OMMT 纳米复合材料。

4.2　不同结构黏土对 PS 燃烧性能的影响

4.2.1　复合材料结构分析

本节内容涉及两种不同类型的黏土：蒙脱土原土（钠基蒙脱土，NaMMT）和有机改性蒙脱土（OMMT），牌号 DK-1N，由原土经十六烷基三甲基溴化铵有机化处理后得到。为方便起见，采用 PS/OMMTX 和 PS/NaMMTX 分别表示质量比为 100/X 的 PS/OMMT 和 PS/NaMMT 复合材料。例如,PS/OMMT6 和 PS/NaMMT6 分别表示质量比为 100/6 的 PS/OMMT 复合材料和 PS/NaMMT 复合材料。图 4-1 为 NaMMT、OMMT、PS/NaMMT6 和 PS/OMMT6 复合材料的 XRD 图。如图所示,NaMMT、PS/NaMMT6、OMMT 和 PS/OMMT6 的衍射角 2θ 分别为 6.07°、5.96°、3.85°和 2.67°,根据 Bragg 方程计算后得到的对应晶面间距分别为 1.46 nm、1.48 nm、2.29 nm 和 3.31 nm。由此可知,NaMMT 的层间距最小,有机化处理后的 OMMT 的层间距明显增大。PS 树脂与 OMMT 熔融复合后,OMMT 层间距进一步增大(增加约 l nm),表明 PS 分子链进入到了 OMMT 片层之间,形成了纳米插层结构。而 PS 与 NaMMT 的复合体系在熔融复合前后 NaMMT 层间距几乎没有变化,表明聚合物分子链并没有插入到蒙脱土片层之间,所得到的是一种常规的物理填充型复合材料。

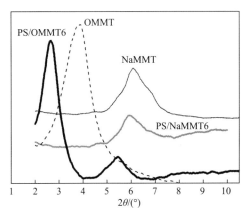

图 4-1　不同蒙脱土(MMT)及 PS/MMT 复合材料的 XRD 图[83]

图 4-2 为 PS/NaMMT6 和 PS/OMMT6 复合材料的高分辨 TEM 图,图中灰白色区域为 PS 基体,黑色区域为 MMT 片层。从图 4-2(a)可以看出,大部分 NaMMT 片层不均匀地分散在 PS 基体中,有明显团聚现象,PS 相与 NaMMT 片层界面清晰,黏土无机相和聚合物有机相为两相分离状态。从图 4-2(b)可见,大部分 OMMT 片层在 PS 树脂基体中分布均匀,极少有团聚现象。PS 分子链进入到了 OMMT 片层之间,使层间距明显增大,插层后的 OMMT 形成许多尺寸为几到几十纳米的片层分散在聚合物基体中[图 4-2(b)中箭头所示]。还有一部分 OMMT 片层被剥离开来分散在 PS 基体中,OMMT 相和 PS 相界面模糊[图 4-2(b)中方框内所示]。由此可见,PS/OMMT 与 PS/NaMMT 两种复合材料具有不同的微观结构,前者是一种插层-部分剥离型纳米复合材料,后者是 NaMMT 与 PS 的简单物理混合物,这与 XRD 的实验结果一致。

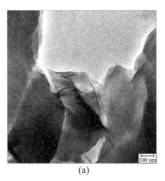
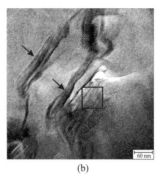

(a)　　　　　　　　　(b)

图 4-2　质量比为 100/6 的不同 PS/MMT 复合材料的高分辨 TEM 图[83]

（a）PS/NaMMT6；（b）PS/OMMT6

4.2.2　热分解成炭行为

图 4-3 为两种不同 MMT 在空气中的热失重曲线。可见，NaMMT 在 150℃以前失重较快，质量损失率达到 7%，曲线在 150～550℃之间出现一个很长的平台，质量几乎没有损失，此后继续缓慢热分解，样品在 400℃和 800℃的残余率分别为 92.4%和 87.2%。OMMT 的 TGA 曲线在 250℃以前为一平台，此后开始急剧热分解，质量不断损失，直至 800℃，样品在 400℃和 800℃的残余率分别为 81.8%和 65.2%。由此可见，在相同热分解条件下，NaMMT 的残余率更高，热稳定性要远远好于 OMMT。这是由于前者经有机化改性后蒙脱土片层之间插入了长链烷基，由亲水性变为疏水性，这些有机长链在高温下比无机的铝硅酸盐矿物更容易热分解，因此质量损失更快，残余率更小。

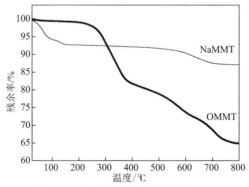

图 4-3　不同蒙脱土的热失重曲线[83]

图 4-4 为相同放大倍数下两种不同蒙脱土在 400℃热分解 3 h 后的残余物表观形貌的数码照片。可以清楚地看出，两种蒙脱土在热分解后均较好地保持了原来的形状，但 NaMMT 在热分解前后的颜色没有变化，仍然为灰色，OMMT 热处理

后的颜色由灰色变成黑色，成炭明显。该实验结果表明，蒙脱土的种类对其热分解成炭行为有显著影响。NaMMT 是一种亲水性的无机矿物，其热分解残余物仍然是亲水性的硅酸盐类无机化合物，无任何成炭能力。OMMT 的片层之间由于插入了一部分长链烷基导致层间距增加，表面也被长链烷基包覆，高温下热分解时除了无机硅酸盐片层本身分解外，长链烷基热分解时具有一定的成炭能力，其分解残余物包含一定数量的炭层，因此呈现黑色。由实验数据计算后，NaMMT 的平均残余率为 86.6%，OMMT 为 70.6%，变化规律与图 4-3 的实验结果一致。

图 4-4　不同种类 MMT 在 400℃热处理 3 h 后残余物形貌的数码照片[83]

　　图 4-5 为不同 PS/MMT 复合材料在 400℃热分解 3 h 后的残余率变化曲线。需要指出的是，这里的残余率理论计算值是假设加入的 MMT 对 PS 在高温下的热分解行为没有任何影响计算出来的，即 PS/MMT 复合材料中的 PS 在高温下完全分解变成气体逸出，剩下的残余物全部来自 MMT 本身的热分解。由图 4-5 可见：①随着 MMT 用量增加，两种复合材料残余率的实验值和理论计算值均逐渐增加，这是由于随着复合材料中 MMT 含量增加，MMT 分解后产生的残余物数量也逐渐增加；②PS/NaMMT 复合材料高温热分解后得到的残余率的实验值和理论计算值两条曲线几乎完全重合在一起[图 4-5（a）]，而 PS/OMMT 复合材料高温热分解

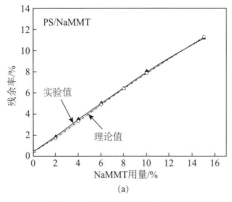
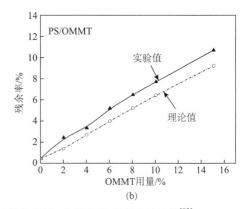

(a)　　　　　　　　　　　　　　　　　(b)

图 4-5　不同 PS/MMT 复合材料在 400℃热分解 3 h 后的残余率变化曲线[83]

后得到的残余率的实验值均大于相应的理论计算值[图 4-5（b）]。该结果表明，PS/NaMMT 复合材料中的 NaMMT 对 PS 的热分解几乎没有任何影响，PS 在高温下完全分解变成气体逸出，所生成的残余物全部来自 NaMMT 本身的热分解。对于 PS/OMMT 复合材料，OMMT 除了自身具有成炭作用外，还能够促进 PS 成炭，因此 PS/OMMT 复合材料热分解生成的碳质残余物一部分来自 OMMT 本身的热分解，另一部分来自 PS 的成炭。

图 4-6 为相同放大倍数下不同 MMT 含量的 PS/MMT 复合材料在 400℃热分解 3 h 后残余物表观形貌的数码照片。可见，PS 与 OMMT 质量比为 100/6 时，PS/OMMT 复合材料的残余物铺展程度很小，炭渣表面比较致密；质量比为 100/15 时，残余物为连续的较厚的炭层，基本没有铺展，表面相当平滑致密。对于 PS/NaMMT 复合材料来说，无论 NaMMT 含量多少，其热分解残余物均铺展很大，只剩下一层极薄的残渣。这清楚地表明，PS/OMMT 复合材料在热分解时具有良好的成炭性能，且随着 OMMT 含量增加，炭层的连续性和致密度增加，生成的炭层覆盖在材料表面。PS/NaMMT 复合材料在高温下的成炭性能很差，NaMMT 含量对材料的成炭性能影响不大。因此，复合材料的微观结构对其成炭行为影响非常显著。

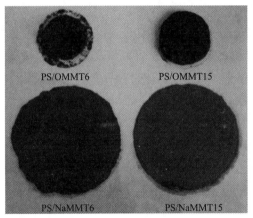

图 4-6　不同 PS/MMT 复合材料在 400℃热分解 3 h 后残余物形貌的数码照片[83]

图 4-7 为不同结构的 PS/MMT 复合材料高温热分解后生成的残余物炭层的 SEM 照片。可以看出，PS/OMMT6 复合材料高温热分解后生成的残余物炭层表面有很多尺寸极小的孔洞，但总体上表面相当平滑致密[图 4-7（a）和（b）]。相同条件下，PS/NaMMT6 复合材料热分解后生成的残余物炭层表面有很多粗大的孔洞，粗糙不平，连续性很差[图 4-7（c）和（d）]。毫无疑问，残余物炭层厚度越厚，表面越致密，越有利于在材料表面形成防火保护层，阻止材料在燃烧时的热分解及分解产物的逸出和外界氧气的进入，材料的热稳定性能和阻燃性能越好，因

此相同条件下得到的 PS/OMMT 和 PS/NaMMT 复合材料必然具有不同的燃烧性能。

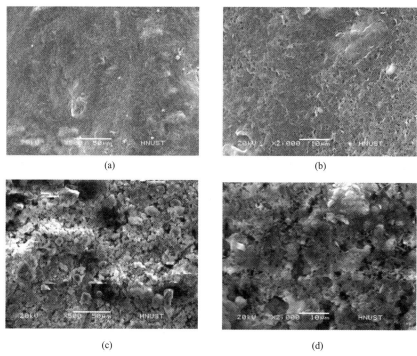

图 4-7　不同 PS/MMT 复合材料在 400℃热分解 3 h 后残余物炭层的 SEM 照片[83]
（a）、（b）PS/OMMT6；（c）、（d）PS/NaMMT6

　　表 4-1 列出了不同复合材料热分解残余物炭层的 EDS 分析结果。可见，PS/OMMT6 复合材料热分解残余物表面的碳元素含量为 PS/NaMMT6 复合材料相应值的 2.5 倍，硅元素和钠元素的含量却比后者低很多，氧元素和铝元素的含量也比后者低，这表明 PS/OMMT 复合材料在热分解时的确具有很强的成炭能力，生成的残余物为硅酸盐热分解产物和炭层的混合体系，且含碳量较高。PS/NaMMT 复合材料的热分解产物的化学组成主要是无机硅铝酸盐，含碳量很低，主要来自 NaMMT 本身的热分解。这再次证明，两种复合材料热分解时具有完全不同的成炭行为。

表 4-1　不同 PS/MMT 复合材料残余物炭层的 EDS 分析结果[83]

材料名称	元素质量分数/%							
	C	O	Al	Si	Na	Mg	Fe	Cl
PS/OMMT6	33.24	33.18	8.12	19.03	1.51	2.49	2.30	0.13
PS/NaMMT6	13.05	37.84	10.46	29.29	3.33	3.09	2.33	0.06

图 4-8 为不同 MMT 及 PS/MMT 复合材料于 400℃热分解 3 h 后残余物炭层的 XRD 图。可见，NaMMT 和 PS/NaMMT6 复合材料热分解后残余物炭层的 XRD 图完全相同，二者热分解后的残余物均具有尖锐的衍射峰，说明这些残余物仍然具有比较规整的结晶结构，PS 的存在对 PS/NaMMT6 复合材料中 NaMMT 的热分解没有任何影响。与热分解前的 XRD 谱图（图 4-1）对比可以发现，热分解后 NaMMT 和 PS/NaMMT6 复合材料的衍射角 2θ 从 6.0°左右（对应的层间距为 1.47 nm）迁移到 9.2°（对应的层间距为 0.96 nm），表明硅酸盐晶体的层间距变小，排列更加紧密。OMMT 和 PS/OMMT6 复合材料热分解后的 XRD 图在衍射角 $2\theta > 10°$时完全相同，均具有较尖锐的衍射峰，但在衍射角较小（$2\theta < 10°$）时，OMMT 的残余物的衍射角为 8.9°（对应的层间距为 0.99 nm），PS/OMMT6 复合材料的残余物的衍射角为 7.4°（对应的层间距为 1.19 nm）。与热分解前相比，二者热分解后残余物的衍射角均变大，晶面间距减小，这与 NaMMT 和 PS/NaMMT6 复合材料的变化规律类似。该结果表明，虽然 OMMT 和 PS/OMMT6 复合材料热分解后的残余物含碳量较大，但是这些含碳残余物仍然具有一定的有序结构。PS/OMMT6 复合材料的晶面层间距在热分解前比 OMMT 大，其热分解后残余物的层间距仍然比后者大。由此可见，聚合物分子链插入 OMMT 片层之间后，对 OMMT 的热分解行为有一定影响。

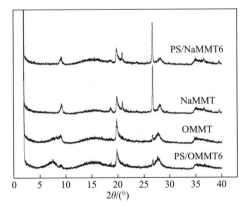

图 4-8　不同 MMT 及 PS/MMT 复合材料于 400℃热分解 3 h 后残余物的 XRD 图[83]

图 4-9 给出了相同放大倍数下不同 PS/MMT 复合材料在锥形量热仪燃烧实验后残余物表观形貌的数码照片。可见，不同材料燃烧后残余物的表观形貌差异很大。PS 与 MMT 质量比为 100/6 时，PS/NaMMT6 复合材料的燃烧残余物数量很少，厚度很薄，不够连续，可以清楚地看到铝箔基底[图 4-9（a）]，PS/OMMT6 复合材料燃烧后在铝箔表面留下一层厚厚的碳质残余物，虽然残余物表面有一些裂纹，不够致密和平整，但比较连续，已经完全把铝箔基底覆盖[图 4-9（b）]。

当 PS 与 MMT 质量比为 100/15 时，PS/NaMMT15 复合材料的燃烧残余物与 PS/NaMMT6 复合材料的燃烧残余物形貌类似，仍然很薄，不够连续，可以清楚地看到铝箔基底[图 4-9（c）]，而此时 PS/OMMT15 复合材料的燃烧残余物表面很平整，相当连续和致密，其外观质量比 PS/OMMT6 复合材料的燃烧残余物更好[图 4-9（d）]。由此可见，两种复合材料在实际燃烧条件下的热分解成炭行为的确有很大不同。PS/OMMT 复合材料燃烧后能够在材料表面留下一层比较连续且较厚的碳质残余物，这层厚厚的燃烧残余物覆盖在复合材料表面，对材料起到保护作用。PS/NaMMT 复合材料在燃烧时的成炭能力很弱，其燃烧残余物数量少、厚度小、不连续，对聚合物材料几乎起不到有效的保护作用，残余物对材料阻燃性能的改善必然十分有限。

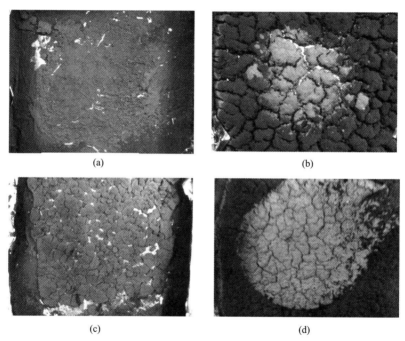

(a)　　　　　　　　　　　　　　　(b)

(c)　　　　　　　　　　　　　　　(d)

图 4-9　锥形量热仪测试后不同复合材料残余物炭层的数码照片[83]

（a）PS/NaMMT6；（b）PS/OMMT6；（c）PS/NaMMT15；（d）PS/OMMT15

上述 PS/MMT 复合材料的热分解实验结果表明，在 PS 基体中引入 OMMT 可以促进 PS 在热分解时成炭，而引入 NaMMT 对 PS 几乎没有成炭作用。众所周知，纯 PS 是一种在高温下热分解时没有任何成炭能力的聚合物。研究认为，在受强热时，以纳米形态分散于聚合物基材中的层状硅酸盐能够有效地催化聚合物基体成炭，聚合物热分解形成的炭层与层状硅酸盐颗粒的热解产物混合在一起，在材料表面形成含碳硅酸盐层黑色残余物，其厚度主要取决于复合材料中 OMMT 的用量和聚合物本身的成炭能力。OMMT 用量越大，聚合物本身的成炭能力越强，炭化层厚度越厚。由于该残余物具有优良的绝热性，势必会对复合材料的阻燃性能产生积极影响[84-86]。

4.2.3　燃烧性能

图 4-10 为纯 PS 及不同 PS/MMT 复合材料的热释放速率曲线，表 4-2 列出了各试样的锥形量热实验和极限氧指数实验数据。可见，①纯 PS 的 HRR 曲线具有尖锐的峰形，材料点燃后在很短的时间内即达到热释放速率峰值（PHRR）1120 kW/m^2，放出大量热量，在 340 s 左右燃烧完毕；PS/NaMMT6 复合材料的 HRR 曲线也具有尖锐的峰形，经过 280 s 左右即燃烧完毕；PS/NaMMT15、PS/OMMT6 和 PS/OMMT15 三种复合材料的 HRR 曲线均没有尖锐的峰形，HRR 曲线有一个较宽的平台，其燃烧时间分别为 354 s、410 s 和 690 s。由此可见，在 PS 树脂基体中加入少量 OMMT 就可以使材料在燃烧时放热更加平缓，燃烧更加缓慢，而加入相同用量的 NaMMT 时复合材料明显比 PS/OMMT 更加容易燃烧。②PS 与 MMT 的质量比为 100/6 时，PS/OMMT 复合材料的热释放速率峰值（PHRR）和平均值（AHRR）分别只有 PS/NaMMT 复合材料相应值的 70.7%和 67.4%，火灾性能指数（FPI）是后者的 1.2 倍，极限氧指数（LOI）比后者增加 1.0%，PS 与 MMT 质量比为 100/15 时的变化规律与此相似。因此，MMT 用量相同时，PS/OMMT 复合材料总是比 PS/NaMMT 复合材料具有更好的阻燃性能。由此可知，OMMT 的引入可以大大降低 PS 燃烧时的放热速率，减少燃烧时的热反馈作用和火焰传播，降低发生火灾的危险性。虽然 PS/NaMMT 复合材料的 PHRR 值与纯 PS 相比也有所减小，但复合材料的引燃时间（TTI）比纯 PS 更短，NaMMT 用量较少（如 PS 与 MMT 质量比为 100/6）时，复合材料燃烧更快，其 AHRR 值

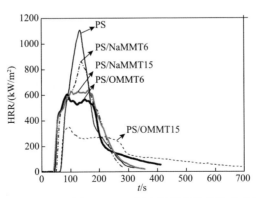

图 4-10　纯 PS 及不同 PS/MMT 复合材料的热释放速率曲线[83]

其至比纯 PS 的相应值还大，因此材料阻燃性能的改善十分有限，这是由两种复合材料微观结构的不同造成的。如前所述，PS/OMMT 复合材料为插层-部分剥离型纳米复合材料，OMMT 片层在材料热分解时能够起到良好的阻隔作用并促进燃烧过程中形成连续和致密的炭层，有效地减少了燃烧热量向未燃部分的反馈以及分解产物向火焰区的扩散，延缓了材料的热降解和燃烧速率，从而起到阻燃作用，而 PS/NaMMT 复合材料中的 NaMMT 无机片层团聚在一起，与 PS 呈两相分离状态，燃烧残余物很薄，既不连续也不致密，对燃烧火焰和热量不能形成有效的屏蔽和阻隔作用，因此阻燃效果很差。

表 4-2　不同 PS/MMT 复合材料的锥形量热实验和极限氧指数实验数据[83]

材料名称	TTI/s	PHRR/（kW/m²）	AHRR/（kW/m²）	AEHC/（MJ/kg）	FPI/（10⁻³·s·m²/kW）	燃烧时间/s	LOI/%
PS	65	1120	313	33.0	58.1	340	17.5
PS/OMMT6	40	619	257	32.1	64.6	410	19.7
PS/OMMT15	66	356	136	31.1	185.2	690	20.2
PS/NaMMT6	48	876	381	32.5	54.8	280	18.7
PS/NaMMT15	41	648	302	32.1	63.3	354	19.2

注：TTI，引燃时间；PHRR，热释放速率峰值；AHRR，热释放速率平均值；AEHC，平均有效燃烧热；FPI，火灾性能指数；LOI，极限氧指数

从表 4-2 还可看出，尽管几种不同组成和不同结构的 PS/MMT 复合材料的阻燃性能与纯 PS 相比有较大改善，但是这些材料的平均有效燃烧热（AEHC）基本不变，表明这些材料热分解产生的可燃性气体（燃料分子）在气相火焰中的燃烧程度基本相同，因此 PS/MMT 复合材料阻燃性能的改善并不是由于燃料分子在气相火焰中的燃烧受到抑制，而是由于燃烧时材料凝聚相的变化所致，其阻燃机理为凝聚相阻燃[87]，复合材料热分解时的成炭行为直接影响其阻燃性能。MMT 用量相同时，由于 PS/OMMT 复合材料生成的残余物炭层的数量比 PS/NaMMT 更多，厚度更大，更加连续致密，能够形成更加有效的隔热和隔质屏障，因此前者比后者具有更加优越的阻燃性能。

4.3　PS/OMMT 纳米复合材料的燃烧性能与阻燃机制

4.3.1　复合材料结构表征

图 4-11 为 OMMT 和熔融复合得到的不同组成的 PS/OMMT 复合材料的 XRD 图。从图中可见，有机黏土 OMMT 的衍射角为 3.91°，根据 Bragg 方程计算后得到的层间距为 2.26 nm，OMMT 添加量为 2%、6%、15%的 PS/OMMT 复合材料

的衍射角分别为 2.78°、2.84°、2.79°，其对应的 OMMT 片层间距分别为 3.18 nm、3.11 nm、3.17 nm。由此可知，PS 树脂与 OMMT 熔融复合后，OMMT 层间距进一步增大（平均增加约 0.9 nm），表明 PS 的分子链进入到 OMMT 的片层之间形成了插层结构，因而所得到的聚合物复合材料是一种插层型纳米复合材料。实验中发现，OMMT 添加量从 2%到 20%，所得复合材料的 X 射线衍射结果基本相同，从而可以认为，在所研究的范围内，这种插层结构的形成与 OMMT 的用量关系不大，增加 OMMT 用量只能提高整个复合材料中插层结构的相对含量。

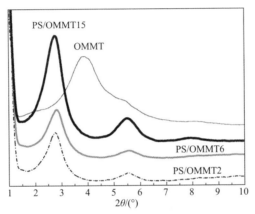

图 4-11　OMMT 和不同组成的 PS/OMMT 复合材料的 XRD 图[47]

图 4-12 为 PS/OMMT6 复合材料的高分辨 TEM 图，箭头表示 OMMT 片层。可以看出，PS 树脂与 OMMT 片层界面模糊，大部分 OMMT 片层在 PS 树脂基体中分布均匀，极少有团聚现象。PS 分子链进入到 OMMT 片层之间，使层间距明显增大，插层后的 OMMT 形成许多尺寸为几到几十纳米的片层分散在聚合物基体中。TEM 结果表明，所制备的 PS/OMMT 复合材料为插层型纳米复合材料。

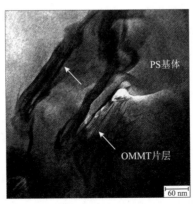

图 4-12　PS/OMMT6 复合材料的高分辨 TEM 图[47]

4.3.2　燃烧性能

　　图 4-13 为黏土（OMMT）用量对 PS/OMMT 纳米复合材料 LOI 的影响。可见，纯 PS 的 LOI 仅为 17.5%，表明其在空气中极易燃烧。加入 OMMT 能够在一定程度上提高复合材料的 LOI，随着 OMMT 含量增加，PS/OMMT 纳米复合材料的 LOI 随之增大，表明复合材料的阻燃性能有所增强。但是，OMMT 对复合材料 LOI 的影响并不是特别明显。例如，质量比为 100/6 和 100/15 的 PS/OMMT 纳米复合材料的 LOI 分别为 19.7% 和 20.2%，这些变化几乎可以忽略不计。即使 OMMT 用量达到 15 phr，所得到的 PS/OMMT 纳米复合材料的 LOI 仅为 20.2%，在本实验研究范围内得到的所有 PS/OMMT 纳米复合材料在空气中燃烧时一旦离开火源均持续燃烧，无法自熄。所以，从 LOI 的角度来看，OMMT 对纳米复合材料阻燃性能的影响并不是特别明显。

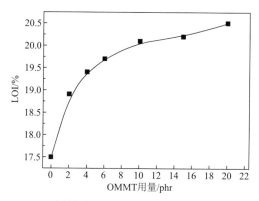

图 4-13　OMMT 用量对 PS/OMMT 纳米复合材料 LOI 的影响[47]

　　图 4-14 为纯 PS 及不同质量比的 PS/OMMT 复合材料的 HRR 曲线，可以看出：纯 PS 的 HRR 曲线具有尖锐的峰值，材料点燃后在很短的时间内即达到热释放速率峰值（PHRR）1120 kW/m^2，放出大量热量，在 300 s 左右即燃烧完毕。随着 OMMT 用量增加，PS/OMMT 复合材料的 PHRR 值迅速减小。表 4-3 为不同质量比的 PS/OMMT 复合材料的锥形量热实验数据，可见，加入 2%、6% 和 15% 的 PS/OMMT 复合材料的 PHRR 值分别为 885 kW/m^2、619 kW/m^2 和 356 kW/m^2，分别比纯 PS 降低了 21.0%、44.7% 和 68.2%。同时还可以看出，OMMT 用量达到 6% 后，PS/OMMT 复合材料的 HRR 曲线均没有尖锐的峰形，燃烧过程进行得十分缓慢，显示材料的阻燃性有明显的提高。由此可见，OMMT 的引入可以明显降低 PS 燃烧时的放热速率，减少燃烧时的热反馈作用和火焰传播，降低了发生火灾的危险性。

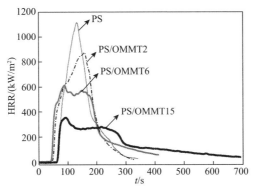

图 4-14　纯 PS 及 PS/OMMT 复合材料的热释放速率曲线[47]

表 4-3　不同 PS/OMMT 复合材料的锥形量热实验数据[47]

材料名称	TTI/s	PHRR/(kW/m²)	AHRR/(kW/m²)	AMLR/(g/s)	THR/(MJ/m²)	FPI/(10⁻³s·m²/kW)
PS	65	1120	313	0.084	107	58.1
PS/OMMT2	46	885	335	0.092	109	52.0
PS/OMMT6	40	619	257	0.069	105	64.6
PS/OMMT15	66	356	136	0.024	94	185.2

注：TTI，引燃时间；PHRR，热释放速率峰值；AHRR，热释放速率平均值；AMLR，平均质量损失速率；THR，总热释放量；FPI，火灾性能指数

　　图 4-15 为不同材料的质量损失速率（mass loss rate，MLR）变化曲线，可以看出，MLR 曲线的变化规律与 HRR 的规律很相近。纯 PS 材料点燃后在很短的时间内迅速达到质量损失速率峰值 0.318 g/s，而添加了 OMMT 的复合材料的质量损

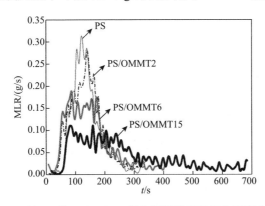

图 4-15　纯 PS 及 PS/OMMT 复合材料的质量损失速率曲线[88]

失速率峰值（peak mass loss rate，PMLR）均显著减小，质量损失进行的时间延长。OMMT 用量达到 6% 后的 PS/OMMT 复合材料的 MLR 曲线均没有尖锐的峰形。例如，纯 PS 的燃烧时间为 340 s，而 PS/OMMT6 和 PS/OMMT15 复合材料的燃烧时间分别为 410 s 和 690 s，表明引入 OMMT 后复合材料的热稳定性提高，分解速率更慢，阻燃性能增强。

　　图 4-16 给出了纯 PS 及不同质量比的 PS/OMMT 复合材料在燃烧时的生烟速率（SPR）曲线，可见，SPR 曲线的形状与 MLR 曲线的形状极为相似。与纯 PS 相比，PS/OMMT 复合材料在燃烧时的生烟速率均呈降低趋势，并且随着 OMMT 含量增加，SPR 降低更明显，表明复合材料不仅具有较好的阻燃性能，而且还具有一定的抑烟功能，从而可以降低材料发生火灾时的危险性和危害性。

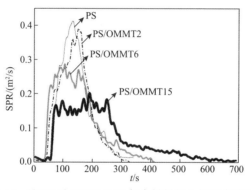

图 4-16　纯 PS 及 PS/OMMT 复合材料的生烟速率曲线[88]

　　图 4-17 为相同放大倍数的纯 PS 和 PS/OMMT 复合材料在锥形量热仪上燃烧后残余物的表观形貌数码照片。可以看出，纯 PS 样品燃烧后完全烧尽，燃烧后在铝箔上没有任何残余物[图 4-17（a）]。加入 2% OMMT 的聚合物复合材料（PS/OMMT2）燃烧后在铝箔上留下一些不连续的杂乱无章分布的残余物颗粒[图 4-17（b）]。如图 4-17（c）所示，PS/OMMT6 复合材料燃烧后的残余物由许多颗粒组成，与纯 PS 和 PS/OMMT2 的残余物相比，虽然 PS/OMMT6 燃烧残余物的表面比较粗糙，不很致密，但是已经相当连续。当 OMMT 用量达到 15% 时，PS/OMMT15 复合材料的燃烧残余物很厚，表面非常平滑致密[图 4-17（d）]。由此可见，复合材料燃烧残余物的数量随着 OMMT 用量的增加而不断增加，残余物表观质量逐渐改善。

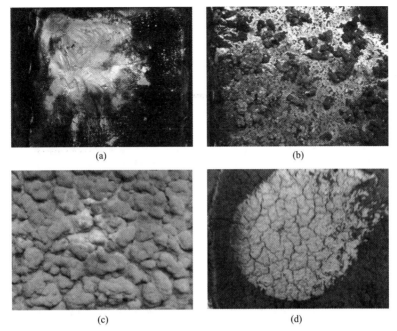

(a)　　　　　　　　　　　　　　(b)

(c)　　　　　　　　　　　　　　(d)

图 4-17　锥形量热仪测试后不同材料燃烧残余物的数码照片[88]
（a）PS；（b）PS/OMMT2；（c）PS/OMMT6；（d）PS/OMMT15

4.3.3　成炭行为

　　为了解 PS/OMMT 纳米复合材料的成炭行为,采用 SEM 研究了复合材料热分解过程中表面形貌的变化。图 4-18 给出了 PS/OMMT6 纳米复合材料在 400℃热分解不同时间后表面形貌的 SEM 图像。如图 4-18（a）所示,PS/OMMT 纳米复合材料在热分解前表面非常光滑致密,但是该材料在 400℃热分解 10 min 后表面出现一些颗粒状物质和许多裂缝,材料表面变得粗糙不平[图 4-18（b）]。随着热分解的持续进行,材料表面的连续性越来越差,更加疏松多孔,类似蜂窝状结构[图 4-18（c）和（d）]。如图 4-18（e）和（f）所示,当热分解进行到 3 h 时,样品的整个表面全部被残余物炭层覆盖,残余物上有许多孔洞。对比图 4-18（a）、（e）和（f）可以发现,碳质残余物的表面比复合材料热分解前的表面更加粗糙和松散,连续性明显变差。显然,这种疏松多孔的炭层难以有效阻止聚合物热分解产生的可燃气体迁移出来为火焰提供燃烧,也难以阻止火焰区的热量传递到材料内部引起聚合物的热分解。但是,如前所述,与纯 PS 相比,复合材料表面碳质残余物的形成还是对材料阻燃性能的提高起到了积极作用。

图 4-18　PS/OMMT6 纳米复合材料在 400℃热分解不同时间后表面炭层的 SEM 图像[47]

（a）0 min；（b）10 min；（c）30 min；（d）14 h；（e）3 h（×1000）；（f）3 h（×2000）

　　采用 EDS 研究了 PS/OMMT6 纳米复合材料在热分解过程中表面元素组成的变化，测试结果示于图 4-19 中。可见，复合材料在热分解过程中表面化学组成发生了显著的变化。随着热分解时间的延长，材料表面的碳元素含量急剧减少，硅、氧、铝的含量均明显增加。例如，热分解 3 h 时，碳含量从 93.5%降低到 54.7%，硅、氧、铝的含量分别增加 6.0 倍、7.8 倍、5.2 倍。该结果表明，随着热分解的进行，硅酸盐片层逐渐聚集到材料表面。因此，材料表面的热分解残余物由热分解的硅酸盐片层和炭层组成。

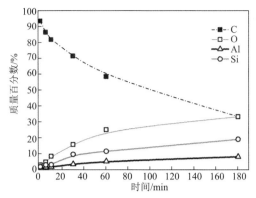

图 4-19 热分解时间对 PS/OMMT6 纳米复合材料表面元素组成的影响[47]

衰减全反射傅里叶变换红外光谱（ATR-FTIR）分析为纳米复合材料表面化学组成的变化提供了进一步的信息。图 4-20 为 PS/OMMT6 纳米复合材料在空气中于 400℃热分解不同时间的 ATR-FTIR 图。热分解前的复合材料光谱图在 3030 cm^{-1}、2927 cm^{-1}、1495 cm^{-1}、1450 cm^{-1}、753 cm^{-1} 和 695 cm^{-1} 处的吸收峰为纯 PS 的特征吸收谱带；1030 cm^{-1} 处的吸收峰为硅酸盐片层（MMT）中 Si—O 键的特征吸收谱带。从图中可见，材料热分解后所有与 PS 有关的吸收峰都消失了，但是随着热分解时间的增加，位于 1030 cm^{-1} 附近与 Si—O 键伸缩振动相关的吸收峰的强度变得越来越强。如图 4-21 所示，在热分解前，纳米复合材料表层中 Si—O 键的吸光度仅为 3.4%，当材料在空气中于 400℃热分解 10 min、1 h 和 3 h 后，吸光度分别增加到 47.7%、52.7%和 59.1%。Si—O 键的吸收强度在复合材料热分解开始阶段急剧增强，热分解 1 h 后趋于平稳。该结果表明，材料表层碳质残余物中硅酸盐的含量随着热分解进行有了显著增加，这与上述 EDS 的实验结果是一致的。

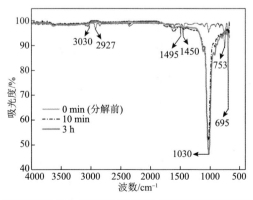

图 4-20 PS/OMMT6 纳米复合材料在 400℃热分解不同时间后的 ATR-FTIR 图[47]

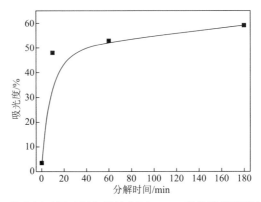

图 4-21　热分解时间对复合材料表面 Si—O 吸收谱带强度的影响[47]

　　为了更加深入地了解 PS/OMMT 纳米复合材料的成炭行为，图 4-22 给出了一系列不同组成的复合材料在空气中于 400℃热分解 3 h 后残余物形貌的数码照片。可见，纯 PS 完全分解成气体逸出，没有留下任何残余物。随着复合材料中 OMMT 含量的增加，碳质残余物数量逐渐增加，厚度变厚，表面变得更加连续致密。这清楚地表明，PS/OMMT 纳米复合材料的热氧化稳定性比纯 PS 有了显著提高，并且复合材料的耐热性能随着 OMMT 含量的增加而增强。这种热稳定性极高的碳质残余物覆盖在材料表面形成了一层屏障，阻止火焰区的热量反馈到材料内部，抑制聚合物的热分解产物（燃料分子）向燃烧区迁移。毫无疑问，这将有利于复合材料阻燃性能的提高。

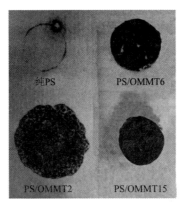

图 4-22　不同 PS/OMMT 复合材料在 400℃热分解 3 h 后残余物形貌的数码照片[47]

　　图 4-23 为纯 OMMT 以及 OMMT、PS/OMMT6 纳米复合材料在 400℃热分解 3 h 后碳质残余物的 FTIR 图。热分解前的 OMMT 谱图上位于 2923 cm^{-1}、2854 cm^{-1} 和 1467 cm^{-1} 处的吸收峰为 OMMT 中烷基链上 C—H 化学键的伸缩振动吸收谱带，

位于 1030 cm^{-1} 的强吸收峰为 MMT 中 Si—O 键的伸缩振动位吸收谱带，位于 519 cm^{-1} 和 463 cm^{-1} 的吸收峰为 MMT 本身的特征吸收谱带。OMMT 在空气中于 400℃ 热分解 3 h 后，所有与烷基链上 C—H 键伸缩振动相关的吸收谱带都消失了，只能观察到与 MMT 本身相关的吸收谱带。热分解后的 OMMT 和 PS/OMMT6 纳米复合材料的谱图非常相似，唯一的区别是后者在 1736 cm^{-1} 处有一个弱吸收峰，可能是 PS/OMMT6 纳米复合材料在空气中热分解时生成了少量 C=O 所致。因此，OMMT 和 PS/OMMT6 纳米复合材料的热分解残余物的化学组成类似，均由大量硅酸盐片层和黑色的炭组成。

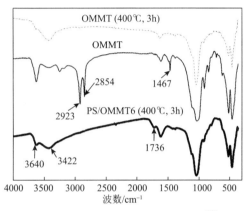

图 4-23　几种不同材料的 FTIR 图[47]

图 4-24 给出了纯 OMMT 以及在不同温度下热分解 3 h 后的 OMMT 和 PS/OMMT 纳米复合材料的 XRD 图。从图中可以清楚地看到，与没有热分解的 OMMT 的衍射角相比，在空气中于 400℃热分解 3 h 后的 OMMT 和 PS/OMMT 纳米复合材料的衍射角均变大，表明 OMMT 中的硅酸盐片层在热分解过程中出现了坍塌并进行了结构重排，片层之间的间距变小。与 OMMT 热分解后残余物的衍射角相比，PS/OMMT 纳米复合材料热分解后残余物的衍射角变小，表明这些残余物中硅酸盐片层之间的间距比 OMMT 热分解后残余物中硅酸盐片层之间的间距更大。由此可见，插层型纳米结构会对材料的热分解产生某些影响，主要表现在热分解时能够在层间成炭，从而导致硅酸盐片层之间的层间距更大。仔细观察图 4-24 发现，与热分解前的 OMMT 的衍射图相比，热分解后的 OMMT 和 PS/OMMT 纳米复合材料的谱图在 26.6°和 27.7°出现了两个新的衍射峰，其对应的层间距分别为 0.336 nm 和 0.322 nm，该数值与有序石墨在 0.335 nm 的特征层间距数值十分接近，表明 OMMT 和 PS/OMMT 纳米复合材料在热分解时会生成一定数量的类似于石墨的热稳定性极高的成分。这一分析推断已由拉曼光谱实验所证实。如图 4-25 所示，OMMT 和 PS/OMMT 纳米复合材料在空气中于 400℃热分解

3 h 后的残余物的拉曼光谱图几乎完全相同，二者均在 1393 cm⁻¹ 处有一个 D 峰，在 1587 cm⁻¹ 处有一个 G 峰，两个散射峰均很尖锐，其中 G 峰为石墨的特征散射峰。本实验中，纯的可膨胀石墨的 G 峰出现在 1581 cm⁻¹。拉曼光谱的实验结果清楚地表明，在 OMMT 和 PS/OMMT 纳米复合材料的热分解残余物中的确存在一定数量的石墨碳。具体的原因尚不清楚，本书作者推测如下：PS/OMMT 纳米复合材料在适当温度下热分解时，插入到硅酸盐片层之间的聚合物分子链由于受到黏土片层的屏蔽作用，其热分解受到抑制，表现出与纯 PS 分子链不同的热分解行为。如图 4-18 和图 4-22 所示，这对于纳米复合材料的成炭是有利的。即使对类似 PS 这样本身不能成炭的聚合物来说，形成纳米插层结构也会明显促进聚合物在热分解时成炭。在热分解过程中，聚合物分子链发生断裂，分子链上的碳原子进行重排，生成类似石墨状的碳质残余物。对于 OMMT 来说，虽然硅酸盐片层之间没有插入聚合物分子链，但是众所周知，与未改性的天然 MMT 比较，OMMT 的硅酸盐片层之间有许多有机改性剂的碳原子存在。不难想象，插入到 OMMT 的硅酸盐片层之间的有机改性剂的热分解行为与硅酸盐片层之外的有机改性剂的热分解行为必然有所不同。由于硅酸盐片层的屏蔽效应，硅酸盐片层之间的有机改性剂的热分解同样会受到抑制。在适当条件下，有机改性剂在热分解时分子结构中的碳原子会发生重排，生成碳质残余物。该假设已经得到了实验证实，如图 4-4 所示，当纯 OMMT 在空气中于 400℃热分解 3 h 后，其颜色由白色变为黑色，表明在热分解过程中有碳质物质生成。所以，OMMT 和 PS/OMMT6 纳米复合材料在热分解过程中均有类似于石墨状的碳质残余物生成。

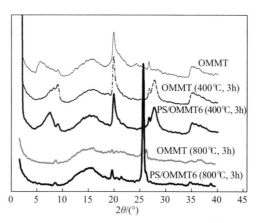

图 4-24　几种不同材料的 XRD 图[47]

　　随着热分解温度的进一步提高，OMMT 和 PS/OMMT6 纳米复合材料热分解产物的 XRD 图趋向一致。如图 4-24 所示，在空气中于 800℃热分解 3 h 后，两种材料热分解残余物的 XRD 图几乎完全相同，二者均在 25.5°有一个很强且尖锐的衍射峰，但是在 26.6°和 27.7°处的两个衍射峰消失了，表明在该温度下两种材料热分解产物中的类似于石墨结构的有机成分已经不存在了。也就是说，在该条件下，热分解产物中的所有有机组分都已经被除去，剩下的分解产物完全来自于无机层状硅酸盐的热分解。因此，在空气中于相对较低的温度下（如 400℃）热分解时得到的产物由类似于石墨状的有机碳和硅酸盐片层的分解产物组成。与热分解前的硅酸盐片层相比，在此条件下得到的分解产物中的硅酸盐片层经过了结构重排。当热分解温度足够高时（如 800℃），所有的碳质有机材料被氧化分解成气体逸出而完全去除，此时得到的热分解产物全部由层状硅酸盐的热分解产物组成，不含任何有机成分。该推断已经得到实验证实，研究发现，不管是 OMMT还是 PS/OMMT6 纳米复合材料，其在空气中于 400℃热分解 3 h 后残余物的颜色为黑色，但是在空气中于 800℃热分解 3 h 后残余物的颜色为灰色，该颜色与无机MMT 在同样条件下分解后残余物的颜色完全相同。

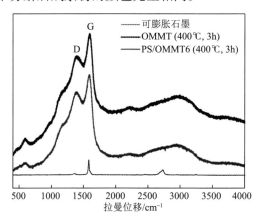

图 4-25　几种不同材料的拉曼光谱图[47]

为进一步深入了解 PS/OMMT 纳米复合材料热分解产物的炭层结构，首先把PS/OMMT6 纳米复合材料在空气中于 400℃热分解 3 h，然后把分解产物收集起来在不同的气氛环境中进行进一步热分析，相关实验结果示于图 4-26 中。从图 4-26（a）可见，温度低于 400℃时，该分解产物在空气和氮气中的 TGA 曲线无明显区别。但是，当温度高于 400℃时，该分解产物在氮气中的热稳定性远远好于其在空气中的热稳定性。温度越高，两条 TGA 曲线之间的质量损失的差距越大。从图 4-26（b）可见，该分解产物在空气中的 DTG 曲线有三个质量损失速率（MLR）峰，对应的峰值温度分别为 511℃、593℃和 684℃。该分解产物在氮气中的 DTG曲线只有一个质量损失速率峰，对应的峰值温度为 597℃，该温度比在空气中的DTG 曲线上的最大质量损失速率峰对应的温度高 86℃。同时，样品在氮气氛围中

的所有 MLR 均明显小于在空气氛围中 MLR 的相应值，表明热氧化反应在
PS/OMMT6 纳米复合材料碳质残余物的分解过程中起到了重要作用。众所周知，
聚合物复合材料在空气气氛中的 TGA 曲线上的质量损失百分数反映了材料中有
机组分的含量，该方法通常用于测定有机化处理的黏土中有机组分的含量。如前
所述，PS/OMMT6 纳米复合材料在空气中于 400℃热分解 3 h 后得到黑色热分解
产物由类石墨状炭层和经过重排的硅酸盐片层组成。随着温度升高，该黑色残余
物会继续分解和气化，造成进一步的质量损失。在氮气环境中，该黑色残余物在
700℃和 800℃的质量损失百分数分别为 11%和 13%。在空气环境中，这两个温度
下的质量损失百分数分别为 21%和 24%。实验中观察到，在氮气环境中 TGA 测
试结束后剩下的残余物的颜色为黑色，但是在空气环境中 TGA 测试结束后剩下的
残余物的颜色为灰色，天然黏土（不含任何有机改性剂或聚合物）在相同条件下
的热分解产物的颜色为灰色。上述质量损失百分数和分解产物颜色的差异表明，
PS/OMMT6 纳米复合材料在空气中于 400℃热分解 3 h 后得到黑色热分解产物中
的碳质组分为两种类型：一种能够在氮气中通过加热进一步分解和气化，另一
种在氮气中不能够进行热分解，需要在更加苛刻的条件（有氧气存在）下才能够
被分解掉。在这种条件下，这部分碳质组分只有进行热氧化分解才能被完全除去。
所以，在氮气环境中，TGA 测试结束后剩下的残余物由未分解的炭和热分解后的
硅酸盐片层组成，其颜色为黑色，而在空气环境中 TGA 测试结束后剩下的残余物
仅仅由热分解后的硅酸盐片层组成，其颜色为灰色。

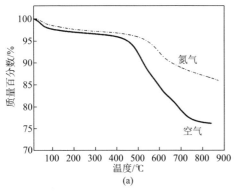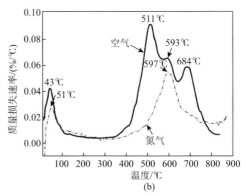

图 4-26　PS/OMMT6 纳米复合材料在空气中于 400℃热分解 3 h 后得到的残余物在空气和氮气
环境中的 TGA（a）和 DTG（b）曲线[47]

图 4-27 给出了 PS/OMMT6 纳米复合材料在氮气中于 400℃热分解 3 h 后的碳
质残余物的热分析实验结果。如图 4-27（a）所示，温度低于 517℃时，两条 TGA
曲线几乎完全重合在一起，但是当温度超过 517℃时，该碳质残余物在氮气中的
热稳定性远远好于其在空气中的热稳定性。温度越高，两条 TGA 曲线之间的质量

损失的差距越大，这与图 4-26（a）的结果类似。从图 4-27（b）可见，该碳质残余物在空气环境中的 DTG 曲线上有三个 MLR 峰，对应的峰值温度分别为 455℃、561℃和 731℃。该碳质残余物在氮气环境中的 DTG 曲线上有两个 MLR 峰，对应的峰值温度分别为 517℃和 591℃。同时，样品在氮气环境中 MLR 数值均远小于在空气环境中的相应值，这表明对于 PS/OMMT6 纳米复合材料在氮气中于 400℃热分解 3 h 后的碳质残余物来说，热氧化分解在其进一步的分解过程中同样起到了重要作用，这一点与图 4-26（b）所示的结果类似。实验中观察到，在氮气环境中 TGA 测试结束后剩下的残余物的颜色为黑色，但是在空气环境中 TGA 测试结束后剩下的残余物的颜色为灰色。因此，PS/OMMT6 纳米复合材料在两种不同气氛（氮气和空气）中热分解得到的碳质残余物在进一步进行热分解时有不少相似之处。但是，尽管如此，仔细观察图 4-26（b）和图 4-27（b）发现，这两种在不同条件下由 PS/OMMT6 纳米复合材料热分解得到的碳质残余物的 MLR 存在明显的差异。从整体上来看，在氮气环境中得到的碳质残余物在进一步热分解时的 MLR 远远大于在空气环境中得到的碳质残余物在进一步热分解时的 MLR。例如，在氮气环境中得到的碳质残余物在空气中进一步热分解时的 MLR 的最大值为 1.865%/℃［图 4-27（b）］，在空气环境中得到的碳质残余物在空气中进一步热分解时的 MLR 的最大值仅为 0.092%/℃［图 4-26（b）］，前者几乎是后者的 20 倍。在氮气环境中得到的碳质残余物在氮气中进一步热分解时的 MLR 的最大值为 0.514%/℃［图 4-27（b）］，在空气环境中得到的碳质残余物在氮气中进一步热分解时的 MLR 的最大值为 0.055%/℃［图 4-26（b）］，前者是后者的 9 倍多。这些结果表明，与在空气环境中得到的碳质残余物相比，在氮气环境中得到的碳质残余物在重新加热时分解得更快。造成这种情况的具体原因尚不清楚，本书作者认为，这可能是两种碳质残余物的组成不同引起的。如前所述，热氧化分解在碳质

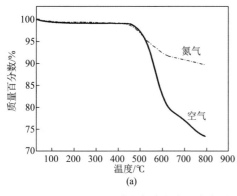

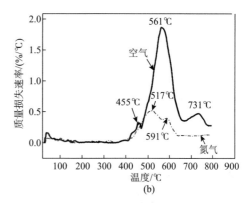

图 4-27 PS/OMMT6 纳米复合材料在氮气中于 400℃热分解 3 h 后得到的残余物在空气和氮气环境中的 TGA（a）和 DTG（b）曲线[47]

残余物的进一步热分解过程中起到了重要作用。当把 PS/OMMT6 纳米复合材料在 400℃热处理 3 h 时,其在空气环境中的热分解速率比在氮气环境中的热分解速率更快,在氮气环境中分解得到的碳质残余物比在空气环境中分解得到的碳质残余物含有更多的有机碳组分。当这些碳质残余物再次热分解时,前者由于含有更多的有机碳组分,所以将比后者分解得更快,其 MLR 将比后者更大。

4.3.4　阻燃机制

从以上讨论可知,在 PS 树脂基体中引入 OMMT 熔融复合后得到的 PS/OMMT 复合材料为插层型纳米复合材料。OMMT 的引入能够促进 PS 在高温热分解时成炭。与纯 PS 相比,PS/OMMT 复合材料的热稳定性能和阻燃性能得到了显著改善,复合材料在热分解和燃烧后能够在材料表面生成一层连续和致密的碳质残余物,该残余物包裹在复合材料表面,在聚合物材料与燃烧火焰之间形成了一道屏障。根据插层型复合材料的结构特点和热分解与燃烧行为,提出如图 4-28 所示的阻燃机制模型。PS/OMMT 复合材料中的 PS 分子链分为两种类型,一类与纯 PS 类似,游离于纳米黏土片层之外,属于"自由"分子链,另一类分子链插层进入到 OMMT 片层之间,其运动受到 OMMT 片层的限制,属于"受限"分子链。复合材料在外界热源作用下达到分解温度时,"自由"分子链将首先分解生成可燃性有机小分子化合物(燃料),这些小分子化合物从聚合物熔体中迁移到材料表面与氧气混合后引起材料开始燃烧,燃烧产生的热量又通过聚合物表面反馈到材料内部引起更多聚合物分子链降解产生新的燃料分子。与"自由"分子链不同,黏土片层之间的"受限"分子链由于受到黏土片层的屏蔽作用,需要更高温度才能进行热分解。当温度足够高能使"受限"分子链和黏土片层上的有机改性剂分子热分解时,有机硅酸盐黏土片层 OMMT 将分解碳化变成无机硅酸盐黏土片层 MMT,MMT 与复合材料燃烧生成的碳化产物一起,沉积在燃烧的聚合物复合材料表面,形成一层含无机硅酸片层 MMT 的炭化层,该炭化层包裹在复合材料表面,其厚度主要取决于复合材料中 OMMT 的用量和聚合物本身的成炭能力。OMMT 用量越大,聚合物本身的成炭能力越强,炭化层厚度越厚。该炭化层的存在,使聚合物分解后生成的可燃气体分子无法及时到达燃烧区,燃烧区生成的热量也无法及时传递到复合材料内部引起聚合物进一步分解(如图 4-28 中箭头所示)。此外,该炭化层还可以阻止氧气与燃料分子汇合引起新的燃烧。也就是说,燃烧形成的含 MMT 的炭化层起到了热量传递和物质交换的屏障作用。结果,聚合物分解的速率降低,燃烧区燃料的供应受到限制,复合材料的热稳定性和阻燃性能得到显著改善。由于 PS/OMMT 纳米复合材料热分解生成的炭化层的厚度随着 OMMT 用量增加而增加,连续性和致密度随着 OMMT 用量增加而改善,所以材料的阻燃性能随着 OMMT 用量增加而增强。

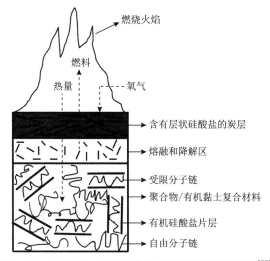

图 4-28　PS/OMMT 纳米复合材料的阻燃机制模型[88]

　　另外，由于聚合物热分解后生成的可燃性小分子化合物（燃料）需要从聚合物熔体中迁移到材料表面与氧气混合后才能燃烧，而这些小分子化合物在聚合物熔体中的迁移速率受熔体黏度的影响，因此，聚合物复合材料熔体黏度的大小对材料的燃烧性能也有一定影响。物料熔体黏度增大后会阻止或减少小分子可燃气体在聚合物熔体中的迁移，切断或减缓燃烧界面处燃料的有效供给，从而提高聚合物材料的阻燃性能。图 4-29 为 PS/OMMT 复合材料的熔体流动速率（MFR）随着 OMMT 用量的变化曲线。从图中可见，随着 OMMT 用量增加，PS/OMMT 复合材料的熔体流动速率呈不断下降趋势，表明物料在熔融后的流动性能逐渐变差，熔体黏度逐渐增大，这势必会对可燃气体分子的迁移产生较大阻力，减缓燃烧界面处燃料的供给，从而提高复合材料的阻燃性能。

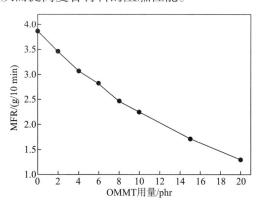

图 4-29　OMMT 用量对 PS/OMMT 复合材料熔体流动速率的影响[88]

4.4　OMMT 对 PS/MH 复合材料阻燃性能的影响

4.4.1　复合材料结构分析

本节主要讨论有机蒙脱土（OMMT）对聚苯乙烯/氢氧化镁（PS/MH）复合材料阻燃性能的影响。为方便起见，采用 PS/MHx 表示质量比为 100/x 的 PS/MH 复合材料，采用 PS/MHx/OMMTy 表示质量比为 100/x/y 的 PS/MH/OMMT 复合材料。例如，PS/MH66 表示质量比为 100/66 的 PS/MH 复合材料，PS/MH60/OMMT6 表示质量比为 100/60/6 的 PS/MH/OMMT 复合材料。因此，对于 PS/MH66 和 PS/MH60/OMMT6 两种复合材料来说，二者所含的阻燃剂总量相同，唯一的区别是后者用少量 OMMT 代替了阻燃剂 MH。图 4-30 为 MH、OMMT 和 PS/MH60/OMMT6 复合材料的 XRD 图。可见，纯 MH 和 OMMT 分别在 18.60° 和 3.85° 有一个尖锐的衍射峰，根据 Bragg 方程计算后得到的层间距分别为 0.48 nm 和 2.29 nm。PS/MH60/OMMT6 复合材料在 18.60° 和 2.68° 分别有两个衍射峰，对应的层间距分别为 0.48 nm 和 2.29 nm。显然，PS/MH60/OMMT6 复合材料中的 MH 在与 PS 树脂进行熔融混合及成型加工前后的衍射角保持不变。但是，与纯 OMMT 的衍射角相比，该复合材料中 OMMT 的衍射角变小，OMMT 的层间距比纯 OMMT 的层间距增加了大约 1 nm。该结果表明，一部分 PS 分子链进入到 OMMT 的片层之间，形成了插层型的纳米结构。因此，所得到的 PS/MH60/OMMT6 复合材料是一种插层型纳米复合材料，MH 的存在并不影响纳米结构的形成。

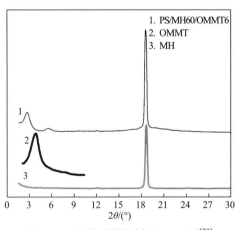

图 4-30　几种不同材料的 XRD 图[70]

图 4-31 为 PS/MH60/OMMT6 复合材料的 TEM 图像，图中浅色区域为 PS 基

体。从图中可见,复合材料中同时存在一些深色的圆球状颗粒和条纹,圆球状颗粒为 MH 阻燃剂,条纹状物质为 OMMT 阻燃剂。这两种阻燃剂在 PS 基体中分布比较均匀,无明显团聚现象。MH 阻燃剂颗粒的直径大约为 50 nm,OMMT 条纹的长度在 50～250 nm 范围内,有一些 OMMT 条纹的形态呈弯曲状。从图中还可看到有少量尺寸较小、颜色较浅的薄片分散在聚合物基体中(图中白色箭头指示),这可能是从 OMMT 上剥落下来的黏土片层。从整体上看,阻燃剂在聚合物基中分散比较均匀,结合 XRD 的实验结果,可以认为所得到的复合材料为插层型纳米复合材料。

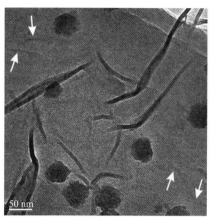

图 4-31　PS/MH60/OMMT6 复合材料的 TEM 图像[70]

4.4.2　热分解行为

图 4-32 为 PS/MH66 和 PS/MH60/OMMT6 两种复合材料在空气气氛中的 TGA 和 DTG 曲线。在温度低于 370℃和超过 500℃以上时,两种复合材料的热氧化分解行为几乎完全相同,但是在 370～500℃范围内,二者的 TGA 曲线彼此分离。尽管两种复合材料中阻燃剂的用量相同,但是 PS/MH60/OMMT6 复合材料的热稳定性比 PS/MH66 复合材料的热稳定性更好,后者比前者分解更快。例如,当质量损失为 50%时,PS/MH60/OMMT6 复合材料的温度为 410℃,而 PS/MH66 复合材料的温度为 396℃。在热分解温度为 400℃时,前者的质量损失百分数为 41%,而后者为 59%。这些结果表明,加入适量 OMMT 可有效提高 PS/MH 复合材料在空气中的热稳定性,抑制其氧化降解。从图 4-32 中的 DTG 曲线可见,两种复合材料从 285℃开始热分解,在 285～355℃范围内,两条 DTG 曲线几乎完全重合在一起。温度超过 355℃时,两种材料的质量损失速率(MLR)出现了明显的差别。PS/MH66 复合材料的 MLR 急剧增加,在温度为 396℃时达到峰值 1.64%/℃。但

是,PS/MH60/OMMT6 复合材料的 MLR 在该温度范围内非常小。温度为 396℃时,该复合材料的 MLR 为 0.84%/℃,仅为相同温度下 PS/MH66 复合材料 MLR 的 51.9%。加入 OMMT 后,PS/MH66 复合材料的质量损失速率峰值(peak MLR, PMLR)温度从 396℃提高到 412℃。此外,PS/MH60/OMMT6 复合材料的 PMLR 也比 PS/MH66 复合材料的 PMLR 更小。这些结果清楚地表明,纳米结构的形成 的确增强了复合材料的耐热性能。所以,加入少量 OMMT 能够显著提高 PS/MH 复合材料的热氧化稳定性,提高热分解温度,降低热分解速率。毫无疑问,这将 减少可燃气体的释放,有利于复合材料阻燃性能的提高。

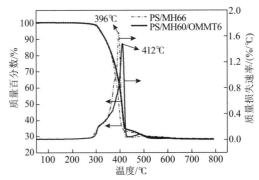

图 4-32　两种不同 PS 复合材料在空气气氛中 TGA 和 DTG 曲线[70]

为进一步研究 PS/MH/OMMT 纳米复合材料的热分解行为,图 4-33 给出了阻 燃剂含量相同但组成不同的上述两种复合材料在空气中于 400℃热分解 3 h 后的 残余物在相同放大倍数下的数码照片。显然,这两种复合材料热分解后的残余物 形貌存在巨大差异。PS/MH66 复合材料的热分解残余物向四周扩散,表面粗糙不 平,连续性较差,厚度很薄,颜色为白色,而 PS/MH60/OMMT6 复合材料的热分 解残余物没有向四周扩散,看起来光滑致密,非常连续,颜色为黑色,覆盖在复 合材料表面类似一层厚厚的防火屏障。显然,前者在热分解过程中没有成炭,而 后者在热分解过程中有明显成炭发生。

图 4-33　两种不同 PS 复合材料在空气中于 400℃热分解 3 h 后残余物形貌的数码照片[70]

图 4-34 为上述两种复合材料在空气中于 400℃热分解 3 h 后残余物的 SEM 图像。从图 4-34（a）可见，PS/MH66 复合材料的热分解残余物表面有许多尺寸较大的孔洞，表面粗糙不平，连续性和致密性很差。显然，这层松散和疏松多孔的残余物无法有效地阻止燃烧火焰区与材料内部之间的热量传递和物质交换。不难想象，火焰区的燃烧热将能够顺利地传递到残余物下面的聚合物中，引起更多热分解，而聚合物热分解产生的可燃性气体也能够迁移到材料表面为火焰提供燃料，从而促进聚合物的燃烧。与 PS/MH66 复合材料相比，PS/MH60/OMMT6 复合材料的热分解残余物更加光滑、连续和致密，残余物表面没有孔洞和裂纹[图 4-34（b）]。显然，这层连续致密的残余物可以有效地抑制甚至完全切断燃烧火焰区和残余物下面聚合物之间的热量传递和物质交换，十分有利于复合材料阻燃性能的提高。从图 4-34（b）还观察到，PS/MH60/OMMT6 复合材料的热分解残余物表面有一些尺寸不同的隆起或凸出区域，这些隆起应该是由聚合物热分解产生的气体对材料表面的挤压效应造成的。由于热分解残余物炭层的阻隔作用，这些由聚合物热分解产生的气体无法顺利溢出到气相火焰区，被封闭在残余物炭层下面。随着炭层下面气体压力增大，炭层表面的某些区域受到气体的巨大挤压而凸出出来。可以想象，在持续的强制热辐射条件下，如锥形量热仪的测试条件下，气体会冲破这些凸起区域而溢出到气相火焰区，从而使材料燃烧起来。

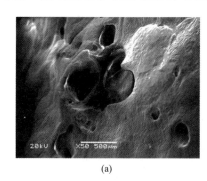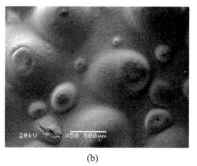

　　　　　　　　（a）　　　　　　　　　　　　　　　　（b）

图 4-34　两种不同 PS 复合材料在空气中于 400℃热分解 3 h 后残余物 SEM 图像[70]

（a）PS/MH66；（b）PS/MH60/OMMT6

图 4-35 为上述两种复合材料在火焰中燃烧不同时间后在相同放大倍数下的 SEM 图像。很明显，两种复合材料燃烧残余物的形貌存在巨大差异。当两种复合材料在火焰中燃烧 10 s 后，PS/MH66 复合材料表面出现许多尺寸大小不同的孔洞，材料表面变得非常粗糙[图 4-35（a）]，这表明材料表面某些组分分解成气体而被除去了，因此材料表面层下面由聚合物热分解产生的气体可以顺利溢出为火焰提供燃料。与此形成鲜明对比的是，在相同条件下 PS/MH60/OMMT6 复合材料的表面没有孔洞或裂纹产生。虽然复合材料表面有许多凸起，但这些凸起并没有破裂，

从整体上看，材料表面的燃烧残余物仍然连续致密[图 4-35（c）]。这表明加入
OMMT 后的 PS/MH66 复合材料在火焰中的热稳定性得到了极大的提高，耐火性
显著增强。当燃烧时间为 30 s 时，PS/MH66 复合材料的表面变得更加粗糙和分离，
表面出现许多尺寸很大的孔洞和褶皱，还有一些片状的燃烧残余物[图 4-35（b）]。
如图 4-35（d）所示，在火焰中燃烧 30 s 后，PS/MH60/OMMT6 复合材料的表面
除了有少数尺寸很小的孔洞和裂纹外，仍然相当完整和连续，显示出非常优越的耐
火性能，这与 PS/MH66 复合材料形成了强烈的对比。实际火焰燃烧实验结果清楚地
表明,在 PS/MH 复合材料中加入适量 OMMT 能够极大地提高材料的热稳定性和阻
燃性能。

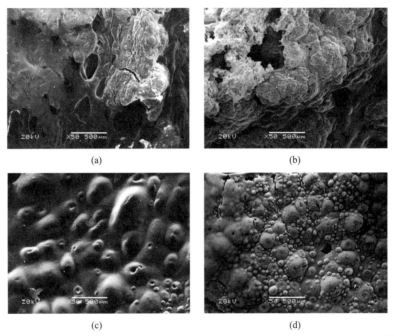

图 4-35　两种不同 PS 复合材料在火焰中燃烧不同时间后残余物的 SEM 图像[70]
（a）PS/MH66，10 s；（b）PS/MH66，30 s；（c）PS/MH60/OMMT6，10 s；（d）PS/MH60/OMMT6，30 s

4.4.3　阻燃性能

图 4-36 为 PS/MH 和 PS/MH/OMMT 两种复合材料的 LOI 随着材料中阻燃剂
MH 含量的变化曲线。可见，两种复合材料的 LOI 均随着材料中 MH 含量的增加
而逐渐增大。但是，在 MH 用量相同时，PS/MH/OMMT 复合材料的 LOI 总是比
PS/MH 复合材料的 LOI 更大。MH 含量越少，两种复合材料的 LOI 差别越大。例
如，当没有 MH 时（MH 含量为 0wt%），纯 PS 和 PS/OMMT（PS 与 OMMT 的

质量比为 100/6）复合材料的 LOI 分别为 17.5%和 19.7%。显然，加入适量 OMMT
会明显提高 PS 的阻燃性能。当 MH 的质量分数为 10wt%时，PS/MH 和
PS/MH/OMMT 两种复合材料的 LOI 分别为 18.9%和 20.1%。当 MH 的含量超过
43wt%时，两条 LOI 曲线几乎完全重合在一起。此时，OMMT 对复合材料 LOI
的影响几乎可忽略不计。由此可见，两种复合材料 LOI 的差别在 MH 含量较低时
比较明显，但是在 MH 含量很高时差别非常小。因此，在 MH 含量较低的阻燃体
系中引入适量 OMMT 对于材料的阻燃性能是有益的，但是在 MH 含量较高时就
没有必要。考虑到加入过多 MH 会对材料的力学和加工性能带来不利影响，所以
采用较少用量的 MH 和 OMMT 共同使用对于改善复合材料包括阻燃性能在内的
综合性能是有益的。

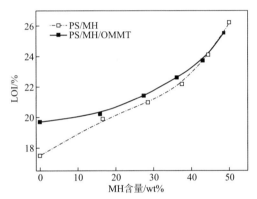

图 4-36　MH 用量对 PS/MH 和 PS/MH/OMMT 复合材料 LOI 的影响[70]

图 4-37 为阻燃剂含量相同的 PS/MH66 和 PS/MH60/OMMT6 两种复合材料在
锥形量热仪测试中的 HRR 和 THR 变化曲线，相应的测试数据列于表 4-4 中。从
图 4-37 和表 4-4 可见，PS/MH60/OMMT6 复合材料的引燃时间比纯 PS 和 PS/MH66
复合材料的引燃时间（TTI）显著延长。尽管 PS/MH60/OMMT6 和 PS/MH66 两种
复合材料中阻燃剂的含量相同，但是前者的 TTI 是后者的 2.39 倍，这意味着前者
在发生火灾时比后者更加难以引燃。此外，前者的 AHRR、PHRR 和 THR 数值均
比后者的相应值更小，而前者的 FPI 数值是后者的 2.73 倍。与此同时，
PS/MH60/OMMT6 从开始燃烧到热释放速率最大值的时间（t_{PHRR}）为 100 s，
PS/MH66 复合材料从开始燃烧到热释放速率最大值的时间（t_{PHRR}）为 80 s，加入
OMMT 后复合材料的 t_{PHRR} 明显延长。这些实验数据表明，尽管 PS/MH60/OMMT6
和 PS/MH66 两种复合材料中阻燃剂总量相同，但是前者的阻燃性能相对于后者有
非常明显的提高。也就是说，复合材料中纳米结构的形成对于材料阻燃性能的提
高发挥了重要作用。

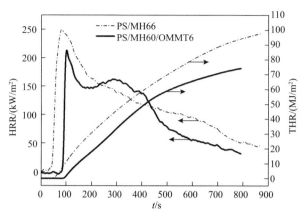

图 4-37　两种不同 PS 复合材料在锥形量热仪测试中的 HRR 和 THR 曲线[70]

　　从图 4-37 观察到,PS/MH60/OMMT6 复合材料的 HRR 在燃烧时间小于 232 s 和超过 433 s 时小于 PS/MH66 复合材料 HRR 的相应值,但是在燃烧时间为 232～433 s 范围内比 PS/MH66 复合材料 HRR 的相应值更大一些。这可能是由 PS/MH60/OMMT6 复合材料燃烧残余物表面凸起区域破裂造成的。如图 4-34 和图 4-35 所示,由于 PS/MH60/OMMT6 复合材料在热氧化分解或燃烧过程中表面生成的致密和连续炭层对热分解气体的阻隔作用,材料表面会出现一些隆起或凸出区域。随着聚合物的持续热分解,产生越来越多的气体,这些凸出区域下面的气体压力越来越大。当这些凸出区域下面的气体压力足够大时,气体会冲破炭层的束缚溢出到气相火焰区,为火焰提供燃料。在这种情况下,材料的燃烧将会加剧,导致 HRR 上升。但是,尽管如此,从整个燃烧过程来看,PS/MH60/OMMT6 复合材料的 AHRR 仍然比 PS/MH66 复合材料的 AHRR 更小,这意味着前者的平均热量释放速率更加缓慢,火安全性更好。从表 4-4 可见,PS/MH60/OMMT6 复合材料的 AHRR 为 94 kW/m²,PS/MH66 复合材料的 AHRR 为 118 kW/m²,前者仅为后者的 79.7%。此外,前者的 PHRR 也比后者更小。所以,总的来看,前者的阻燃性能比后者有明显提高,这与上述 LOI 的实验结果一致。

表 4-4　不同材料的锥形量热仪测试数据[70]

材料名称	TTI/s	PHRR/(kW/m²)	AHRR/(kW/m²)	THR/(MJ/m²)	FPI/(10⁻³ s·m²/kW)	残余百分数/%
PS	65	1120	313	107	58.1	1
PS/MH66	36	251	118	98	143.4	35
PS/MH60/OMMT6	86	219	94	74	392.7	34

注:TTI,引燃时间;PHRR,热释放速率峰值;AHRR,热释放速率平均值;THR,总热释放量;FPI,火灾性能指数

　　从图 4-37 还可看出，在整个燃烧过程中，PS/MH60/OMMT6 复合材料的 THR 总是比 PS/MH66 复合材料的 THR 更小，这意味着前者在燃烧中释放出来的热量比后者更少，较少的热量释放显然对于材料的阻燃是有利的。另外，如前所述，由于 PS/MH60/OMMT6 复合材料在热分解或燃烧过程中生成的残余物比 PS/MH66 复合材料生成的残余物更加连续致密（图 4-33～图 4-35），覆盖在材料表面能够形成有效的防火屏障，PS/MH60/OMMT6 复合材料在气相火焰区燃烧释放的热量将被阻止向材料内部传递，该材料内部聚合物的热分解被抑制，可燃性气体的迁移被阻止，对火焰的燃料供应被切断或大幅度减少。这两方面因素的共同作用，导致 PS/MH60/OMMT6 复合材料的阻燃性能比 PS/MH66 复合材料明显提高。

　　图 4-38 为上述两种复合材料在锥形量热仪测试过程中的质量损失曲线。可见，在燃烧的初期阶段（燃烧时间小于 375 s），PS/MH60/OMMT6 复合材料的质量损失速率明显比 PS/MH66 复合材料更加缓慢。在质量损失百分数为 10% 时，PS/MH60/OMMT6 和 PS/MH66 两种复合材料的燃烧时间分别为 136 s 和 82 s。燃烧时间为 200 s 时，这两种复合材料的质量残余率分别为 81% 和 73%。当燃烧时间超过 375 s 时，PS/MH60/OMMT6 的质量损失速率比 PS/MH66 复合材料更快。这可能是由于在锥形量热仪持续的强制热辐射作用下，PS/MH60/OMMT6 复合材料表面燃烧残余物的凸起区域被下面的气体冲破，可燃性气体进出导致对燃烧火焰的燃料供应迅速增加，燃烧更加旺盛，因此材料的质量损失迅速增加。从图 4-38 可见，在燃烧后结束时，两种复合材料的质量残余率几乎相同。综合上述 LOI、HRR、PHRR 和 THR 的实验结果，从整体上看，与 PS/MH66 复合材料相比，PS/MH60/OMMT6 复合材料的热稳定性能和阻燃性能更好，尤其是在燃烧的初期阶段更加明显。

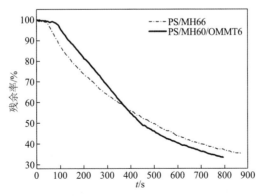

图 4-38　两种不同 PS 复合材料在锥形量热仪测试中的质量损失曲线[70]

　　图 4-39 为上述两种复合材料在锥形量热仪测试过程中的生烟速率（SPR）曲

线和总释放烟量（TSR）曲线。可见，在燃烧时间小于 92 s 时，PS/MH66 复合材料的 SPR 数值远远大于 PS/MH60/OMMT6 复合材料的相应值。PS/MH66 复合材料的 SPR 曲线在材料引燃后很快达到峰值（0.110 m²/s），从测试开始到达到峰值的时间只有 62 s。但是，PS/MH60/OMMT6 复合材料从测试开始到达到峰值（0.114 m²/s）的时间为 258 s，后者为前者的 4 倍多。与 PS/MH66 复合材料相比，PS/MH60/OMMT6 复合材料从测试开始到达到峰值的时间被大幅度推迟。由于实际火灾发生时快速烟释放对人们的危害巨大，所以这对于提高材料的火灾安全性具有非常重要的意义。从图 4-39 还可看出，在燃烧时间小于 240 s 时，PS/MH60/OMMT6 复合材料的 TSR 数值远远小于 PS/MH66 复合材料的相应值。燃烧时间超过 240 s 时，前者的 TSR 数值比后者的相应值更大一些。总的来看，在燃烧初期阶段，PS/MH60/OMMT6 复合材料的 SPR 和 TSR 比 PS/MH66 复合材料的相应数值显著减小。此外，与后者相比，前者从测试开始到达到 SPR 峰值的时间被大幅度推迟。所以，从燃烧发烟的角度来看，PS/MH60/OMMT6 复合材料的优势主要体现在燃烧的初期阶段。此时，该复合材料的 SPR 和 TSR 都非常小，材料发烟很少，热量释放也很少。显然，这对于火灾发生时的人员救援和疏散至关重要。

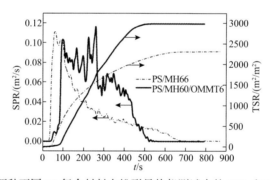

图 4-39　两种不同 PS 复合材料在锥形量热仪测试中的 SPR 和 TSR 曲线[70]

上述 PS/MH60/OMMT6 复合材料的发烟行为与该材料在高温下的热分解性能密切相关。如图 4-33～图 4-35 所示，PS/MH60/OMMT6 复合材料无论是在空气中热分解还是在火焰中燃烧时都能够在材料表面生成连续致密的碳质残余物层。虽然炭层表面有一些凸起区域，但是材料的表面并没有裂纹和孔洞，基本保持完好无损。此时，聚合物热分解产生的气体被封闭在炭层下面，无法溢出到气相火焰区，对火焰的燃料供应被完全阻止。由于炭层的阻隔作用，燃烧火焰区释放的热量无法顺利反馈到复合材料内部，导致聚合物的热分解被抑制，产生的可燃性气体（燃料）减少。此外，如图 4-37 和表 4-4 所示，与 PS/MH66 复合材料相比，PS/MH60/OMMT6 复合材料在燃烧初期阶段的 HRR 和 THR 均明显降低，燃烧热很少，所有这些因素都有利于 PS/MH60/OMMT6 复合材料阻燃性能的提高，所以材料在该阶段的生烟速率很低，发烟量很小。众所周知，由于 PS 的热分解产物中含有大量芳香族化合物，所以燃烧时发烟量很大。对于 PS/MH60/OMMT6 复合材料来说，由于其热稳定性增强以及炭层的有效阻隔作用，在燃烧的初期阶段可燃性气体的生成量很少，因而发烟量很小。在锥形量热仪的测试条件下，由于强制热辐射作用，材料内部越来越多的聚合物被热分解，材料表面炭层（尤其是凸起区域）下面的气体聚集越来越多，压力越来越大。当气体的压力足够大时，这些凸起区域甚至整个炭层被气体冲破，大量含有芳香族化合物的可燃气体迅速逸出到火焰区。这些气体的燃烧导致 HRR、SPR 和 TSR 上升。所以，在燃烧的后期阶段，PS/MH60/OMMT6 复合材料的生烟速率和发烟量增加。

图 4-40 为上述两种阻燃剂含量相同的 PS 复合材料在燃烧过程中的 CO 生成曲线。可见，PS/MH60/OMMT6 复合材料的 CO 生成曲线上有许多小峰，CO 生成量峰值为 0.9 kg/kg。相比之下，PS/MH66 复合材料的 CO 生成曲线上有一个尖锐的强峰，其 CO 生成量峰值为 6.2 kg/kg，该数值几乎是 PS/MH60/OMMT6 复合材料相应数值的 7 倍。另外，PS/MH66 复合材料在燃烧时间为 4 s 时其 CO 生成曲线上还有一个生成量为 1.2 kg/kg 的尖峰。但是，PS/MH60/OMMT6 复合材料在燃烧时间小于 500 s 时几乎没有 CO 生成。这些结果表明，PS/MH66 复合材料在受到热辐射后很快就释放出 CO，并且在整个燃烧过程中其 CO 生成量远多于 PS/MH60/OMMT6 复合材料。因此，加入适量 OMMT 能够显著降低 PS/MH 复合材料在燃烧过程中的毒气释放，增加材料的使用安全性。

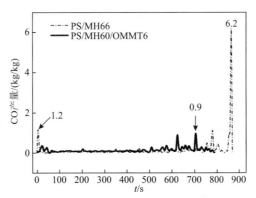

图 4-40　两种不同 PS 复合材料在锥形量热仪测试中的 CO 生成曲线[70]

从本节的讨论中可以得出，通过熔融混合方法在 PS/MH 复合材料中加入少量 OMMT 可制备出具有插层结构的纳米复合材料。与阻燃剂含量相同的 PS/MH 复合材料比较，PS/MH/OMMT 纳米复合材料的热稳定性、阻燃性能和抑烟性能均显著改善，毒气释放减少，尤其是在燃烧的初期阶段更加明显。总的来看，复合材料的火安全性大幅度提高。

第5章 金属氢氧化物阻燃的苯乙烯系
聚合物材料

5.1 引　言

无卤阻燃聚合物材料通常采用在聚合物基体中加入无卤阻燃剂的方法制备。
$Mg(OH)_2$（MH）和 $Al(OH)_3$（ATH）是目前应用最广泛的两种无卤阻燃剂，具有热
稳定性好、不挥发、不析出、不产生有毒气体、不腐蚀加工设备、消烟作用明显、
价格低廉等优点，是集阻燃、抑烟、填充三大功能于一身的阻燃剂。目前的研究
认为，两者均属于金属水合物，阻燃机理相似，通过受热分解吸收热量降低聚合
物材料的温度以减缓或阻止聚合物热分解，热分解产生的 H_2O 气为非可燃气体，
可稀释可燃气体和氧气的浓度，热分解产生的 MgO 或 Al_2O_3 热稳定性极高，具有
高度耐火性能，覆盖在聚合物材料表面，起到一定的隔热作用并减缓氧气和可燃
气体的供给，通过这三个方面的共同作用实现对聚合物的阻燃[48,89-91]。但是，由
于 MH 和 ATH 的阻燃效率较低，通常需要大量填充（占复合材料质量分数的60%
左右）才能使复合材料具有优异的阻燃性能，而如此高的填充量势必会严重损害
材料的力学强度、成型加工性能、外观质量，甚至使材料丧失使用价值。因此，
充分发挥不同阻燃剂之间的协同阻燃作用，最大限度地降低阻燃剂的用量，在赋
予聚合物材料良好阻燃性能的同时减轻对材料其他性能的负面影响，对于具有工
业实用价值的阻燃聚合物材料至关重要[54,55]。

但是，对于上述阻燃机理，国内外文献中一般只是从理论上进行分析和讨论，
缺乏足够的令人信服的实验证据。本章通过向 PS 基体中引入一系列具有不同热
分解状态的 MH，能够在一定程度上把上述几种共存于同一个体系的燃烧过程中
的阻燃作用分离开来，从而为 MH 的阻燃机理研究提供明确可靠的实验证据，丰
富和发展其阻燃理论。此外，采用原位聚合方法合成了一系列含有纳米和微米
MH 的交联 PS/MH 复合材料，对比研究了材料的阻燃性能。详细研究了 MH、ATH
和微胶囊红磷（MRP）对 HIPS 的协同阻燃效应，阐明了相关的作用机制。在此
基础上，进一步研究了纳米炭黑（CB）对 HIPS/MH/MRP 复合材料阻燃性能的影
响及其作用机制。

5.2　PS/MH 复合材料的燃烧性能与阻燃机制

5.2.1　MH 的热分解行为

图 5-1 为纯 MH 在氮气中的热失重曲线。可见，失重 5%、10% 和 30% 的温度分别为 332℃、349℃ 和 433℃，最大热分解速率所对应的温度 T_{max} 为 374℃，在 500℃ 的质量残余百分数为 68.5%，在 590℃ 的质量残余百分数为 67.9%，两者均与 MH 的热分解质量残余百分数理论值 69% 十分接近，考虑到实验误差，因此可以认为在 500℃ 时 MH 已经完全热分解生成 MgO。

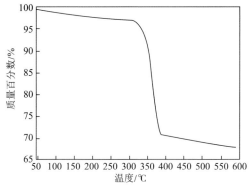

图 5-1　MH 在氮气中的热失重曲线[48]

图 5-2 是 MH 在 450℃ 时恒温热处理的质量变化曲线。可见，随着热处理时间延长，MH 的质量损失迅速增加。在热处理前期，MH 的质量损失很快，热处理时间为 40 min 时，残余质量百分数就下降到 80.8%。根据理论计算，MH 完全分解为 MgO 时的残余质量百分数为 69%；从图中可以看出，在 450℃ 热处理 5 h

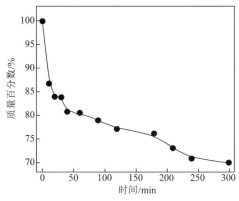

图 5-2　MH 在 450℃ 时的热分解曲线[48]

后的残余质量百分数实验值为 70%，与理论值 69% 十分接近。考虑到实验误差，可以认为此时 MH 已经完全分解。

5.2.2　XRD 分析

图 5-3 是纯 MH、质量比为 100/80 的 PS/MH 复合材料、MH 在 500℃热处理 5 h 得到的 t-MH（其物相实际上为纯 MgO）以及质量比为 100/80 的 PS/t-MH 复合材料（其实际组成为 PS/MgO）的 XRD 图。可见，PS/MH 复合材料的衍射峰与纯 MH 的衍射峰完全重合（二者均只有一个衍射峰，衍射角 $2\theta = 18.7°$），表明在样品制备过程中 MH 并没有发生热分解，PS/MH 复合材料中起到阻燃作用的物质是 MH 本身。PS/t-MH 复合材料的 XRD 图与 t-MH 的 XRD 图几乎完全重合，并且在纯 MH 的衍射峰处（衍射角 $2\theta = 18.7°$）没有衍射峰出现。这清楚地表明，在热处理过程中 MH 已经完全分解生成 MgO，并且分解后的产物分布在 PS 基体中，因此在 PS/t-MH 复合体系中起到阻燃作用的物质只能是 MgO，而不是 MH。

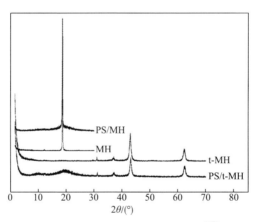

图 5-3　几种不同材料的 XRD 图[48]

5.2.3　MH 热处理对 PS/MH 复合材料阻燃性能的影响

1. 水平燃烧性能

图 5-4 为 MH 在 500℃热处理 5 h 前后 PS/MH 复合材料水平燃烧速率的变化曲线。可见，在 MH 用量较少时，热处理前后水平燃烧速率差别并不明显，但是，随着 MH 添加量增加，未经热处理的 PS/MH 复合材料的水平燃烧速率明显小于经过热处理的 PS/t-MH 复合材料的水平燃烧速率。例如，质量比为 100/80 的 PS/MH 复合材料的水平燃烧速率为 10.43 mm/min，而 PS/t-MH 复合材料的水平燃烧速率

为 19.74 mm/min。质量比为 100/100 的 PS/MH 复合材料在水平燃烧实验中能够自熄（水平燃烧速率为 0），但是质量比相同的 PS/t-MH 复合材料却不能自熄，其水平燃烧速率为 13.03 mm/min。由此可见，MH 热分解生成 MgO 的反应的确对 PS/MH 复合材料的阻燃性能有很大影响。这是由于：①MH 热分解生成 MgO 的反应是一个吸热反应，其反应热为 0.77 kJ/g，在这一过程中要吸收大量热量，从而能够降低复合材料的温度，减缓或阻止 PS 的热分解，使可燃性气体的供应减少，起到了阻燃作用；②MH 热分解生成的 H_2O 气是一种非可燃性气体，能够稀释可燃气体和氧气的浓度，增强阻燃效果。因此，组成相同时，PS/t-MH 复合材料的阻燃性能总是比 PS/MH 复合材料的阻燃性能更差，MH 用量越多，二者的阻燃性能差别越大，两条水平燃烧速率曲线分离得越开（图 5-4）。

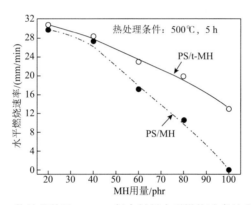

图 5-4 MH 热处理前后 PS/MH 复合材料水平燃烧速率的变化曲线[48]

图 5-5 是 MH 经过 450℃热处理不同时间后质量比为 100/80 的 PS/t-MH 复合材料的水平燃烧速率曲线。可见，随着热处理时间延长，PS/t-MH 复合材料的水平燃烧速率逐渐上升。这是由于随着热处理时间增加，MH 的分解程度越来越大，

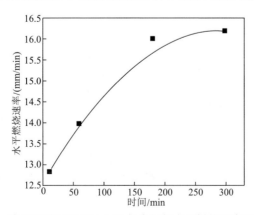

图 5-5 热处理时间对 PS/t-MH 复合材料水平燃烧速率的影响[48]

复合体系中未分解的 MH 含量减少，MgO 的相对含量增加，因此 PS/t-MH 复合材料在燃烧时由 MH 吸热分解对复合材料产生的冷却效应降低，产生的具有稀释作用的水蒸气含量也降低，导致对体系的阻燃作用下降，从而使复合材料的燃烧速率变大。

　　图 5-6 为 MH 在不同温度热处理 1 h 后质量比为 100/80 的 PS/t-MH 复合材料的水平燃烧速率曲线。可见，在热处理时间都为 1 h 时，随着热处理温度升高，PS/t-MH 复合材料的水平燃烧速率呈逐渐增大趋势。这是由于，MH 的起始热分解温度是 340℃，分解区间是 340～490℃，随着热处理温度升高，MH 的分解程度增加，MH 转化为 MgO 的相对数量也增加，所以在同样的时间内，热处理温度越高，PS/t-MH 复合材料中的 MH 的含量越少，MH 起到的阻燃作用越小，因此复合材料的水平燃烧速率越大。该实验结果再次充分表明，缺少了 MH 热分解产生的吸热冷却和水蒸气形成的气相稀释两种阻燃效应，MH 的阻燃效果将显著降低，MH 的吸热分解反应的确直接影响着 PS/MH 复合材料的阻燃性能。

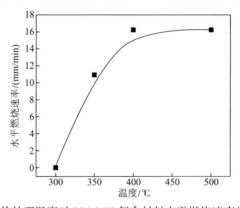

图 5-6　热处理温度对 PS/t-MH 复合材料水平燃烧速率的影响[48]

　　图 5-7 为质量比为 100/80 的 PS/MH 和 PS/MgO 复合材料在水平燃烧实验后残余物形貌的数码照片。可见，PS/MH［图 5-7（a）］和 PS/MgO［图 5-7（b）］两种复合材料在燃烧时均有明显的黑色表层，将其残余物刮去部分表层后发现，材料的芯部均呈白色（箭头所示），表明两种复合材料在燃烧过程中表面都有炭层生成，生成的炭层覆盖在材料表面，炭层下面为白色的 MgO 残余物层。众所周知，纯 PS 在燃烧时是没有任何成炭能力的；上述实验结果表明，无论是 PS/MH 复合材料燃烧时 MH 原位热分解生成的 MgO，还是 PS/t-MH 复合材料中事先已经存在的 MgO，它们对 PS 的燃烧具有完全相同的成炭效应，因此对 PS 起到成炭作用的物质是 MgO 而不是 MH。复合材料成炭能力的增强势必会对其阻燃性能产生积极影响。由此可见，在 PS 基体中引入 MH 还可以促进 PS 在燃烧时成炭，进一步改善复合材料的阻燃性能。

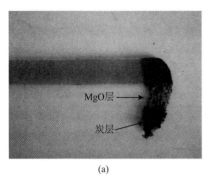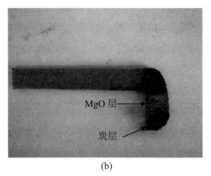

(a)　　　　　　　　　　　　　(b)

图 5-7　PS/MH（a）和 PS/MgO（b）复合材料燃烧残余物形貌的数码照片[48]

2. 极限氧指数（LOI）

图 5-8 为 MH 在 500℃热处理 5 h 前后质量比为 100/80 的 PS/MH 复合材料 LOI 的变化曲线。可见，随着 MH 用量增加，PS/MH 和 PS/t-MH 两种复合材料的 LOI 值以及二者 LOI 的差值均呈增大趋势。在 MH 用量相同时，PS/t-MH 的 LOI 均比 PS/MH 复合材料的 LOI 更小。该结果表明：①MgO 本身对 PS 也具有一定阻燃作用，并且其阻燃效果随着 MgO 用量增加而逐渐增强；②相同条件下，MgO 对聚合物的阻燃作用比 MH 明显减弱。这是由于 MH 热分解时的吸热反应会对复合材料产生冷却效应，产生的水蒸气会稀释可燃气体和氧气浓度，生成的 MgO 沉积在复合材料表面，对复合材料起到保护作用，还会促进聚合物成炭，这些因素都有利于材料阻燃性能的提高。与 MH 相比，MgO 只能在凝聚相发挥阻燃作用，因此阻燃效果明显减弱。

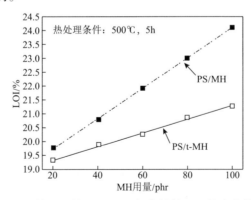

图 5-8　MH 热处理前后 PS/MH 复合材料 LOI 的变化曲线[48]

图 5-9 为 MH 经过 450℃热处理不同时间后质量比为 100/80 的 PS/t-MH 复合材料的 LOI 变化曲线。可见，随着热处理时间延长，PS/t-MH 复合材料的 LOI 呈不断下降趋势。这是由于随着热处理时间延长，MH 热分解程度加深，复合材料

中 MH 转化为 MgO 的比例增多，MH 含量相对减少，影响了阻燃效果，因此复合材料的 LOI 减小，阻燃性能降低，这与前面图 5-5 得到的实验结果一致。

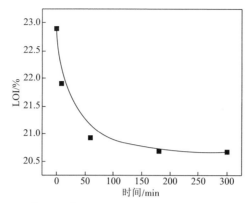

图 5-9　热处理时间对 PS/t-MH 复合材料 LOI 的影响[48]

　　图 5-10 为 MH 在不同温度热处理 1 h 后质量比为 100/80 的 PS/t-MH 复合材料的 LOI 变化曲线。可见，在热处理时间都为 1 h 时，随着热处理温度升高，PS/t-MH 复合材料的 LOI 呈现逐渐下降趋势。这是由于，在热处理时间相同时，热处理温度越高，MH 热分解的程度越大，残留的 MH 所占的比例越小，当体系中的 MH 均转变为 MgO 时，复合材料燃烧时 MH 便无法发挥在热分解时的阻燃作用，因此体系的 LOI 随着热处理温度升高而逐渐降低，这与图 5-6 的结果一致。

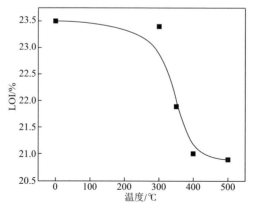

图 5-10　热处理温度对 PS/t-MH 复合材料 LOI 的影响[48]

3. 锥形量热仪分析

　　图 5-11 是纯 PS 以及质量比为 100/80 的 PS 与不同种类的 MH（在 500℃热处理 5 h 前后）的两种复合材料（PS/MH 和 PS/t-MH）的 HRR 变化曲线，表 5-1 列出了各试样的锥形量热仪实验和极限氧指数实验数据。从图 5-11 和表 5-1 可见，纯 PS 的 HRR 曲

线具有尖锐的峰形，材料的热释放速率峰值（PHRR）为 1120 kW/m²，火灾性能指数（FPI）和极限氧指数（LOI）分别为 58.1×10⁻³ s·m²/kW 和 17.5%，燃烧时间仅为 340 s 左右，表明 PS 的阻燃性能很差。加入 80% MH 后的 PS/MH 复合材料的 HRR 曲线相当平缓，不再有尖锐的峰形，其 PHRR 为 452 kW/m²，比纯 PS 下降了 59.6%，FPI 和 LOI 分别增加到 110.7×10⁻³ s·m²/kW 和 23.0%，燃烧时间增加到 570 s 左右，热释放速率平均值（AHRR）也比纯 PS 的相应值有明显降低，表明 MH 对复合材料具有良好的阻燃效果。

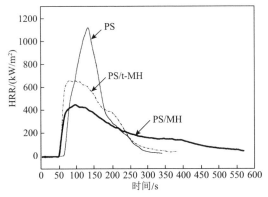

图 5-11　几种不同材料的热释放速率曲线[48]

表 5-1　不同材料的锥形量热仪实验和极限氧指数实验数据[48]

材料名称	TTI/s	PHRR/（kW/m²）	AHRR/（kW/m²）	AEHC/（MJ/kg）	FPI/（10⁻³s·m²/kW）	燃烧时间/s	LOI/%
PS	65	1120	313	33.0	58.1	340	17.5
PS/t-MH	50	663	263	32.6	77.0	385	20.9
PS/MH	51	452	183	31.3	110.7	570	23.0

注：TTI，引燃时间；PHRR，热释放速率峰值；AHRR，热释放速率平均值；AEHC，平均有效燃烧热；FPI，火灾性能指数；LOI，极限氧指数

与纯 PS 和 PS/MH 复合材料相比，PS/t-MH 复合材料的燃烧性能数据介于二者之间。例如，PS/t-MH 复合材料的 PHRR 值为 663 kW/m²，比纯 PS 的相应值降低了 40.8%，比 PS/MH 复合材料的相应值增加了 46.7%，FPI、LOI、AHRR 和 AMLR 的变化规律也是如此。该实验结果表明：①MH 的热分解反应的确对 PS/MH 复合材料的阻燃性能有重要影响，这主要是由于 MH 热分解时的吸热反应会对复合材料产生冷却效应，产生的水蒸气会稀释可燃气体和氧气浓度，这些都有利于材料阻燃性能的改善。由于 PS/t-MH 复合材料中的 MH 经过 500℃高温处理 5 h 后已经完全转变为 MgO，复合材料受热燃烧时，MH 分解吸热的反应已经不复存在，因此材料的阻燃性能下降。②在 PS 树脂基体中仅仅加入 MgO 也能够提高材料的阻燃性能，但是

其阻燃性能比加入 MH 显著变差，这与前面水平燃烧实验和 LOI 实验的结果一致。

从表 5-1 还可看出，尽管 PS/t-MH 复合材料的阻燃性能与纯 PS 相比有很大改善，但是两种材料的平均有效燃烧热（AEHC）基本不变，表明这两种材料热分解产生的可燃性挥发气体（燃料分子）在气相火焰中燃烧的程度基本相同，因此 PS/t-MH 复合材料阻燃性能的改善并不是由于可燃气体在气相火焰中的燃烧受到抑制，而是由于燃烧时材料凝聚相的变化，其阻燃机制为凝聚相阻燃。这是因为 PS/t-MH 复合材料中的 MgO 是一种热稳定性非常好的无机化合物（纯 MgO 的熔点高达 2800℃，远高于一般燃烧火焰的温度，具有高度耐火性能），在复合材料燃烧时沉积在材料表面形成一层高度稳定的保护层，起到隔热隔质作用，阻止热量传递和聚合物热分解产物溢出与氧气混合，保护材料中的聚合物免受分解，从而起到阻燃作用。与纯 PS 和 PS/t-MH 复合材料相比，PS/MH 复合材料的 AEHC 值持续下降，表明该复合材料热分解产生的挥发性气体在气相火焰中的燃烧程度不断降低，无法充分燃烧，因此其阻燃机制除了 MgO 的凝聚相阻燃作用外，气相阻燃也发挥了一定的作用。

5.2.4　阻燃机制

从以上讨论可知，随着 MH 热处理温度升高、热处理时间延长，MH 逐渐热分解并转化成 MgO，在相同条件下 PS/t-MH 复合材料的阻燃性能比 PS/MH 复合材料显著降低，但是仍然比纯 PS 有明显提高。即使事先把 MH 完全热分解生成 MgO，PS/t-MH 复合材料的阻燃性能也比纯 PS 明显增强。复合材料燃烧时 MH 的热分解反应对材料的阻燃性能起着至关重要的作用。此外，MH 热分解产生的 MgO 有促进 PS 成炭的作用，生成的炭层覆盖在复合材料表面，炭层下面是白色的 MgO 层。

根据上述实验结果，提出如图 5-12 所示的阻燃机制模型。PS/MH 复合材料主要由 PS 分子链和分散在聚合物基体中的 MH 阻燃剂组成，在外界热源作用下，复合材料表面首先熔融，温度进一步升高时 PS 分子链发生断链、解聚等热分解反应，生成的可燃性小分子气体化合物（燃料）与氧气混合后开始燃烧，燃烧生成的热量（燃烧热）反馈到复合材料内部引起新的熔融、分解、燃烧过程。与此同时，复合材料中的阻燃剂 MH 受热后也开始进行热分解反应，由于 MH 的热分解反应为吸热反应，其分解时需要吸收一部分热量，该热量刚开始时来源于外界热源，燃烧开始后主要来源于燃烧热。因此，复合材料的燃烧热 Q 可分成两部分：①用于复合材料熔融和聚合物分子链降解，以便提供新的燃料来源，把这部分燃烧热标记为 Q_1；②提供给 MH 进行热分解吸收所用，把这部分燃烧热标记为 Q_2。MH 热分解后生成的水蒸气与可燃气体分子一起进入燃烧区域，由于水蒸气不能燃烧，稀释了可燃气体和氧气的浓度，起到一定的阻燃作用。MH 热分解后生成的 MgO 高度稳定，沉积在复合材料表面形成 MgO 层，MgO 有促进 PS 成炭的作用，生成的黑色炭层覆盖在白色 MgO 层表面。MgO 层和炭层覆盖在复合材料表面形成燃烧残余物层，其厚度取决于复合材料中 MH 的含量和聚合物的成炭能力。MH 含量越多，聚合物成炭能力越强，该燃烧残余物层厚度越大，表面越致密。燃烧残余物层的存在，使聚合物热分解后生成的燃料分子无法及时到达燃烧区，燃烧区生成的热量 Q_1 和 Q_2 也无法及时传递到复合材料内部引起聚合物进一步熔融和分解（如图 5-12 中箭头所示）。此外，该燃烧残余物层还可以阻止氧气与燃料分子汇合引起新的燃烧。也就是说，燃烧残余物层起到了热量传递和物质交换的屏障作用。结果，聚合物的热分解速率降低，燃烧区燃料的供应受到限制，复合材料的阻燃性能得到显著改善。如果复合材料中阻燃剂 MH 的相对含量很少，则复合材料燃烧时由 MH 热分解吸收的燃烧热 Q_2 很少，同时生成的水蒸气量也很少，燃烧残余物层厚度也很薄，则大部分燃烧热都被聚合物吸收，MH 热分解起到的降温作用减弱，水蒸气起到的气相稀释阻燃作用和燃烧残余物层起到的凝聚相阻燃作用都很有限，因此，在相同条件下 PS/t-MH 复合材料的阻燃性能比 PS/MH 复合材料的阻燃性能更差。如果 MH 全部转化成 MgO，则复合材料燃烧时只有 MgO 层和炭层形成的燃烧残余物层起到凝聚相阻燃作用，因此其阻燃性能进一步变差，但仍然比纯 PS 要好。

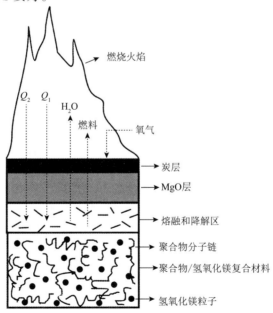

图 5-12 PS/MH 复合材料的阻燃机制模型[48]

Q_1：用于聚合物复合材料熔融和分子链降解的燃烧热；Q_2：用于氢氧化镁热分解的燃烧热

5.3 交联 PS/MH 复合材料的阻燃性能

5.3.1 复合材料制备方法

1. MH 的表面改性

选择牌号为 WD-21 的乙烯基三甲氧基硅烷为偶联剂（用 silane 表示）对 MH 进行表面改性处理。具体条件如下：按照 silane：MH=3∶100 的比例，称取一定量的硅烷偶联剂，加入到 500 mL 无水乙醇中，于 50℃下恒温搅拌。硅烷偶联剂充分溶解后，加入 MH 粉料高速搅拌一定时间，然后把浆状物料倒入托盘中，在 50℃真空干燥箱中充分干燥。将干燥后的物料研磨过筛，即可制备出硅烷偶联剂改性的 MH（标记为 silane-MH）。实验中使用两种 MH：一种是微米氢氧化镁（mMH），平均粒径 3 μm；另一种是纳米氢氧化镁（nMH），平均粒径 50 nm。

2. 原位聚合法制备苯乙烯/氢氧化镁/二乙烯基苯（St/MH/DVB）阻燃复合材料

根据实验设计的配方组成（DVB 用量固定为 3 phm），mMH 与 nMH 用量分别为 10 phm、20 phm、30 phm、40 phm、50 phm，按照图 5-13 所示的流程和表 5-2 所示的配方将一定量 St 和 silane-MH 加入到三口烧瓶中，在 80℃水浴下快速搅拌 20 min，接着加入 0.2 phm 的引发剂偶氮二异丁腈（AIBN），并开始用恒

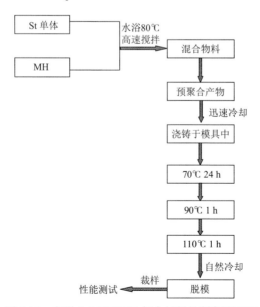

图 5-13 交联 St/MH/DVB 复合材料的制备流程图

压漏斗滴加一定量的 DVB，当反应液呈黏稠状时结束预聚合，并用冰水迅速冷却至室温，然后将黏稠的预聚合液浇铸到自制的 3 mm 厚的玻璃模具中，将其密封后放入烘箱中，于 70℃恒温保持 24 h，再在 90℃下保温 1 h，最后在 110℃下恒温处理 1 h，自然冷却至室温后脱模取样，得到 St/MH/DVB 复合材料板材。

表 5-2　交联 St/MH/DVB 复合材料的配方组成

编号	AIBN 含量/phm	DVB 含量/phm	MH 含量/phm
M_1	0.2	3	10
M_2	0.2	3	20
M_3	0.2	3	30
M_4	0.2	3	40
M_5	0.2	3	50
N_1	0.2	3	10
N_2	0.2	3	20
N_3	0.2	3	30
N_4	0.2	3	40
N_5	0.2	3	50

注：phm 为每 100 g 单体用量时其他组分的用量（parts per hundred monomer）

5.3.2　结构分析

图 5-14 为未改性 MH、经由硅烷偶联剂 WD-21 改性过的 MH 以及质量比为 100/30/3 的 St/MH/DVB 复合材料的红外光谱图。图中 3700 cm^{-1} 处的尖锐强吸收峰为 MH 分子中 O—H 键的伸缩振动吸收峰，3443 cm^{-1} 处的宽大吸收峰为 H_2O 分子或氢键的伸缩振动吸收峰，1595 cm^{-1} 处吸收峰为 H_2O 分子的弯曲振动吸收峰，1440 cm^{-1} 处吸收峰为 O—H 键的弯曲振动吸收峰，1048 cm^{-1} 处吸收峰为 Si—O 键的伸缩振动吸收峰，455 cm^{-1} 处的尖锐强峰为 MH 分子结构中 Mg—O 键的伸缩振动吸收峰，2927 cm^{-1} 和 2860 cm^{-1} 处是亚甲基的伸缩振动峰，3030 cm^{-1} 处是苯环上的 C—H 伸缩振动吸收峰。从图中可见，经过硅烷偶联剂改性后的 MH 在 3700 cm^{-1}、3443 cm^{-1}、1595 cm^{-1} 和 1440 cm^{-1} 处吸收峰的强度均明显减小，同时在 2927 cm^{-1}、2860 cm^{-1} 和 1048 cm^{-1} 处出现了新的吸收峰，表明 MH 表面的一部分 OH 与偶联剂发生了反应，导致含量减少，同时在 MH 表面接枝上了硅烷偶联剂，出现了—CH$_2$—和 Si—O 键的吸收峰。St/MH/DVB 复合材料的谱图中不仅包含了硅烷偶联剂改性过的 MH 的吸收峰，还在 3030 cm^{-1} 左右出现了一系列与苯环上的 C—H 伸缩振动相关的吸收峰，表明改性后的 MH 与 St 在 DVB 的作用

下发生了交联，MH 进入到了 PS 材料内部，分散在交联结构中，这样当复合材料燃烧时，便会起到相应的阻燃作用。

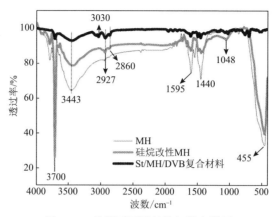

图 5-14 几种不同材料的红外光谱图

图 5-15 给出了质量比为 100/30/3 的交联 St/nMH/DVB 复合材料断面的 SEM 图像。从图 5-15（a）可见，未改性的 nMH 在交联 PS 基体中分散性较差，材料断面两相界面清晰，一些 nMH 颗粒在样品低温淬断过程中从材料中脱落，留下了尺寸较大的孔洞，断面粗糙不平。相比之下，硅烷偶联剂改性过的 nMH 在交联 PS 树脂基体中分散更加均匀，材料断面上两相界面模糊，断面比较平整[图 5-15（b）]。

(a)   (b)

图 5-15 质量比为 100/30/3 的交联 St/nMH/DVB 复合材料断面的 SEM 图像
（a）未改性 nMH；（b）硅烷偶联剂改性 nMH

5.3.3 热分解行为

图 5-16 为不同组成的交联 St/MH/DVB 复合材料的热失重曲线，表 5-3 给出

了相应的热失重数据。从图 5-16 可见，加入 MH 后材料的耐热温度进一步提高，高温分解后的质量残余百分数逐渐增加，表明加入 MH 显著提高了 PS 的热稳定性，增加了其热分解残余量。

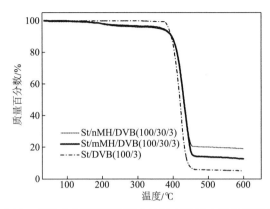

图 5-16　交联 St/MH/DVB 复合材料在氮气中的热失重曲线

表 5-3　交联 St/MH/DVB 复合材料的热失重数据

材料名称	$T_{10\%}/℃$	$T_{50\%}/℃$	R_{550} 残余率/%
纯 PS	390	396	0
St/DVB（100/3）	396	420	5.6
St/nMH/DVB（100/30/3）	397	429	19.7
St/mMH/DVB（100/30/3）	399	430	13.2

注：$T_{10\%}$，质量损失 10% 的温度；$T_{50\%}$，质量损失 50% 的温度；R_{550}，温度为 550℃ 时的残余质量百分数

从表 5-3 可以看出，与线形结构 PS 相比，交联 PS 的耐热性能提高，热分解残余量增加，成炭能力增强。这主要是由于交联 PS 为体型分子结构，在材料高温降解时，会在其表面形成致密而连续的炭层，炭层具有良好的绝热作用，保护了里面的聚合物，使内部聚合物的分解速率降低，从而显著提高了聚合物材料的耐热性。加入 MH 后，MH 在分解时会吸收热量，降低材料的温度，同时生成的分解产物氧化镁（MgO）具有很好的热稳定性，覆盖在材料表面保护了基体材料免受分解，从而进一步提高了复合材料的热稳定性能和成炭性能。

图 5-17 为 MH 用量对 St/MH/DVB 复合材料高温处理热分解残余百分数的影响。实验中把两种复合材料在 400℃ 恒温热分解 3 h，计算残余百分数。需要指出的是，这里的残余率理论计算值是假设复合材料中的交联 PS 和 MH 在热分解过程中彼此之间没有任何相互作用，即 MH 的加入对于交联 PS 的热分解没有任何影响计算得出的。从图中可见，两种复合材料的残余率实验值均比理论计算值要

高，所以 MH 的加入对于交联 PS 的热分解肯定产生了某些影响。这是由于复合材料在受热过程中，MH 热分解产生的水蒸气带走了部分热量，生成的 MgO 沉积在交联 PS 材料表面形成阻挡层，隔绝了热量，使 PS 被包裹在内部而分解不够完全，因而残留量增加。同时，从图中曲线不难看出，在 MH 用量较少（小于 30 phr）时，含有 mMH 的复合材料的热分解残余率比含有 nMH 的复合材料的残余率更大一些，当 MH 的含量大于 30 phr 时，两种复合材料的热分解残余百分数差别不大。这可能是由两种 MH 粒径大小不同造成的。如前所述，mMH 的平均粒径为 3 μm 左右，nMH 的平均粒径为 50 nm 左右，前者的粒径为后者的 60 倍。与 mMH 相比，nMH 由于粒径很小，质量相同时颗粒数量多，比表面积非常大，在受热情况下外界的热量更容易由表及里传播，因此阻燃剂分解速率更快，导致残余率更小。而当阻燃剂含量足够高时，这种粒径效应的影响就不显著了。

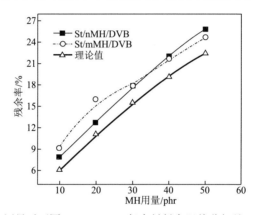

图 5-17　MH 用量对不同 St/MH/DVB 复合材料高温热分解处理残余率的影响

5.3.4　阻燃性能

1. 水平燃烧性能

图 5-18 为 MH 含量不同的交联 St/MH/DVB 复合材料的水平燃烧速率变化曲线。可见，随着 MH 含量增加，两种复合材料的平均燃烧速率均逐渐减小，并且在 MH 用量较低（小于 30 phr）时用 nMH 填充改性的复合材料的燃烧速率低于含有 mMH 的复合材料，当 MH 用量大于 30 phr 后两种复合材料的平均燃烧速率差别不大。这是因为，MH 在基体材料中吸热分解释放出水蒸气，降低了聚合物温度，稀释了燃烧环境中的可燃气体和氧气浓度，并且在这个过程中转移了部分热量，延缓了基体材料的受热分解。再加上本身的交联体系，使 PS 燃烧成炭，在 MH 的作用下，复合材料表面形成了一层致密的保护层，隔绝了热量，阻止了 PS 分解。nMH 由于颗粒粒径更小，其在聚合物基体中分散效果要优于 mMH，分解

速率更快,能够更加充分地发挥出其阻燃作用,因而表现出了更好的阻燃效果。当 MH 的含量足够高时,这种粒径效应的影响就不显著了,这与图 5-17 中热分解的情况是吻合的。上述理论分析已经得到了实验证实。图 5-19 为 mMH 和 nMH 在氮气中的 TGA 曲线,可见,相同条件下 nMH 比 mMH 的起始分解温度更低,热分解速率更快。400℃时 mMH 的热分解残余率为 80%,而 nMH 的热分解残余率仅为 72%,温度相同时前者的残余率总是比后者更多,表明后者分解更快,这样能够更好地发挥 MH 的阻燃作用。因此,在其他条件相同时,nMH 的阻燃效率比 mMH 更高。

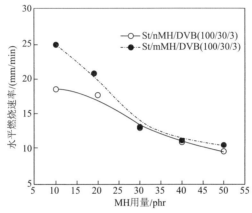

图 5-18　MH 含量对交联 St/MH/DVB 复合材料水平燃烧速率的影响

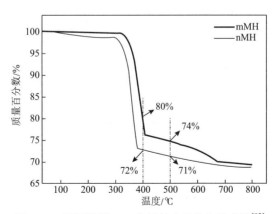

图 5-19　不同种类 MH 在氮气中的热失重曲线[92]

2. 极限氧指数

图 5-20 为不同种类 St/MH/DVB 复合材料的 LOI 变化曲线。可见,随着 MH 的含量增加,两种复合材料的 LOI 均逐渐升高。这主要是由于 MH 在复合材料中

发挥了良好的阻燃作用，MH 分解生成的 MgO 沉积在复合材料表面，与交联 PS 燃烧时生成的炭层一起，形成致密的覆盖层，隔绝了聚合物复合材料内部与燃烧区域之间的热量传递和物质（小分子可燃气体）的交换，同时阻止了周围环境中的氧气向聚合物内部扩散，抑制了 PS 的分解。另外，MH 分解生成的水蒸气稀释了燃烧环境中的可燃性气体和氧气浓度。从图中还可以看出，含有 nMH 的复合材料的 LOI 比含有 mMH 的复合材料的 LOI 数值更高，这是由于 nMH 的颗粒比 mMH 的颗粒粒径更小，在基体材料中分散更加均匀，在材料燃烧时热分解更加充分。

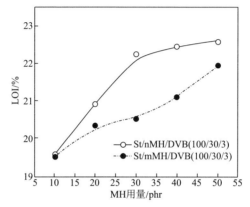

图 5-20　MH 含量对交联 St/MH/DVB 复合材料 LOI 的影响

　　表 5-4 列出了 MH 表面改性对阻燃剂含量相同的交联 St/MH/DVB 复合材料 LOI 的影响。阻燃剂含量相同时，St/nMH/DVB 复合材料的 LOI 总是比 St/mMH/DVB 复合材料的 LOI 更大，用硅烷偶联剂 WD-21 改性过的 MH 填充的复合材料的阻燃性能要优于未改性 MH 填充的复合材料。其原因是经过表面改性的 MH 在聚合物基体中有更好的分散性，能够充分发挥阻燃剂的作用。此外，由于 nMH 的粒径远远小于 mMH，在材料燃烧时热分解速率更快，阻燃作用发挥得更加充分，所以在相同条件下阻燃效果更加明显。

表 5-4　MH 表面改性对交联 St/MH/DVB（100/30/3）复合材料 LOI 的影响

MH 种类	LOI/%
mMH	20.1
改性 mMH	20.5
nMH	21.2
改性 nMH	22.2

3. 锥形量热仪分析

图 5-21 为 nMH 含量不同的交联 St/nMH/DVB 复合材料的 HRR 曲线。纯 PS 的 PHRR 为 1120 kW/m²,而 DVB 用量为 3 phm 的交联 PS 的 PHRR 为 975 kW/m², 加入 10 phm nMH 以后,交联 PS 的 PHRR 降至 950 kW/m²,显示出一定的阻燃效 果,当 nMH 用量为 30 phm 时,PHRR 进一步降至 705 kW/m²,与纯 PS 材料相比, 峰值下降了 37.1%,展现出了良好的阻燃性能。由此可见,对线形 PS 进行适当交 联可提高其阻燃性能,加入 MH 后材料的阻燃性能进一步提高。MH 含量越高, 阻燃性能改善越明显。图 5-22 为含有不同粒径 MH 的四种交联 St/MH/DVB 复合 材料的 HRR 曲线。可见,对于相同粒径的 MH,随着含量增加,复合材料在燃烧 过程中的 HRR 和 PHRR 均明显降低,燃烧时间大幅度延长,阻燃性能显著提高。 在 MH 含量相同时,粒径越小,复合材料在燃烧过程中的 HRR 和 PHRR 越低, 材料的阻燃性能越好,这与上述水平燃烧实验和 LOI 实验的结果是一致的。

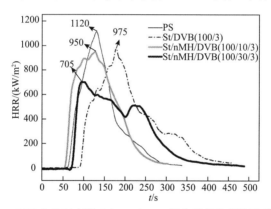

图 5-21　nMH 含量对交联 St/nMH/DVB 复合材料热释放速率的影响

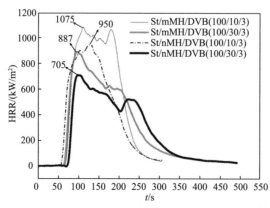

图 5-22　MH 粒径大小对交联 St/MH/DVB 复合材料热释放速率的影响

5.4　HIPS/MH/ATH/MRP 无卤阻燃复合材料

为方便起见,首先列出本节用到的复合材料的编号与组成,如表 5-5 所示。

表 5-5　不同材料的编号与组成[51]

材料名称	HIPS/MH/ATH/MRP 质量比
HIPS	100/0/0/0
HIPS/ATH100	100/0/100/0
HIPS/MH30/ATH70	100/30/70/0
HIPS/MH50/ATH50	100/50/50/0
HIPS/MH70/ATH30	100/70/30/0
HIPS/MH80/ATH20	100/80/20/0
HIPS/MH100	100/100/0/0
HIPS/MH70/ATH30/MRP6	100/70/30/6
HIPS/MH21/ATH9/MRP6	100/21/9/6
HIPS/MH21/ATH9/MRP12	100/21/9/12

5.4.1　MH 和 ATH 对 HIPS 的协同阻燃作用

图 5-23 为 HIPS 树脂与阻燃剂的质量比固定为 100/100 时,HIPS/MH/ATH 复合材料的 LOI 随着 MH 用量的变化曲线。可见,随着 MH 用量增加,复合材料的 LOI 先增大,达到一个峰值后又逐渐减小。阻燃剂总量相同时,MH 和 ATH 的相对用量对复合材料的 LOI 有较大影响。本实验中,当 MH 与 ATH 的质量比为 70/30 时得到的复合材料 HIPS/MH70/ATH30 的 LOI 达到最大值 25.2%,而单独

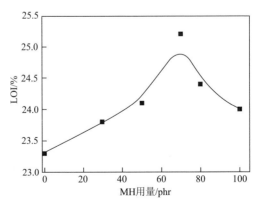

图 5-23　MH 用量对 HIPS/MH/ATH 复合材料 LOI 的影响(HIPS 树脂与阻燃剂的质量比固定为 100/100)[51]

加入 ATH 与 MH 时得到的复合材料 HIPS/ATH 和 HIPS/MH 的 LOI 分别为 23.3%和 24.0%。由此可见，MH 和 ATH 对 HIPS 具有一定的协同阻燃作用。此外，从图 5-23 还可看出，阻燃剂用量相同时，HIPS/MH 比 HIPS/ATH 具有更好的阻燃性能。

为了解释上述实验现象，图 5-24 给出了 MH、ATH 和 HIPS 的差热分析曲线。可明显看出，三种材料在 450℃以下热分解时均表现出显著的吸热效应，在 450℃以上时 HIPS 出现热分解放热峰。ATH 的热分解吸热反应发生在 220～334℃之间，热分解吸热峰值在 298℃。MH 的热分解吸热反应发生在 340～446℃之间，热分解吸热峰值在 405℃。HIPS 的热分解吸热反应发生在 350～440℃之间，热分解吸热峰值在 418℃。由此可见，ATH 的吸热效应在 HIPS 大量吸热分解之前就已发生，而 MH 的吸热效应恰好发生在 HIPS 需要大量吸热进行分解的阶段。由于 ATH 的作用过早发挥，虽然在抑制 HIPS 早期温度上升方面能起作用，但不能像 MH 那样更加直接地抑制 HIPS 的升温和热分解。也就是说，从抑制 HIPS 升温和热分解的角度上看，MH 的作用应该比 ATH 更强，这是 MH 对 HIPS 的阻燃效果比 ATH 好的根本原因之一。当两种阻燃剂共同使用时，可以使复合材料在 220～446℃的宽广温度范围内都具有显著的吸热效应，抑制 HIPS 的升温和热分解，而且能够在更宽的温度范围内相继释放出水蒸气稀释材料周围的氧气浓度和可燃气体浓度，使 HIPS 在着火前后较长时间内持续处于较低氧浓度和可燃气体浓度的环境中，从而更难燃烧，这是 MH 或 ATH 分别单独填充时所不具备的，因此两者并用时比单独使用时具有更好的阻燃效果。在适当相对用量下，可以充分发挥这种协同阻燃作用，因此图 5-23 中的 LOI 曲线会出现峰值。

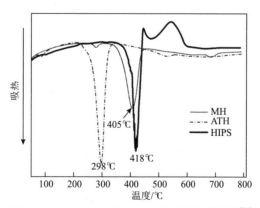

图 5-24　MH、ATH 和 HIPS 的差热分析曲线[51]

5.4.2　MRP 对 HIPS/MH/ATH 复合材料阻燃性能的影响

从以上实验结果可知，尽管 MH 和 ATH 对 HIPS 具有一定的协同阻燃作用，但在实验中发现所有样品在垂直燃烧实验中均能够烧到样品夹具，存在熔融滴落现象并且滴落物会引燃脱脂棉，垂直燃烧实验不能达到任何级别。为此，在HIPS/MH/ATH 复合材料中引入少量第三组分 MRP，考察了 MRP 对 HIPS/MH/ATH复合材料阻燃性能的影响。表 5-6 列出了几种不同组成的材料水平垂直燃烧实验和极限氧指数实验结果。纯 HIPS 的 LOI 只有 18.1%，属于极易燃烧的材料，水平燃烧实验中全部烧完，级别为 HB40 级，垂直燃烧实验中熔融滴落严重，引燃脱脂棉，不能达到任何级别。HIPS/MH70/ATH30 复合材料的 LOI 增加到 25.2%，水平燃烧级别上升为 HB 级，但该复合材料在垂直燃烧实验中仍然能够持续燃烧到样品的夹具，产生滴落物并引燃脱脂棉，不能达到任何级别。在 HIPS/MH70/ATH30 复合材料中加入少量 MRP（占样品的质量分数为 2.9%）就可以使复合材料的垂直燃烧级别达到最高等级 V-0 级，同时 LOI 增加到 25.8%，表现出显著的阻燃增效作用。

表 5-6　几种不同材料的水平垂直燃烧和极限氧指数实验结果[51]

材料名称	水平燃烧等级	垂直燃烧等级	LOI/%
HIPS	HB40	无级别	18.1
HIPS/MH70/ATH30	HB	无级别	25.2
HIPS/MH70/ATH30/MRP6	HB	V-0	25.8

图 5-25 为上述几种不同材料垂直燃烧残余物的数码照片。可以看出，纯 HIPS（样品 a）在燃烧时一直烧完，滴落非常严重，引燃脱脂棉；HIPS/MH70/ATH30复合材料（样品 b）也持续燃烧到样品的夹具，同样存在滴落和引燃脱脂棉现象；但是，HIPS/MH70/ATH30/MRP6 复合材料（样品 c）在离开火源后立即自熄，样品完整地保持着初始的形状，表现出优异的阻燃性能。表 5-6 和图 5-25 的结果清楚地表明，MRP 对 HIPS/MH/ATH 复合材料具有非常显著的阻燃增效作用，三种阻燃剂并用时会得到更好的阻燃性能。

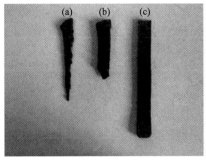

图 5-25　几种不同材料垂直燃烧残余物的数码照片[51]
（a）HIPS；（b）HIPS/MH70/ATH30；（c）HIPS/MH70/ATH30/MRP6

图 5-26 为以上几种不同材料在锥形量热仪燃烧实验中的 HRR 曲线。纯 HIPS 的 HRR 曲线具有尖锐的峰形，样品在点燃后热释放速率增长很快，在 200 s 左右时达到峰值，其 PHRR 为 738 kW/m²，然后快速降低，样品在 485 s 左右烧完。HIPS/MH70/ATH30 和 HIPS/MH70/ATH30/MRP6 两种复合材料的 HRR 曲线均具有一个宽广的平台，没有尖锐的峰形，两者的 HRR 都比 HIPS 大幅度降低，燃烧时间显著延长，达到 830 s 以上，表现出优异的阻燃性能。表 5-7 为这几种材料的锥形量热实验数据。从表中可见，HIPS/MH70/ATH30 复合材料和 HIPS/MH70/ATH30/MRP6 复合材料的 PHRR 值分别为 192 kW/m² 和 150 kW/m²，分别比纯 HIPS 降低了 74.0% 和 79.7%。这两种复合材料的火灾性能指数（FPI）分别是纯 HIPS 相应值的 2.7 倍和 5.1 倍。这些结果表明，两种复合材料的阻燃性能比纯 HIPS 有非常显著的提高。与 HIPS/MH70/ATH30 相比，HIPS/MH70/ATH30/MRP6 复合材料的阻燃性能更好一些。仔细观察图 5-26 和表 5-7 可以发现，尽管两种复合材料在燃烧过程中的总释放热量（THR）和热释放速率平均值（AHRR）差别不大，但是在燃烧开始阶段（300 s 以前）HIPS/MH70/ATH30/MRP6 的 HRR 比 HIPS/MH70/ATH30 更小，表明这种材料的热释放速率更慢，因此其阻燃性能更好。

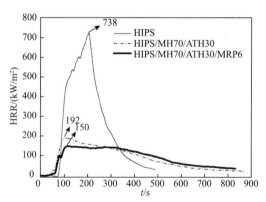

图 5-26　几种不同材料的热释放速率曲线[51]

表 5-7　几种不同材料的锥形量热实验和极限氧指数实验数据[51]

材料名称	TTI/s	PHRR/(kW/m²)	AHRR/(kW/m²)	THR/(MJ/m²)	AEHC/(MJ/kg)	FPI/(10^{-3}s·m²/K)
HIPS	63	738	280	119	34.0	85.3
HIPS/MH70/ATH30	45	192	89	73	19.6	234.0
HIPS/MH70/ATH30/MRP6	65	150	97	74	27.8	433.9

注：TTI，引燃时间；PHRR，热释放速率峰值；AHRR，热释放速率平均值；THR，总释放热量；AEHC，平均有效燃烧热；FPI，火灾性能指数

从表 5-7 还可以看出，与纯 HIPS 相比，HIPS/MH70/ATH30 复合材料的平均有效燃烧热（AEHC）显著降低，表示含有 MH 和 ATH 的复合材料热分解后产生的挥发性气体物质在气相火焰中的燃烧程度明显降低，不能充分燃烧，因此气相阻燃在 HIPS/MH70/ATH30 复合材料的阻燃中发挥了很大作用。这是由于 MH 和 ATH 热分解后生成的水蒸气不但不能燃烧，而且还能够稀释氧气和可燃气体的浓度，因此显著改善了气相阻燃的效果。与 HIPS/MH70/ATH30 复合材料相比，HIPS/MH70/ATH30/MRP6 复合材料的 AEHC 值从 19.6 MJ/kg 增加到 27.8 MJ/kg，但仍然比纯 HIPS 的相应值低，表明 HIPS/MH70/ATH30/MRP6 复合材料的热分解产物在气相火焰中的燃烧程度有所改善，在气相中燃烧更加充分一些，但由于其阻燃性能比 HIPS/MH70/ATH30 更好，因此这种阻燃性能的改善只能是由材料凝聚相的变化所致，其阻燃机制为凝聚相阻燃。这是由于加入 MRP 后复合材料的成炭能力增强，能生成更加致密和连续的炭层，显著改善了凝聚相阻燃的效果。

图 5-27 为几种不同材料的总释放热量（THR）曲线。纯 HIPS 在点燃后很快烧完，燃烧结束时其 THR 为 119 MJ/m^2，HIPS/MH70/ATH30 复合材料和 HIPS/MH70/ATH30/MRP6 复合材料的 THR 曲线形状相似，两者的 THR 均比纯 HIPS 的 THR 大幅度降低，燃烧结束时两者的 THR 值分别为 73 MJ/m^2 和 74 MJ/m^2。THR 值越小，意味着燃烧时由火焰区传递和反馈给材料的热量越少，这样就可以降低聚合物的热分解速率和火焰传播，减少燃料供应，降低了发生火灾的危险性。仔细观察图 5-27 发现，虽然 HIPS/MH70/ATH30 和 HIPS/MH70/ATH30/MRP6 两种复合材料在燃烧结束时的 THR 几乎相同，但是在燃烧的大部分时间里，HIPS/MH70/ATH30/MRP6 复合材料的 THR 总是比 HIPS/MH70/ATH30 复合材料的 THR 更小。例如，燃烧时间为 300 s 时 HIPS/MH70/ATH30 和 HIPS/MH70/ATH30/MRP6 的 THR 分别为 38.0 MJ/m^2 和 32.1 MJ/m^2，500 s 时 HIPS/MH70/ATH30 和 HIPS/MH70/ATH30/MRP6 的 THR 值分别为 59.2 MJ/m^2 和 56.2 MJ/m^2。该结果表明，在燃烧过程中 HIPS/MH70/ATH30/MRP6 的热量释放更加缓慢，这样传递和反馈给材料的热量更少，因此其阻燃性能更好。

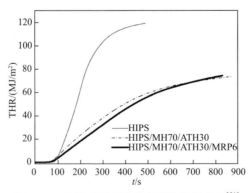

图 5-27　几种不同材料的总释放热量曲线[51]

这很可能是引入 MRP 后，复合材料的成炭能力增强，生成的炭层起到隔热作用，降低了燃烧过程中的热量传递，提高了材料的阻燃性能所致。为证实这一推断，对材料燃烧残余物的形态进行了观察。

图 5-28 为相同放大倍数的几种不同材料在锥形量热仪测试后燃烧残余物的数码照片。可以看出，纯 HIPS 材料完全烧尽，燃烧后在铝箔上没有任何残余物[图 5-28（a）]。同时加入 MH 和 ATH 的复合材料燃烧后在铝箔表面留下一层厚厚的颜色为灰白色的残余物，残余物表面有一些细微的裂纹，有一个比较大的空洞[图 5-28(b)]。如图 5-28（c）所示，同时加入 MH、ATH 和 MRP 的复合材料在燃烧时有明显的成炭现象，残余物表面比较连续致密。由于炭层具有很好的热稳定性和绝热作用，会降低燃烧过程中的热量传递和反馈，使燃烧过程中的热量释放更慢，数量更少，必然会对复合材料的阻燃性能产生积极影响[93]。因此，HIPS/MH70/ATH30/MRP6 复合材料的阻燃机制以凝聚相阻燃为主，这与前面的实验结果一致。

(a)　　　　　　　　　　　　　(b)

(c)

图 5-28　锥形量热仪测试后几种不同材料燃烧残余物的数码照片[51]
（a）HIPS；（b）HIPS/MH70/ATH30；（c）HIPS/MH70/ATH30/MRP6

为了进一步证实上述分析，将几种不同材料在 400℃热分解 3 h，观察其热分解残余物形貌。图 5-29 给出了几种不同材料在 400℃热分解 3 h 后残余物的数码照片。纯 HIPS 在热分解后几乎没有任何残余物，全部变成气体逸出[图 5-29(a)]。如图 5-29（b）所示，HIPS/MH70/ATH30 复合材料热分解后留下一层厚厚的颜色为灰白色的残余物（化学组成主要为 MgO 和 Al_2O_3 的混合物），该残余物表面有少量细微裂纹，形貌与图 5-28（b）类似。HIPS/MH70/ATH30/MRP6 复合材料的热分解残余物为致密且连续的炭层，基本没有铺展，成炭效果非常明显[图 5-29（c）]，这与锥形量热燃烧实验的结果相同。以上结果表明，MRP 对 HIPS/MH/ATH 复合材料的确具有非常显著的阻燃增效作用，其阻燃机制为凝聚相阻燃。

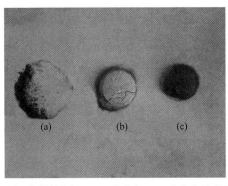

图 5-29　几种不同材料在 400℃热分解 3 h 后残余物的数码照片[51]
（a）HIPS；（b）HIPS/MH70/ATH30；（c）HIPS/MH70/ATH30/MRP6

5.4.3　MH/ATH/MRP 对 HIPS 的协同阻燃作用

从以上讨论可以看出，尽管 HIPS/MH70/ATH30/MRP6 复合材料的垂直燃烧级别能够达到 V-0 级，LOI 达到 25.8%，表现出较好的阻燃性能；但是复合材料中三种无卤阻燃剂的总质量分数高达 51.5%，这势必会严重损害材料的力学强度和加工性能，甚至使材料丧失实际应用价值。为此，研究了 MH、ATH 和 MRP 对 HIPS 的协同阻燃作用。表 5-8 列出了几种不同组成的 HIPS/MH/ATH/MRP 无卤阻燃复合材料水平垂直燃烧性能和极限氧指数实验结果。从表中可见，当 HIPS/MH/ATH/MRP 的质量比为 100/70/30/6 时，复合材料具有优异的阻燃性能。保持 MRP 用量不变，随着 MH 和 ATH 的用量减少，复合材料的垂直燃烧等级和 LOI 随之降低。例如，当 HIPS/MH/ATH/MRP 复合材料的质量比为 100/21/9/6 时，复合材料的垂直燃烧性能不能达到任何级别，LOI 降低到 22.2%。HIPS/MH/ATH/MRP 的质量比为 100/21/9/12 时得到的复合材料不仅具有良好的阻燃性能，而且此时阻燃剂的质量分数仅为 29.6%，与 HIPS/MH70/ATH30/MRP6 相比，阻燃剂用量大幅度减少（仅为前者阻燃剂用量的 57.5%），这样在赋予材料阻燃性能的同时就可以减轻对材料其他性能的负面影响，从而具有更好的实用价值。该结果表明，MH、ATH 和 MRP 对 HIPS 具有非常显著的协同阻燃作用，通过适当的组成设计可以大幅度减少阻燃剂的用量，得到兼具优良阻燃性能和其他性能的具有实用价值的无卤阻燃复合材料。

表 5-8　不同组成的 HIPS/MH/ATH/MRP 复合材料的水平、垂直燃烧性能和极限氧指数[51]

材料名称	水平燃烧等级	垂直燃烧等级	LOI/%
HIPS	HB40	无级别	18.1
HIPS/MH70/ATH30/MRP6	HB	V-0	25.8
HIPS/MH21/ATH9/MRP6	HB	无级别	22.2
HIPS/MH21/ATH9/MRP12	HB	V-0	23.3

　　图 5-30 为不同组成的 HIPS/MH/ATH/MRP 复合材料垂直燃烧残余物的数码照片。可见，纯 HIPS 在垂直燃烧时很快烧完，滴落非常严重，并引燃脱脂棉[图 5-30（a）]。HIPS/MH70/ATH30/MRP6 复合材料完整地保持了样品的初始形状，阻燃性能优异[图 5-30（b）]。如图 5-30（c）所示，质量比为 100/21/9/6 的 HIPS/MH/ATH/MRP 复合材料燃烧时虽然烧不到样品的夹具，能够自熄，但有熔融滴落现象，并引燃脱脂棉，导致垂直燃烧实验达不到任何级别，阻燃性能较差。从图 5-30（d）可见，质量比为 100/21/9/12 的 HIPS/MH/ATH/MRP 复合材料离开火源后立即自熄，完整地保持了样品的初始形状，具有良好的阻燃性能，同时其阻燃剂用量最少，所占质量分数仅为 29.6%，因此具有最佳的综合性能。

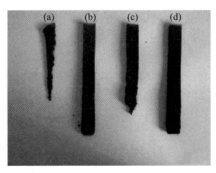

图 5-30　不同组成的 HIPS/MH/ATH/MRP 复合材料垂直燃烧残余物的数码照片[51]
（a）HIPS；（b）HIPS/MH70/ATH30/MRP6；（c）HIPS/MH21/ATH9/MRP6；（d）HIPS/MH21/ATH9/MRP12

5.5　HIPS/MH/MRP 无卤阻燃复合材料

5.5.1　MH 和 MRP 对 HIPS 的协同阻燃作用

　　为方便起见，首先列出本节用到的复合材料的编号与组成，如表 5-9 所示。

表 5-9 不同 HIPS 复合材料的组成[55]

材料名称	HIPS/MH/MRP 质量比	阻燃剂含量/wt%	MRP 含量/wt%
HIPS	100/0/0	0.0	0
HIPS/MH100	100/100/0	50.0	0
HIPS/MRP100	100/0/100	50.0	50
HIPS/MH80/MRP20	100/80/20	50.0	10
HIPS/MH80/MRP15	100/80/15	48.7	7.7
HIPS/MH35/MRP10	100/35/10	31.0	6.9
HIPS/MH30/MRP12	100/30/12	29.6	8.5

1. 不同气氛下的热降解行为

图 5-31 为几种不同组成的 HIPS 复合材料在空气气氛中的 DTA 曲线。可以看出，纯 HIPS 在 390～440℃范围内有一很小的吸热峰，峰值温度是 419℃，表明纯 HIPS 的热氧化降解需要从外部供应热量，属于吸热反应。HIPS/MH100 复合材料有一个非常小的放热峰，其峰值温度是 371℃，这表明加入 MH 能够在某种程度上改变纯 HIPS 的热氧化降解行为。与上述两种材料相比，含有 MRP 的两种复合材料均有非常尖锐的放热峰。HIPS/MRP100 复合材料在 483℃有一个非常强的放热峰。当加入 MH 后，放热峰的强度明显降低，峰值温度从 483℃降到 470℃。DTA 的结果表明，MRP 的存在使复合材料在热氧化降解过程中释放出更多的热量。随着 MRP 用量的增加，释放出的热量越多。另外，MRP 和氧气的反应是放热反应，增加红磷用量，在反应过程中能产生更多的热量。由此可知，含 MRP 阻燃剂的复合材料放出的热量来源于红磷和氧气之间的反应。由于 HIPS/MRP100 复合材料含磷量非常多，所以它的放热峰比 HIPS/MH80/MRP20 复合材料的放热峰要高很多。

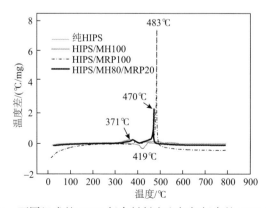

图 5-31 不同组成的 HIPS 复合材料在空气气氛中的 DTA 曲线[55]

图 5-32 给出了上述复合材料在空气中的 TGA 曲线。可以看出，在热氧化降解初期，含有 MH 的两种复合材料的质量损失速率比另外两种复合材料更快，这是因为在 350～430℃范围内，MH 能迅速分解。纯 HIPS 在低于 415℃时表现出很好的热稳定性，但是在这之后，会急剧分解成气体，到 800℃时基本上没有残留。一般来说，聚合物在高温下的热解是一个连续的质量损失的过程，但令人惊讶的是，本实验中含有 MRP 的两种复合材料的 TGA 曲线在热氧化分解过程中出现明显的上升现象。如图 5-32 所示，HIPS/MRP100 复合材料的残余物质量百分数在 405～480℃范围内先是由 53%上升到 61%，然后在 480℃以后，残余物质量急剧降低，直到测试结束；HIPS/MH80/MRP20 复合材料的残余物质量百分数在 424～471℃温度范围内先从 45%增加到 48%，然后又逐渐降低，直到测试结束。实验结束时，纯 HIPS、HIPS/MH100 复合材料、HIPS/MRP100 复合材料和 HIPS/MH80/MRP20 复合材料的热氧化分解残余率分别是 0%、34%、20%和 44%。这些结果表明，在热氧化降解过程中，MRP 的存在增强了 HIPS 的成炭能力。当 MRP 和 MH 共同使用时，能产生更多的热分解残余物，并且残余物在高温下非常稳定。

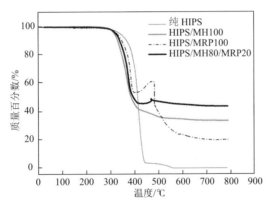

图 5-32　不同组成的 HIPS 复合材料在空气气氛中的 TGA 曲线[55]

图 5-33 是上述不同组成的复合材料在空气气氛中的 DTG 曲线。可见，纯 HIPS 和 HIPS/MH100 复合材料的质量损失速率分别在 414℃和 368℃时达到最大值，并且只有一个质量损失峰。HIPS/MRP100 复合材料在 383℃和 482℃时有两个质量损失峰值，此外在 448℃时出现一个质量增加的峰。HIPS/MH80/MRP20 复合材料分别在 373℃和 463℃时有一个质量损失峰和一个质量增加峰。与纯 HIPS 材料相比，含有阻燃剂的复合材料的最大质量损失速率显著降低，到达质量损失峰值的时间提前。此外，所有含有 MRP 的复合材料在热氧化分解过程中都存在质量增加现象。根据图 5-31 和图 5-32，推断质量增加是 MRP 的氧化反应造成的，该反应是一个放热反应，MRP 在空气中受热生成磷的氧化物和磷酸盐，导致质量增加。

通过对比图 5-32 和图 5-33 可知，HIPS/MRP100 复合材料和 HIPS/MH80/MRP20
复合材料在热氧化分解质量增加之后的变化有很大区别，前者随温度升高持续急
剧降解，在 482℃时有一个尖锐的质量损失峰，而后者直到测试结束，样品残余
物的质量几乎不变，没有明显的质量损失。这清楚地表明，HIPS/MRP100 复合材
料生成的氧化产物不够稳定，很容易分解，而 HIPS/MH80/MRP20 复合材料生成
的氧化产物在高温下比较稳定。实验结束时，两者的燃烧残余率分别是 20%和
44%，前者还不到后者的一半。因此，MH 和 MRP 共同使用，既能提高复合材料
的耐高温性，又能增加热分解残余物的数量。由此可见，MH 和 MRP 并用可以显
著减少复合材料热分解释放的可燃气体的数量，显然这对于材料的阻燃是有利的。

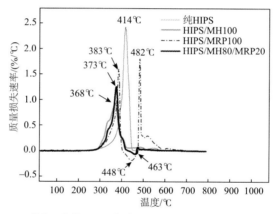

图 5-33　　不同组成的 HIPS 复合材料在空气气氛中的 DTG 曲线[55]

　　为了进一步了解 HIPS/MH/MRP 复合材料的热降解行为，对上述各种复合材
料在氮气氛围中进行了热分析实验。图 5-34 是四种复合材料在氮气中的 DTA 曲
线。可以看出，四种材料只有吸热峰，没有放热峰。四种复合材料吸热峰对应的

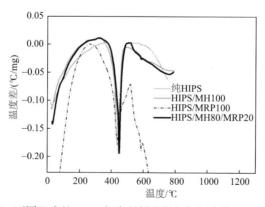

图 5-34　　不同组成的 HIPS 复合材料在氮气气氛中的 DTA 曲线[55]

温度都非常接近。此外，与图 5-31 相比，这四种复合材料的温度差异很小。此外，还可以看出在氮气氛围中，HIPS 树脂主要发生热降解，复合材料也只发生热降解，不释放热量，这些结果与在空气中的结果形成鲜明对比。由此可见，图 5-31 中含有 MRP 的两种复合材料的放热效应的确是由 MRP 的氧化作用引起的。

图 5-35 是不同 HIPS 复合材料在氮气中的 TGA 曲线。可以看出，在 405℃之前，四条曲线几乎重合在一起；之后，纯 HIPS 开始急剧分解，到 470℃时残余质量几乎为 0。在 405～450℃之间，可以看到另外三条曲线几乎没有区别。相对于纯 HIPS，这三种复合材料均表现出较好的热稳定性。在 450～483℃之间时，HIPS/MH80/MRP20 复合材料表现出最好的耐热性能。纯 HIPS、HIPS/MH100 复合材料、HIPS/MRP100 复合材料和 HIPS/MH80/MRP20 复合材料最后的残余率分别是 0%、32%、7% 和 30%，与在空气中的对应值（图 5-32）相比，HIPS/MH100 复合材料在两种气体氛围中的成炭率相近；含有 MRP 的两种复合材料在空气中的成炭率比氮气中的高很多。这是因为，氧气的存在显著影响含有 MRP 的复合材料的降解反应。众所周知，磷的氧化反应不仅是一个放热反应，而且还是质量增加的反应。在空气中，磷完全转化为磷氧化物（P_2O_5）时质量将增加 129%。由于 MH 分解出的水的存在，红磷氧化后增加的质量还会更多。因此，MRP 和 MH 并用不仅增加了成炭率，还能抑制复合材料的降解，提高材料的热稳定性。

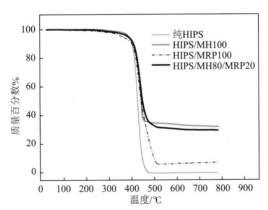

图 5-35　不同组成的 HIPS 复合材料在氮气气氛中的 TGA 曲线[55]

图 5-36 是不同 HIPS 复合材料在氮气中的 DTG 曲线。与图 5-33 相比，四种复合材料在氮气中最大质量损失时对应的温度要比在空气中高很多。HIPS/MH80/MRP20 复合材料在两种气体氛围中的质量损失速率都相当低，表现出优异的耐高温性能。含有 MRP 的复合材料在氮气中也不会出现质量增加的现象。因此可以确认，在空气中质量增加的现象来源于 MRP 的氧化反应。

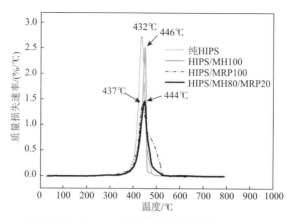

图 5-36　不同组成的 HIPS 复合材料在氮气气氛中的 DTG 曲线[55]

　　为了进一步证实上述分析，图 5-37 给出了纯 MRP 在不同气体氛围中的 TGA 曲线。可以看出，在低于 445℃时，MRP 在空气和氮气中的 TGA 曲线几乎重叠在一起，但是在温度高于 445℃之后，MRP 在空气中热降解的质量残余量比在氮气中更高。当温度达到 445℃之后，MRP 的残余物质量迅速增加，当温度达到 490℃时，残余物质量由 91%很快升到 125%，之后开始缓慢减少。与此对比，在氮气环境下，445~515℃范围内 MRP 的质量一直都在减少，没有增加。温度达到 800℃时，MRP 在空气和氮气中的残余率分别是 27%和 20%。由此可知，MRP 在上述两种气体中的热分解行为存在巨大差别，氧气的存在对 MRP 的降解反应有非常显著的影响，该结果为此前的分析提供了令人信服的实验证据。

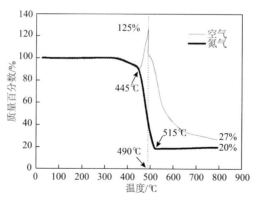

图 5-37　MRP 在不同气氛中的 TGA 曲线[55]

2. 高温氧化降解行为

　　为更多地了解 HIPS/MH/MRP 复合材料的热降解行为，图 5-38 给出了几种不同组成的 HIPS 复合材料在空气中于 400℃热分解 3 h 后残余物形貌的数码照片。可以看出，纯 HIPS 降解后基本上没有任何残余物，HIPS/MH100 复合材料生成一层白色、连续的残渣，残余物没有成炭现象，HIPS/MRP100 复合材料的残余物铺展较大，而且残余物很薄，比较松散。与上述三种材料相比，阻燃剂含量相同的 HIPS/MH80/MRP20 复合材料的热分解残余物没有铺展，有明显的成炭现象，残余物表面连续致密，类似一层保护罩一样覆盖在材料表面。由此可见，HIPS/MH80/MRP20 复合材料的热稳定性最好，成炭能力最强。

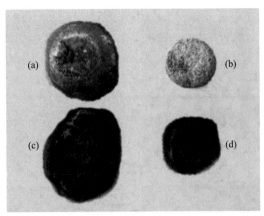

图 5-38　不同组成的 HIPS 复合材料在空气中于 400℃热分解 3 h 后残余物形貌的数码照片[55]
（a）纯 HIPS；（b）HIPS/MH100；（c）HIPS/MRP100；（d）HIPS/MH80/MRP20

图 5-39 为上述三种不同 HIPS 复合材料在空气中于 400℃热分解 3 h 后残余物的 SEM 照片。从图 5-39（a）和（b）可以看出，HIPS/MH100 复合材料的热分解残余物虽然在低放大倍数（×200）下表面比较光滑致密，但是在较高放大倍数（×1000）下表面有很多微小的孔洞，表明 HIPS/MH100 复合材料的热分解残余物形成的表面不很致密，这样底层聚合物分解产生的小分子气体可以从这些孔洞中逸出到表面为火焰提供燃料，促进燃烧。从图 5-39（c）和（d）可以看出，HIPS/MRP100 复合材料的热分解残余物表面相当粗糙，有一些较大的空隙和垂直于样品表面的片状燃烧物残渣。不难想象，这种结构松散的残余物炭层显然不能有效阻止聚合物分解出的小分子气体从凝聚相中逸出，也不能阻止燃烧释放的热量向材料内部传递。与上述两组图片相比，如图 5-39（e）和（f）所示，HIPS/MH80/MRP20 复合材料的燃烧残余物炭层表面非常光滑、连续、致密。显然，这种连续致密的炭层能有效地阻挡热量反馈和内部聚合物分解气体的逸出，提高复合材料的阻燃性能。

图 5-39　不同组成的 HIPS 复合材料在空气中于 400℃热分解 3 h 后残余物的 SEM 照片[55]
（a）HIPS/MH100，×200；（b）HIPS/MH100，×1000；（c）HIPS/MRP100，×200；（d）HIPS/MRP100，×1000；
（e）HIPS/MH80/MRP20，×200；（f）HIPS/MH80/MRP20，×1000

　　图 5-40 是 HIPS/MH100 复合材料和 HIPS/MH80/MRP20 复合材料在空气中于 400℃热分解 3 h 后残余物的红外光谱图。图中位于 3701 cm^{-1}、3430 cm^{-1}、1637 cm^{-1}、1440 cm^{-1} 和 415 cm^{-1} 处的吸收峰分别是 O—H 键的伸缩振动峰、H_2O 的伸缩振动峰、H_2O 的弯曲振动峰、O—H 的弯曲振动峰、Mg—O 键的伸缩振动峰。与 HIPS/MH100 复合材料热分解残余物的红外光谱图相比，HIPS/MH80/MRP20 复合材料的红外光谱图在 1279 cm^{-1}、1065 cm^{-1} 和 572 cm^{-1} 处出现三个新的吸收峰，这三个新吸收峰分别对应的是 P=O 键的非对称伸缩振动峰、P—O—P 链中 P—O 键的非对称伸缩振动峰和 PO_4^{3-} 离子的伸缩振动峰。此外，该谱图中

HIPS/MH80/MRP20 复合材料在 3701 cm^{-1} 和 1440 cm^{-1} 两处的吸收峰强度比 HIPS/MH100 复合材料相应的吸收峰强度弱很多，这表明前者中 OH 基团的含量远低于后者。红外光谱图的结果表明，两种复合材料的热分解产物组成区别很大。HIPS/MH100 复合材料的分解产物主要是 MgO，而 HIPS/MH80/MRP20 复合材料的分解产物是由 MgO 和一系列含磷的化合物（磷酸和含 P=O、P—O—P、P—O—C 键的磷酸盐化合物）组成。

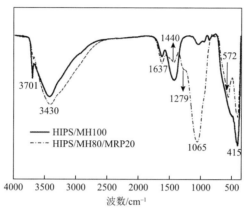

图 5-40　不同组成的复合材料在空气中于 400℃热分解 3 h 后残余物的 FTIR 谱图[55]

图 5-41 给出了 MH、MgO 和上述两种复合材料在空气中于 400℃热分解 3 h 后残余物的 XRD 谱图。从图中可见，纯 MH 在衍射角分别为 18.6°、38.0°、50.8°、58.6°、62.0° 和 68.3° 位置处有尖锐的衍射峰；MgO 在 42.9° 和 62.0° 处有两个尖锐的衍射峰。HIPS/MH100 复合材料热分解残余物的 XRD 谱图和 MgO 的谱图非常相似，都在 42.9° 和 62.0° 两个位置有衍射峰，只不过前者的衍射强度低于后者。HIPS/MH80/MRP20 复合材料的热分解残余物在 42.9° 和 62.0° 处也分别有一个衍射峰，但是这两处的衍射强度十分微弱，几乎可以忽略。除此之外，HIPS/MH80/MRP20 复合材料的热分解残余物就没有其他的衍射峰了。这些结果表明，HIPS/MH100 复合材料在空气中热降解后的产物主要由 MgO 组成，HIPS/MH80/MRP20 复合材料降解后的产物中虽然含有 MgO，但数量很少，几乎可以忽略不计。在 HIPS/MH80/MRP20 复合材料热氧化分解过程中，MRP 的引入几乎使所有的结晶 MgO 转变成非结晶的磷酸镁盐。此外，在热氧化分解过程中生成的黑色炭层也属于非结晶结构。因此，热分解后覆盖在 HIPS/MH80/MRP20 复合材料表面的残余物主要由非晶态结构的物质组成。

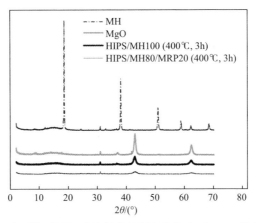

图 5-41　MH、MgO 和两种不同组成的复合材料在空气中于 400℃热分解 3 h 后残余物的
XRD 图[55]

3. 在火焰中的热降解行为

图 5-42 是不同组成的 HIPS 复合材料在丁烷气体中燃烧不同时间后残余物的
SEM 照片。可以看出，不同组成的复合材料在燃烧相同时间后，材料的表面形态
区别很大。如图 5-42（a）所示，HIPS/MH100 复合材料表面非常粗糙，有很多不
同尺寸的孔洞，表明复合材料表面的一部分聚合物发生了降解，表层下方降解生
成的可燃性挥发气体能够逸出到材料表面，与氧气、热量接触进行燃烧。与
HIPS/MH100 复合材料相比，在相同条件下燃烧 10 s 后，HIPS/MRP100 复合材料
表面的粗糙程度更大，并且气孔比较多[图 5-42（c）]。由此可见，HIPS/MRP100
复合材料比 HIPS/MH100 复合材料更容易发生降解，耐热性和阻燃性都比较差。
与上述两种复合材料相比，HIPS/MH80/MRP20 复合材料在相同条件下燃烧后得
到的残余物表面比较光滑。如图 5-42（e）所示，HIPS/MH80/MRP20 复合材料
在火焰中燃烧 10 s 后表面非常光滑、致密，几乎看不到有明显的裂纹存在。这种
连续、致密的燃烧残余物覆盖在材料表面，形成一种类似"外套"的保护层。当
燃烧时间为 30 s 时，HIPS/MH100 复合材料和 HIPS/MRP100 复合材料的表面变得
越来越粗糙、松散，而且孔洞尺寸越来越大[图 5-42（b）和（d）]。尤其是
HIPS/MRP100 复合材料表面的炭层非常粗糙，结构疏散，有非常明显的孔洞。在
燃烧过程中聚合物降解产生的可燃性气体分子能够很容易通过这种疏松多孔的结
构逸出，为火焰提供燃料，从而使燃烧更加旺盛。显然，这对材料的阻燃非常不
利。从图 5-42（f）可以看出，HIPS/MH80/MRP20 复合材料在相同燃烧条件下得
到的燃烧残余物表面仍然相当光滑、连续、致密。从图 5-42（e）和（f）可知，
随着燃烧的进行，复合材料的表面形态没有明显的改变，这与单独添加 MH 或
MRP 的复合材料形成了鲜明的对比。上述实验结果清楚地表明，MH 和 MRP 以

适当比例共同使用时能够显著提高复合材料的耐热性能和耐火焰性能，这与图 5-39 得到的结论一致。

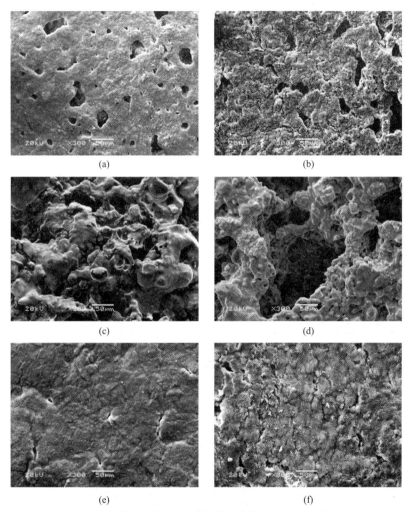

图 5-42　不同组成的 HIPS 复合材料在丁烷气体中燃烧不同时间后残余物的 SEM 照片[55]
（a）HIPS/MH100，10 s；（b）HIPS/MH100，30 s；（c）HIPS/MRP100，10 s；（d）HIPS/MRP100，30 s；
（e）HIPS/MH80/MRP20，10 s；（f）HIPS/MH80/MRP20，30 s

4. 阻燃性能

表 5-10 列出了一系列不同组成的 HIPS 复合材料的 UL-94 VBT 和 LOI 的实验结果。纯 HIPS 的 LOI 只有 18.1%，在空气中非常易燃。当阻燃剂含量达到 50% 时，HIPS/MH100 复合材料、HIPS/MRP100 复合材料和 HIPS/MH80/MRP20 复合材料的 LOI 分别为 24.0%、23.1%和 27.1%，其中 HIPS/MH80/MRP20 复合材料的

LOI 最大，表明 MH 和 MRP 以适当比例并用能显著提高复合材料的阻燃性能。此外，在阻燃剂含量为 50% 时，单独添加 MH 或 MRP 所得到的复合材料都达不到 V-0 级。然而，当两者共同使用时，HIPS/MH80/MRP20 复合材料能很容易达到 V-0 级，即使把阻燃剂总含量从 50% 降低到 29.6% 时，得到的 HIPS/MH30/MRP12 复合材料的垂直燃烧级别也能达到 V-0 级，尽管此时材料的 LOI 只有 23.2%。这些结果表明，在 HIPS 复合材料中，MH 和 MRP 之间的确有比较明显的协同阻燃效应。通过适当调整两种阻燃剂的相对组成，既能够满足对材料阻燃性能的要求，又能大幅度降低阻燃剂的用量。

表 5-10　不同组成的 HIPS 复合材料的 UL-94 VBT 和 LOI 实验结果[55]

材料名称	UL-94 VBT	LOI /%
HIPS	无级别	18.1
HIPS/MH100	无级别	24.0
HIPS/MRP100	无级别	23.1
HIPS/MH80/MRP20	V-0	27.1
HIPS/MH80/MRP15	V-0	26.6
HIPS/MH35/MRP10	V-0	23.0
HIPS/MH30/MRP12	V-0	23.2

　　图 5-43 为上述几种不同组成的 HIPS 复合材料在垂直燃烧实验后残余物的数码照片。可见，纯 HIPS、HIPS/MH100 复合材料和 HIPS/MRP100 复合材料在火源撤离后都不能自熄，熔融滴落明显。实验中观察到，这三种材料能一直燃烧到试样夹具，燃烧过程中带火焰滴落，引燃脱脂棉。与这三种材料相比，HIPS/MH80/MRP20 复合材料在火源撤离后能够立即自熄，试样基本上没有被火焰破坏。该结果进一步表明，MH 和 MRP 共同使用时能显著提高 HIPS 的阻燃性能。

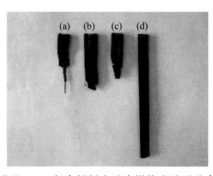

图 5-43　不同组成的 HIPS 复合材料在垂直燃烧实验后残余物的数码照片[55]
（a）纯 HIPS；（b）HIPS/MH100；（c）HIPS/MRP100；（d）HIPS/MH80/MRP20

图 5-44 为纯 HIPS 和几种不同组成的 HIPS 复合材料在锥形量热仪测试中的 HRR 和 THR 曲线，表 5-11 列出了相应的锥形量热仪实验数据。从图 5-44（a）可见，纯 HIPS 材料的 HRR 曲线有非常尖锐的峰，曲线在 490 s 左右终止，表明纯 HIPS 燃烧很快，HRR 非常大，而且其 PHRR 最大，为 738 kW/m²，燃烧时间比另外几种复合材料更短。其他几种含有 MH 或（和）MRP 阻燃剂的复合材料的 HRR 曲线明显比较平缓，没有尖锐的峰形，燃烧时间延长。HIPS/MH100 复合材料、HIPS/MRP100 复合材料、HIPS/MH80/MRP20 复合材料和 HIPS/MH80/MRP15 复合材料的 PHRR 分别为 184 kW/m²、315 kW/m²、225 kW/m² 和 173 kW/m²，比纯 HIPS 的 PHRR 分别降低了 75%、57%、70%和 77%。与纯 HIPS 相比，这四种复合材料的 AHRR 数值也都有显著的降低。这些结果表明，加入 MH 或 MRP 不仅能够降低 HRR，还能够在燃烧过程中使热量的释放更加缓慢。此外，从图中还可看出，在燃烧的前 80 s 内，HIPS/MRP100 复合材料的 HRR 在五种材料中最大，并且其 TTI 仅有 43 s，比其他四种材料的 TTI 小很多。这表明，与其他四种复合

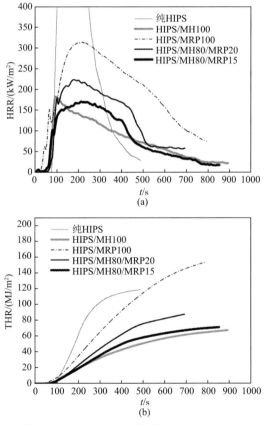

图 5-44　几种不同组成的 HIPS 复合材料的 HRR（a）和 THR（b）曲线[55]

材料相比，HIPS/MRP100 复合材料更加容易点燃，在燃烧初期释放热量更多，因此其阻燃性能最差。从表 5-11 可见，纯 HIPS 在燃烧结束以后的残余率仅为 2%，几乎没有残留，HIPS/MRP100 复合材料的残余率为 21%，表明加入 MRP 有助于 HIPS 在燃烧时成炭，从而改善材料的阻燃性能。所有含有 MH 的复合材料都能产生比较多的燃烧残余物，这可能是由以下原因造成的。一是 MH 分解成的 MgO 比较稳定，能覆盖在残余物上。因此，当 MH 的用量越多，生成的 MgO 也就越多。二是 MRP 在空气中燃烧后变成磷酸和磷酸盐类化合物，会增加残余物数量。此外，碳酸镁和磷酸镁化合物［如 $Mg_3(PO_4)_2$ 和 $Mg_2P_2O_7$］也能增加残余率。

表 5-11　不同组成的 HIPS 复合材料的锥形量热仪测试数据[55]

测试参数	HIPS	HIPS/MH100	HIPS/MRP100	HIPS/MH80/MRP20	HIPS/MH80/MRP15
TTI/s	63	63	43	72	61
PHRR/（kW/m²）	738	184	315	225	173
AHRR/（kW/m²）	280	82	206	143	91
THR/（MJ/m²）	119	68	154	88	71
AEHC/（MJ/kg）	34	28	47	36	25
FPI/（10^{-3}·m²/kW）	85.3	342.0	136.4	319.7	353.0
FIGRA/[kW/（m²·s）]	4.2	2.0	2.6	1.8	1.4
残余率/%	2	51	21	46	39

注：TTI，引燃时间；PHRR，热释放速率峰值；AHRR，热释放速率平均值；THR，总释放热量；AEHC，平均有效燃烧热；FPI，火灾性能指数；FIGRA，火增长速率指数

从图 5-44（b）可见，纯 HIPS 的燃烧速率非常快，在很短的时间内释放出大量热量，在燃烧结束时释放的热量最多。含有 MH 的复合材料在燃烧过程中的 THR 曲线都比较低，尤其是燃烧刚开始时释放的热量很少。只加入 MH 的复合材料的 THR 在整个燃烧过程中最小，因为 MH 吸热分解生成 H_2O 和 MgO，MgO 能形成保护层阻止或延缓剩余聚合物的分解，从而降低聚合物在燃烧过程中的热释放量。在研究的五种材料中，HIPS/MRP100 复合材料的 THR 最大，同时含有 MH 和 MRP 的两种复合材料比 HIPS/MH100 复合材料的 THR 稍大，但比纯 HIPS 和 HIPS/MRP 复合材料的 THR 小很多。另外，MRP 的用量越多，释放出的热量越多。这是因为，MRP 本身是易燃材料，容易发生氧化反应放出热量，MRP 的用量越多，发生氧化反应的机会就越多，释放出的热量也越多，从而导致更多聚合物发生降解反应，提供更多可燃气体。因此，加入过多 MRP 并不利于阻燃。

从表 5-11 可见，在这五种 HIPS 材料中，HIPS/MH80/MRP15 复合材料的 FPI 最大、PHRR 和 FIGRA 最小，AHRR 和 THR 也比较低。因此，从锥形量热仪测

试的数据可以判断，尽管 HIPS/MH80/MRP15 复合材料阻燃剂含量不高，但其阻燃性能是最好的。上述结果再次表明，在 HIPS 基体中同时加入 MH 和 MRP 时，两者之间存在着明显的协同阻燃效应，这与 LOI、UL-94 VBT 的实验结果是一致的。另外，当阻燃剂用量固定在 50%时，从 PHRR、AHRR、THR 和 FPI 数值来看，HIPS/MH100 复合材料的阻燃性能似乎是最佳的。但是，HIPS/MH100 复合材料比 HIPS/MH80/MRP20 复合材料的 FIGRA 更大，它在空气中能够持续燃烧，无法通过 UL-94 VBT 测试。因此，过量添加 MH 同样不利于阻燃。从 LOI、UL-94 VBT 和锥形量热仪数据来看，当 MH 和 MRP 以适当比例共同使用时能够得到综合阻燃性能最好的复合材料，该复合材料在 UL-94 VBT 测试中不仅能达到 V-0 级，而且其 PHRR、AHRR、THR 和 FIGRA 都比较低，LOI 和 FPI 都比较高。与此同时，还可以使阻燃剂的总用量明显减少。例如，从表 5-10 和表 5-11 来看，尽管 HIPS/MH80/MRP15 复合材料的阻燃剂含量（48.7%）比 HIPS/MH100 复合材料、HIPS/MRP100 复合材料和 HIPS/MH80/MRP20 复合材料的阻燃剂含量低（这三种复合材料的阻燃剂含量均为 50%），但是，HIPS/MH80/MRP15 复合材料的综合阻燃性能比后三种复合材料更好。即使当阻燃剂含量降低到 29.6%时，得到的 HIPS/MH30/MRP12 复合材料也能离火自熄，并且达到 V-0 级。

从表 5-11 还可以看出，HIPS/MRP100 复合材料的 AEHC 是 47 MJ/kg，比纯 HIPS 的相应值（34 MJ/kg）大很多，表明 HIPS/MRP100 复合材料热降解生成的挥发性气体在气相中的燃烧程度比纯 HIPS 更加充分。因此，与纯 HIPS 相比，HIPS/MRP100 复合材料的阻燃作用并不是发生在气相中，而是发生在凝聚相。也就是说，HIPS/MRP100 复合材料在热氧化降解过程中的成炭作用在阻燃中扮演着非常重要的角色。HIPS/MRP100 复合材料在热分解中生成的绝热炭层对材料阻燃性能的改善至关重要。纯 HIPS 和 HIPS/MH80/MRP20 复合材料的 AEHC 数值非常接近，分别是 34 MJ/kg 和 36 MJ/kg，但是后者的阻燃性能比前者要好很多，这表明后者的阻燃作用主要发生在凝聚相而不是气相。也就是说，HIPS/MH80/MRP20 复合材料在热氧化分解过程中生成的碳质残余物层能显著提高材料的阻燃性能。HIPS/MH80/MRP15 复合材料的 AEHC 是 25 MJ/kg，明显小于 HIPS/MH80/MRP20 复合材料，但是它的阻燃性能比较好，表明 HIPS/MH80/MRP15 复合材料产生的挥发性物质在气相中有一定的阻滞作用，不能充分燃烧。因此，这种复合材料的阻燃作用一部分来自气相阻燃，一部分来自凝聚相阻燃。MH 和 MRP 共同使用时在气相和凝聚相中都能起到阻燃作用。在气相中，MH 分解生成的 H_2O 能稀释可燃气体和氧气的浓度；在凝聚相中，生成的连续、致密、隔热的炭层能切断外部热量向材料内部传递和聚合物内部降解产生的可燃性气体分子向外逸出。此外，MH 分解吸收的热量能降低聚合物材料的表面温度，使燃烧难以进行。

图 5-45 是不同组成的 HIPS 复合材料经过锥形量热仪测试后燃烧残余物的数码照片。从图 5-45（a）可见，纯 HIPS 完全热分解生成挥发性气体，没有任何残留。HIPS/MH100 复合材料生成一层厚厚的白色残余物，偶尔有几个黑点[图 5-45（b）]，显然，残余物的主要成分是 MgO。从图 5-45（c）和（d）可以看出，含有 MRP 的两种复合材料表面都覆盖一层黑色的残余物，两者之间没有明显的差别，表明加入 MRP 能够提高复合材料在燃烧过程中的成炭作用，这与图 5-38 的结果是一致的。

(a)　　　　　　　　　　　(b)

(c)　　　　　　　　　　　(d)

图 5-45　不同组成的 HIPS 复合材料在锥形量热仪测试后残余物形貌的数码照片[55]

（a）纯 HIPS；（b）HIPS/MH100；（c）HIPS/MRP100；（d）HIPS/MH80/MRP20

图 5-46 为 HIPS/MH80/MRP20 复合材料在锥形量热仪测试后燃烧残余物的红外光谱图。在 3702 cm^{-1}、3432 cm^{-1}、1441 cm^{-1}、1060 cm^{-1}、575 cm^{-1} 和 416 cm^{-1} 处的吸收峰分别归属于 O—H 键不对称伸缩振动峰、H_2O 的伸缩振动峰、O—H 键弯曲振动峰、P—O 键不对称伸缩振动峰、PO_4^{3-} 离子不对称弯曲振动峰和 Mg—O 键伸缩振动吸收峰。最强的吸收带是 P—O 键和 Mg—O 键，PO_4^{3-} 离子也表现出适中的吸收强度。因此，HIPS/MH80/MRP20 复合材料燃烧残余物的主要组分是 MgO 和含磷的化合物，如磷酸和含 P=O、P—O—P、P—O—C 的磷酸盐化合物。通过对比图 5-46 和图 5-40 可知，HIPS/MH80/MRP20 复合材料的两张 FTIR 谱图非常相似，表明该复合材料在 400℃热分解 3 h 后的残余物和锥形量热仪燃烧后的残余物的化学组成是相同的。

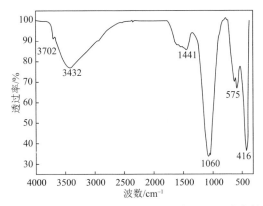

图 5-46　HIPS/MH80/MRP20 复合材料在锥形量热仪测试后残余物的 FTIR 谱图[55]

图 5-47 为 HIPS/MRP100 复合材料和 HIPS/MH80/MRP20 复合材料经过锥形量热仪测试后燃烧残余物的拉曼光谱图。可膨胀石墨（EG）在 1581 cm^{-1} 处有一个非常尖锐的 G 峰，没有 D 峰。G 峰是已知的石墨特征峰，D 峰是非晶态炭的峰。两个峰的相对强度代表了材料中石墨状碳原子的相对含量。HIPS/MRP100 复合材料燃烧残余物的拉曼谱图在 1596 cm^{-1} 处有微弱的 G 峰，在 1355 cm^{-1} 处有一个 D 峰。D 峰有些扁平，G 峰不是很尖锐，两者的相对强度比较接近，这些特征表明，HIPS/MRP100 复合材料在燃烧过程中尽管有一些"类石墨烯的碳"形成，但大多数碳原子还是不规则地排列在一起，形成非晶态（无定形）的碳。HIPS/MH80/MRP20 复合材料残余物的拉曼光谱图在 1596 cm^{-1} 处有微弱的 G 峰，并且没有明显的 D 峰。与其他材料相比，这种材料残余物的拉曼光谱图不是很规则。这可能是由碳的含量比较少和 MgO、含磷化合物的存在造成的，该残余物中复杂的组分对碳的拉曼光谱影响非常明显。

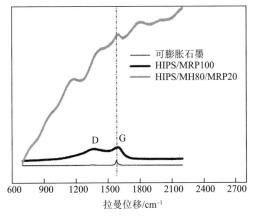

图 5-47　可膨胀石墨和 HIPS/MRP100、HIPS/MH80/MRP20 复合材料在锥形量热仪测试后残余物的拉曼光谱图[55]

　　图 5-48 是 MgO、MH 和不同组成的 HIPS 复合材料在锥形量热仪测试后燃烧残余物的 XRD 图。可以看出，该图与图 5-41 非常相似。图 5-41 的结果已经证明了 HIPS/MH80/MRP20 复合材料的热分解残余物几乎全部是非晶态的物质。图中，HIPS/MRP100 复合材料燃烧残余物的衍射图是一条直线，没有任何明显的衍射峰，表明该复合材料的燃烧残余物全部是非晶态的物质。根据拉曼光谱的实验结果，这两种残余物中尽管都有一些类石墨烯的碳，但是两种含 MRP 的复合材料的燃烧残余物主要是非结晶的磷系化合物。

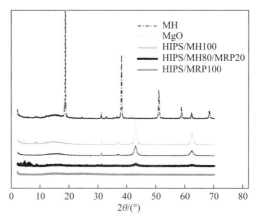

图 5-48　MgO、MH 和不同组成的 HIPS 复合材料在锥形量热仪测试后残余物的 XRD 图[55]

　　从本小节讨论可得到以下主要结论：①MRP 的氧化反应对 HIPS/MH/MRP 复合材料的热降解行为有很大影响。当复合材料在空气中热分解时，这种氧化反应能释放出热量并导致质量增加；但是在氮气中热分解时，不会出现放热峰和质量增加的情况。②含有 MH 和 MRP 的 HIPS 复合材料在空气中热分解和燃烧时都能生成一层光滑、致密、连续的残余物。该残余物主要由非晶态结构的镁磷酸盐和炭构成。生成的残余物覆盖在复合材料表面，形成类似于外套一样的保护层来隔绝可燃物和外部火焰。这种高度耐热和稳定的含碳残余物层能够起到防火屏障作用，阻止或切断燃烧区域和高分子材料内部之间的热量传递和物质交换，显著提高材料的阻燃性能。③MH 和 MRP 两种阻燃剂以适当比例并用时对 HIPS 有非常显著的协同阻燃作用，既能提高复合材料的成炭能力和阻燃性能，又能大幅减少阻燃剂的用量，两者的阻燃作用主要发生在凝聚相。

5.5.2　MRP 对 HIPS/MH 复合材料阻燃性能的影响及作用机制

　　为方便起见，表 5-12 列出了本节用到的一系列复合材料的编号与组成。

表 5-12　不同 MRP 含量的 HIPS 阻燃复合材料的组成[26]

样品编号	HIPS/MH/MRP 比例组成	MRP 含量(质量分数)/%
0%	100/50/0	0
4%	100/44/6	4
6%	100/41/9	6
8%	100/38/12	8
10%	100/35/15	10
14%	100/29/21	14
18%	100/23/27	18
24%	100/14/36	24
30%	100/5/45	30
33.3%	100/0/50	33.3

1. 热分析

众所周知，聚合物材料在燃烧之前首先是在凝聚相发生热氧化降解反应，因此材料的热氧化降解行为对其阻燃性能具有非常重要的影响，深入了解材料的热氧化降解行为对于研究其阻燃性能至关重要。图 5-49 为几种 MRP 含量不同的 HIPS 复合材料在空气气氛中的 TGA 和 DTG 曲线。可见，在 387℃之前，不含 MRP 的 HIPS/MH 复合材料比所有含有 MRP 复合材料的质量损失更快，含有 MRP 的几种复合材料则表现出更好的热稳定性。其中，MRP 含量为 8%和 18%的两种复合材料的 TGA 和 DTG 曲线在 420℃之前几乎完全重合在一起，在温度低于 420℃时这两种复合材料在五种复合材料中的热稳定性最好。MRP 含量为 18%的复合材料的热氧化分解残余率在这五种复合材料中最多。令人吃惊的是，在整个热氧化降解过程中，不含 MRP 的 HIPS/MH 复合材料的质量残余率一直呈减小趋势，所有含有 MRP 的复合材料都出现了残余物质量先下降、后上升、再下降的现象，并且 MRP 含量越高，这种现象越明显。例如，MRP 含量为 18%的复合材料样品在 423～489℃范围内残余物质量分数由 34%增加到 39%，然后在温度超过 489℃之后又缓慢减小。MRP 含量为 33.3%的 HIPS/MRP 复合材料在 415～486℃范围内样品质量由 40%增加到 60%，然后在温度超过 486℃之后又急剧减小。温度为 800℃时，MRP 含量为 0%、4%、8%、18%和 33.3%的五种复合材料的热氧化分解残余率分别为 30.5%、28.9%、31.9%、33.6%和 7.7%。

从图 5-49（b）可以看出，MRP 含量为 0%、4%、8%、18%和 33.3%的五种复合材料的质量损失速率峰值对应的温度分别为 380℃、398℃、412℃、412℃和 407℃。不含 MRP 的 HIPS/MH 复合材料 DTG 曲线只有一个质量损失峰值，而所有含有 MRP 的其他四种复合材料在出现第一个质量损失峰值之后还有一个质量增加峰值，并且 MRP 含量越高，质量增加速率越大。例如，MRP 含量为 33.3%的复合材料在 423～472℃范围内出现一个很宽大的质量增加峰，在温度超过472℃之后，该复合材料的质量开始减少，在 535℃时达到第二次质量损失速率峰值。该结果表明，MRP 含量为 33.3%的复合材料在高温下生成的氧化产物不够稳定，能快速分解成气体物质，该样品在测试结束时只剩下 7.7%的残余量。随着MRP 含量减少，含有 MRP 的复合材料出现的质量增加速率随之减小。不含 MRP的复合材料在整个热氧化分解过程中没有出现质量增加的现象。从这些实验现象可以推断，MRP 的氧化反应是导致复合材料质量增加的直接原因。众所周知，MRP 的氧化反应是一个放热过程，磷在空气中燃烧生成磷的氧化物和磷酸盐类，生成物的质量比反应物的质量大，从而导致 MRP 含量越多，复合材料质量增加越多的现象。图 5-49 的结果表明，MRP 的用量过多或过少都不利于 HIPS/MH/MRP复合材料的热稳定性；用量过少，MRP 起不到阻燃作用；用量过多，MRP 自身的氧化反应会产生更多的热量，不利于阻燃。因此，本研究中 MRP 的质量分数在大约 8%的时候最合适。

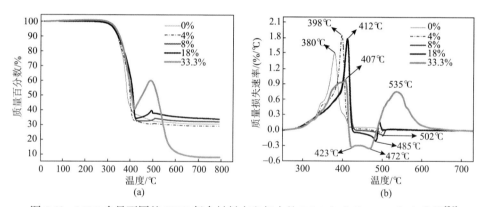

图 5-49　MRP 含量不同的 HIPS 复合材料在空气中的 TGA（a）和 DTG（b）曲线[26]

为了证实上述分析，图 5-50 给出了纯 MRP 在不同气体氛围中的热分析实验结果。图 5-50（a）在 5.5.1 小节中已经介绍过（详见图 5-37 及相关内容），这里不再赘述。从图 5-50（b）可见，在氮气氛围中，纯 MRP 在 476℃处有一个很小的吸热峰，表示纯 MRP 在氮气中的热降解需要从外部吸收热量，属于吸热反应。与此相比，在空气氛围下，纯 MRP 在 489℃处有一个非常强的放热峰。显然，这种强烈的放热峰是 MRP 发生氧化反应的结果。图 5-50 的结果证明了前面的分析是正确的。因此，加入 MRP 对 HIPS/MH 复合材料的热氧化分解行为有非常大的影响，只有加入适量的 MRP 才能有利于提高材料的热氧化稳定性。

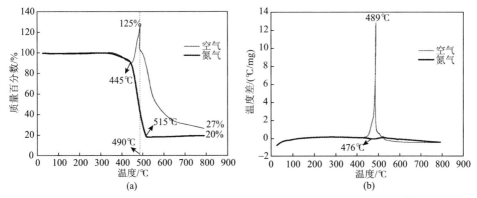

图 5-50　纯 MRP 在不同气体氛围中的 TGA（a）和 DTA（b）曲线[26]

2. 阻燃性能

图 5-51 为 HIPS/MH/MRP 复合材料的 LOI 随着 MRP 含量（质量分数）的变化曲线。可见，LOI 曲线呈抛物线形状。随着 MRP 用量增加，复合材料的 LOI 数值先增加，达到最大值后再逐渐减小。MRP 含量为 0%的复合材料 LOI 为 21.3%，MRP 含量增加到 5%后，复合材料的 LOI 达到 23.0%。MRP 含量为 8%时，复合材料的 LOI 为 23.7%；MRP 含量超过 8%之后，LOI 上升就不再那么明显了。MRP 含量在 10%～18%时，LOI 达到最大值，大约为 24.1%。MRP 含量超过 18%后，复合材料的 LOI 开始逐渐减小。因此，MRP 的最佳用量为 10%左右，加入过多 MRP 不但不能提高复合材料的阻燃性能，反而会使其更加恶化。

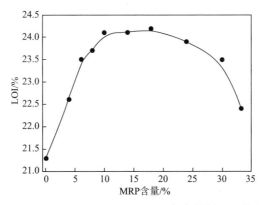

图 5-51　MRP 含量对 HIPS/MH/MRP 复合材料 LOI 的影响[26]

表 5-13 列出了不同 MRP 含量的一系列 HIPS/MH/MRP 复合材料 UL-94 VBT 的实验结果。从表中可见，MRP 含量过低或过高的复合材料都能在火源撤离之后持续燃烧、滴落并且引燃脱脂棉，无燃烧级别。当 MRP 含量在 8%～14%之间时，

复合材料的阻燃性能较好，能够通过 UL-94 VBT V-0 级测试。图 5-52 是 MRP 含量分别为 0%、4%、8%、14%、18%、33.3%的六种 HIPS/MH/MRP 复合材料经过 UL-94 VBT 测试后的样品残余物数码照片。可见，MRP 含量为 0%、4%、33.3% 的复合材料在火源撤离后持续燃烧不能自熄，带火焰滴落引燃脱脂棉，样品完全 燃烧，一直烧到样品夹具。相比之下，MRP 含量为 8%、14%、18%的复合材料 在火源撤离之后能够自熄，没有滴落，样品的外观形貌基本上没有损坏。实验中 发现，MRP 含量为 18%的复合材料虽然能够自熄，也不产生滴落，但是样品的 t_1+t_2>30 s、燃烧时间较长，因此判定无级别。UL-94 VBT 实验结果表明：MRP 含 量在 8%～14%之间时，复合材料的阻燃性能最好，MRP 含量过多或过少都不利 于复合材料的阻燃，这与热分析和 LOI 实验的结论一致。

表 5-13　　MRP 含量不同的 HIPS/MH/MRP 复合材料的 UL-94 VBT 实验结果[26]

参数	MRP 含量/%								
	0	4	6	8	10	14	18	30	33.3
能否自熄	否	否	否	能	能	能	能	否	否
是否滴落引燃脱脂棉	是	是	是	否	否	否	否	是	是
UL-94 VBT 级别	NR	NR	V-2	V-0	V-0	V-0	NR	NR	NR

注：NR，no rating（无级别）

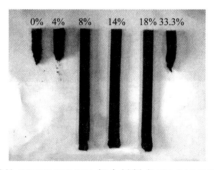

图 5-52　不同 MRP 含量的 HIPS/MH/MRP 复合材料在 UL-94 VBT 测试后的残余物照片[26]

　　图 5-53 是不同组成的 HIPS/MH/MRP 复合材料在锥形量热仪测试中的 HRR 曲线，表 5-14 列出了相应的锥形量热仪实验数据。在整个燃烧过程中，MRP 含 量为 33.3%的复合材料的 HRR 最大，其次是 MRP 含量为 0%和 24%的复合材料， 接着是 MRP 含量为 10%的复合材料，MRP 含量为 4%的复合材料的 HRR 值最小。 可以看出，在 HIPS/MH 复合材料中加少量 MRP 就能使复合材料的 HRR 明显降 低。MRP 含量为 4%的复合材料 PHRR 只有 109 kW/m^2，只有 MRP 含量为 0%的 HIPS/MH 复合材料的 40%。另外，MRP 含量为 4%的复合材料的 AHRR 和 THR 也比 MRP 含量为 0%的 HIPS/MH 复合材料大幅度降低。与此同时，前者的 FPI 值

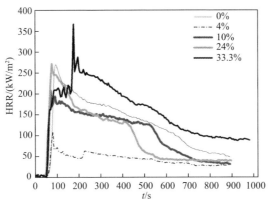

图 5-53　不同 MRP 含量的 HIPS/MH/MRP 复合材料的 HRR 曲线[26]

表 5-14　不同 MRP 含量的 HIPS/MH/MRP 复合材料的锥形量热测试数据[26]

参数	MRP 含量/%							
	0	4	6	10	14	24	30	33.3
TTI/s	64	53	56	52	58	47	49	48
PHRR/(kW/m²)	271	109	175	208	234	272	364	367
AHRR/(kW/m²)	134	44	81	109	99	102	130	162
AEHC/(MJ/kg)	35	12	21	27	27	28	29	42
THR/(MJ/m²)	111	37	67	91	82	87	109	150
FPI/(10⁻³ s·m²/kW)	236	486	320	250	248	173	135	131
残余率/%	33.3	31.0	28.8	25.9	32.7	28.8	15.6	18.8
理论计算残余率/%	23.0	21.3	20.5	18.8	17.1	12.9	10.4	9.0

注：TTI，引燃时间；PHRR，热释放速率峰值；AHRR，热释放速率平均值；AEHC，平均有效燃烧热；THR，总热释放量；FPI，火灾性能指数

是 0.486 s·m²/kW，是后者的 2.1 倍。这些结果表明，在阻燃剂总含量相同时，用 4%的 MRP 阻燃剂代替其中的 MH 阻燃剂可以使得到的复合材料的阻燃性能有很大提高。随着 MRP 用量的增加，HIPS/MH/MRP 复合材料的 HRR 逐渐增加。MRP 用量为 24%的复合材料和 MRP 含量为 0%的复合材料的 PHRR 值几乎相同，但前者的 FPI 值和燃烧残余物质量都比后者更低，表明 MRP 含量为 24%的复合材料比 MRP 含量为 0%的复合材料在燃烧过程中产生的可燃气体更多。当 MRP 用量为 33.3%时，HIPS/MRP 复合材料的 HRR 曲线有一个非常高且尖锐的峰值，在燃烧进行 166 s 之后，它的 HRR 比另外四种复合材料都要大很多。另外，该复合材料的 THR 值高达 150 MJ/m²，比表 5-14 中任何一种材料的相应值都大，并且其

FPI 值在所有材料中最小。这些数据表明，MRP 含量为 33.3% 的复合材料在所有被测试的材料中阻燃性能最差。因此，过多添加 MRP 阻燃剂不仅不能提高复合材料的阻燃性能，反而还会降低复合材料的阻燃性能。需要指出的是，表 5-14 中的理论计算燃烧残余率是根据图 5-49（a）中 MH 和 MRP 在空气中热分解的残余物数值和假设 HIPS 在燃烧过程中没有成炭得出的。从表 5-14 可见，所有材料实验测得的燃烧残余率都比理论计算的残余率数值大，这可能是由两个方面原因引起的：①复合材料在空气中燃烧时，MRP 自身发生氧化反应生成磷的氧化物或磷酸导致质量增加；②MH 在材料燃烧过程中生成碳酸镁（$MgCO_3$）和磷酸镁类化合物［如 $Mg_3(PO_4)_2$ 和 $Mg_2P_2O_7$］。这两种原因都能导致残余物的实验值增加[94]。

　　为了进一步了解 MRP 对 HIPS/MH 复合材料阻燃性能的影响，图 5-54 给出了不同组成的 HIPS/MH/MRP 复合材料的 PHRR 和 AHRR 曲线。可见，用少量 MRP 代替 MH 就能显著降低 HIPS/MH 复合材料的 PHRR 和 AHRR。在被研究的 HIPS/MH/MRP 复合材料中，MRP 含量为 4% 的复合材料的 PHRR 和 AHRR 最低。当 MRP 用量超过 4% 之后，复合材料的 PHRR 和 AHRR 逐渐变大，MRP 含量为 33.3% 复合材料的 PHRR 和 AHRR 最大。该结果表明，MRP 含量较多时，复合材料在燃烧过程中释放出的热量增加。MRP 含量越多，复合材料燃烧时放出的热量越多，因此加入过多 MRP 会对复合材料的阻燃性能产生明显的负面作用。

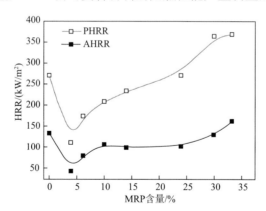

图 5-54　MRP 含量对 HIPS/MH/MRP 复合材料 PHRR 和 AHRR 的影响[26]

　　图 5-55 给出了上述几种复合材料的 THR 和 TSR 曲线。可以看出，THR 曲线与图 5-54 中的 PHRR 和 AHRR 变化趋势类似，都是随着 MRP 用量增加先明显降低，然后又逐渐上升。用 4% 的 MRP 代替 MH 就能使 HIPS/MH 复合材料的 THR 由 111 MJ/m² 减少到 37 MJ/m²。不含 MH 的 HIPS/MRP 复合材料的 THR 最大，高达 150 MJ/m²，表明加入过多 MRP 的复合材料在燃烧过程中会产生更多热量。这

些结果与从图 5-54 中得出的结论一致，即添加过多 MRP 不仅不能提高复合材料的阻燃性能，而且对复合材料的阻燃性能非常有害。所有复合材料的 TSR 数值均随着 MRP 用量的增加呈上升趋势，MRP 用量越多，烟释放越多。因此，MRP 在发挥阻燃作用时会释放出较多的烟。因此在实际应用中，在满足材料阻燃要求的前提下，MRP 的用量应越少越好。

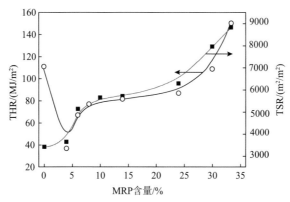

图 5-55　MRP 含量对 HIPS/MH/MRP 复合材料 THR 和 TSR 的影响[26]

　　从上述讨论可知，引入 MRP 阻燃剂会对 HIPS/MH 复合材料的阻燃性能产生巨大影响。加入适量 MRP 能够显著提高 HIPS/MH 复合材料的热氧化稳定性和阻燃性能。阻燃剂总量一定时，MRP 含量越多，对复合材料的热稳定性和阻燃性越不利。本实验中，MRP 的最佳质量分数在 10%左右，此时复合材料的热稳定性和阻燃性能都比较好，而且还不会产生过多的烟雾。

　　3. MRP 的阻燃机理

　　1）气相阻燃机理

　　从以上讨论可知，只要将 HIPS/MH 复合材料中 4%的 MH 替换成 MRP，就能明显降低材料的 PHRR、AHRR 和 THR，提高其 LOI 和 FPI 值。尽管此时得到的 4%复合材料在 UL-94 VBT 试验中达不到 V-0 级，但是阻燃性能已经有明显的提高。与此同时，MRP 的加入会使 HIPS/MH 复合材料的发烟量增加，使复合材料的燃烧残余物和 AEHC 减少。残余物减少意味着在燃烧过程中有更多的挥发性气体生成。如表 5-14 所示，MRP 含量为 4%的复合材料的 AEHC 值只有不含 MRP 的 HIPS/MH 复合材料的 1/3。AEHC 数值显著减小表明，复合材料降解生成的可燃性气体在气相燃烧区域内燃烧不够充分，也就是说，阻燃剂捕捉了气相中的可燃性气体，对燃烧起到了抑制作用。可燃性气体燃烧不完全，导致在燃烧过程中产生大量黑烟。从表中还可以看出，除了 MRP 含量为 33.3%的复合材料，其余材料的 AEHC 数值都小于不含 MRP 的复合材料的相应值。因此，这些复合材料在燃烧时，MRP 阻燃剂在气相中发挥着重要作用。

为了深入了解 MRP 在气相中的阻燃机理，图 5-50 给出了 MRP 在两种不同气氛下的热分解曲线。从图 5-50（a）中可以看出，在氮气气氛中，大约有 80% 的 MRP 高温热分解成挥发性的 P·自由基，这些 P·自由基通过测试仪器排放到大气中。相比之下，在空气气氛中，只有大约 9% 的 MRP 分解成 P·自由基，绝大部分 MRP 变成了磷的氧化物或磷酸类物质。这些含氧的磷化合物在高温下不稳定，大约有 73% 继续分解成挥发性的含磷和氧元素的自由基（如 PO·），这些挥发性的 PO·自由基通过测试仪器排到大气中。众所周知，P·和 PO·是活泼自由基，在气相中能有效捕捉火焰中的 H·和 HO·基团，终止燃烧的链反应。因此，含有 MRP 的复合材料热分解生成的挥发气体中的自由基能抑制燃烧，使复合材料的阻燃性能得到提高。由于聚合物热分解产生的挥发性气体在气相中不能充分燃烧，因此燃烧时发烟量就比不含 MRP 的复合材料有所增加。随着 MRP 用量增加，气相中的 P·和 PO·自由基数量相应增加，导致含磷复合材料的发烟量越来越多。

2）凝聚相阻燃机理

图 5-56 为不同 MRP 含量的 HIPS/MH/MRP 复合材料在空气中于 400℃热分解 3 h 后残余物的 SEM 图像。可以看出，图 5-56（a）～（c）分别对应的是 MRP 含量为 0%、4%、10% 的复合材料，这三种复合材料在热分解后残余物表面非常接近，都比较光滑致密，MRP 含量为 0% 和 4% 的复合材料表面只有极个别的小孔和裂痕，MRP 含量为 10% 的复合材料表面相对比较致密。但是，如图 5-56（d）所示，MRP 含量为 30% 的复合材料残余物表面明显比上述三种材料更加粗糙和疏松多孔。MRP 含量为 33.3% 的复合材料的残余物表面最不完整，最疏松多孔，即使在低放大倍数时也能清晰地看到残余物表面有很多裂缝和孔洞 [图 5-56（e）]。该结果表明，MRP 用量对复合材料热分解后的残余物表面形态有非常显著的影响。当 MRP 用量在 10% 左右时，复合材料残余物表面比较光滑、连续、致密。MRP 用量过多时，复合材料热分解残余物表面非常粗糙、结构非常疏松、裂缝和孔洞也较多。显然，这种结构对复合材料的阻燃性能十分不利。因此，复合材料中 MRP 阻燃剂的用量不宜过多。

图 5-57 是上述五种复合材料在空气中用丁烷气体火焰燃烧 10 s 后的 SEM 图像。从图 5-57（a）～（c）可以看出，MRP 含量为 0%、4% 和 10% 复合材料表面形态相似，从整体上看，除了极个别的小孔之外，残余物表面比较光滑、连续、致密。随着 MRP 用量增加，残余物表面变得越来越粗糙不平。与 10% 复合材料相比 [图 5-57（c）]，MRP 含量为 30% 的复合材料燃烧残余物的表面形态比较粗

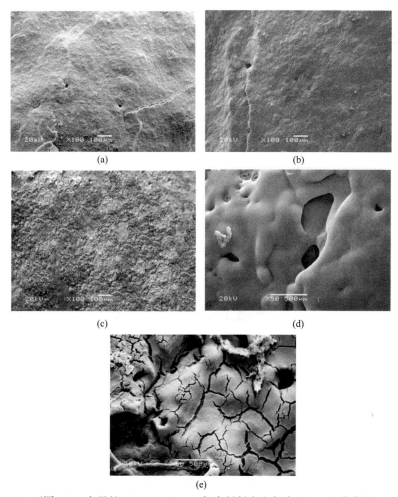

图 5-56　不同 MRP 含量的 HIPS/MH/MRP 复合材料在空气中于 400℃热分解 3 h 后的
SEM 图像[26]

（a）0%；（b）4%；（c）10%；（d）30%；（e）33.3%

糙，孔洞更多且尺寸比较大[图 5-57（d）]。从图 5-57（e）可以看出，MRP 含量
为 33.3%复合材料残余物表面的孔洞数量最多，尺寸最大，结构最松散。图 5-57
的结果和图 5-56 的结果非常一致，都表明过多的 MRP 会导致复合材料热分解和
燃烧残余物表面更加粗糙、结构更加疏松、孔洞数量更多，尺寸更大。不难想象，
在这种条件下，气相火焰中燃烧产生的热量和凝聚相中高分子热分解产生的可燃
性气体都能非常容易地通过这种疏松多孔的结构进行传递和交换，从而使燃烧更
容易进行。

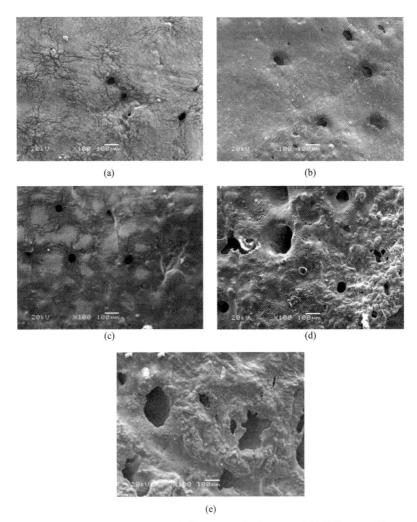

图5-57　不同MRP含量的HIPS/MH/MRP复合材料在空气中用丁烷火焰燃烧10 s后的SEM图像[26]
（a）0%；（b）4%；（c）10%；（d）30%；（e）33.3%

　　图 5-58 是上述五种复合材料在锥形量热仪测试之后的燃烧残余物的数码照片。不含 MRP 的复合材料燃烧后生成一层厚厚的白色残余物,该残余物表面覆盖一层很薄的黑色炭层[图 5-58（a）]。显然,这种白色物质是 MgO。从图 5-58（b）和（c）中可以看到,加入适量 MRP 后的 HIPS/MH/MRP 复合材料燃烧后的残余物表面比较光滑致密。生成的残余物炭层不仅连续、均匀、致密,而且颜色也全部变成了黑色。但是,如图 5-58（d）和（e）所示,随着 MRP 用量继续增加,复合材料的燃烧残余物表面开始变得粗糙和松散。MRP 含量为 30%的复合材料的燃烧残余物呈不连续的团块状分散状态,非常松散。当 MRP 含量增加到 33.3%

时，得到的复合材料的燃烧残余物炭层非常薄，表面有许多裂纹和缺陷，能清晰地看见炭层底部的铝箔。

图 5-58　不同 MRP 含量的 HIPS/MH/MRP 复合材料在锥形量热仪测试后的残余物数码照片[26]
（a）0%；（b）4%；（c）10%；（d）30%；（e）33.3%

　　从图 5-56～图 5-58 的结果可知，MRP 含量对 HIPS/MH/MRP 阻燃复合材料在热分解和燃烧过程中的成炭行为有非常显著的影响。MRP 含量不超过 10%时，复合材料能生成一层厚厚的、连续和致密的炭层，像一个厚实的防火外罩一样覆盖在材料表面。显然，这种致密的炭层具有很高的热稳定性，能够有效地阻止气相火焰区和凝聚相之间的热量传递和物质交换，赋予聚合物材料较好的阻燃性能。

如前所述，当 MRP 用量从 4%增加到 10%时，HIPS/MH/MRP 复合材料的阻燃性能显著改善。但是，从表 5-14 中发现，AEHC 值首先从不含 MRP 的 0%复合材料的 35 MJ/m^2 降低到 MRP 含量为 4%复合材料的 12 MJ/m^2，然后又随着 MRP 用量的增加上升到 MRP 含量为 10%复合材料的 27 MJ/m^2。AEHC 数值增加表明材料燃烧时在气相中释放更多的热量，这对材料的阻燃性能非常不利。因此，此时复合材料阻燃性能的提高必然是来源于凝聚相中的阻燃作用。

　　从图 5-56～图 5-58 可以发现，MRP 含量为 10%的复合材料比 MRP 含量为 4%的复合材料的热分解和燃烧残余物的炭层更加均匀、致密、连续，因此能够更加有效地阻止气相中产生的热量向材料内部传递和凝聚相中聚合物热分解产生的可燃性气体向气相火焰区扩散。也就是说，前者比后者在凝聚相中的阻燃性能更好。因此，在燃烧过程中，凝聚相的阻燃发挥着非常重要的作用。从图 5-51、图 5-54、图 5-55、表 5-13 和表 5-14 中可知，MRP 含量为 30%的复合材料和 MRP 含量为 10%的复合材料的 AEHC 值比较接近，说明这两种复合材料的阻燃剂在气相中的阻燃性能基本相同。但是，前者的阻燃性能远远低于后者。通过图 5-56～图 5-58 可以发现，造成该情况的原因是 MRP 含量为 30%复合材料的燃烧残余物表面非常粗糙，结构疏松，孔洞较多。这种结构不能有效阻止气相中产生的热量和凝聚相分解的可燃性气体之间的交换，即该材料燃烧产生的热量很容易通过这种炭层反馈到复合材料内部，使材料分解出更多的可燃性气体，可燃性气体也非常容易通过这种结构的炭层迁移到燃烧区域进行燃烧，产生更多的热量反馈，如此循环，导致材料的阻燃性很差。因此，MRP 含量为 30%的复合材料的 PHRR、AHRR 和 THR 都比 MRP 含量为 10%的复合材料的相应值大很多。至于 MRP 含量为 33.3%的复合材料，其阻燃性能在所有复合材料中最差，可能是由以下原因造成的：①由于 MRP 含量过多，燃烧时 MRP 自身发生氧化反应生成大量热量，会促进聚合物燃烧；②材料热分解和燃烧生成的炭层表面粗糙，结构疏松多孔，热量和可燃性气体很容易通过，无法起到防火屏障作用。即使有一部分 MRP 阻燃剂在气相发挥作用，对材料阻燃性能也起不到任何改善作用。

　　为了更多地了解凝聚相的阻燃机理，对不同组成的复合材料燃烧残余物进行了 FTIR 和 XRD 分析。图 5-59 是 MRP 含量为 0%、10%和 33.3%的复合材料在锥形量热仪测试后的燃烧残余物的 FTIR 谱图。可见，三种复合材料分别在 3406～3438 cm^{-1} 范围内有很宽的 H_2O 分子的伸缩振动吸收峰，在 1635 cm^{-1} 附近有 H_2O 分子的弯曲振动吸收峰。图中 3697 cm^{-1}、1440 cm^{-1} 和 415 cm^{-1} 处对应的分别是 O—H 键不规则伸缩振动峰、O—H 键弯曲振动峰和 Mg—O 键的伸缩振动峰。与 MRP 含量为 0%的复合材料的谱图相比，MRP 含量为 10%复合材料在 1285 cm^{-1}、1072 cm^{-1} 和 572 cm^{-1} 处有三个新的吸收峰，分别对应的是 P=O 键不规则伸缩振动峰、P—O—P 链中的 P—O 键的不规则伸缩振动峰和 PO_4^{3-} 离子的不规则弯曲振动峰。与 0%复合材料的燃烧残余物 Mg—O 键的吸收峰强度相比，10%复合材料燃烧残余物的 Mg—O 键吸收峰强度比较弱，表明在后一种燃烧残余物中 MgO 的含量更少。后者的谱图中在 1285 cm^{-1}、1072 cm^{-1} 和 572 cm^{-1} 处的吸收峰为含磷化合物的吸收峰。从两者的 FTIR 谱图可以推断，MH 受热分解成 MgO，而大部分的 MgO 同磷酸反应生成磷酸镁。因此，0%复合材料的燃烧残余物主要由 MgO 组成，10%复合材料的燃烧残余物包含一小部分 MgO 和一系列含磷的化合物（如磷酸镁和含 P=O、P—O—P 和 P—O—C 键的化合物）。比较 MRP 含量为 10%的复合材料和 MRP 含量为 33.3%的复合材料燃烧残余物的谱图发现，P=O 键、P—O 键和 PO_4^{3-} 离子的吸收峰在前者谱图中对应的波数是 1285 cm^{-1}、1072 cm^{-1} 和 572 cm^{-1}，而在后者的谱图中相对应的波数均有所减小，分别在 1163 cm^{-1}、1009 cm^{-1} 和 494 cm^{-1}。这是因为，后者燃烧残余物主要是由黑色的炭层和极性的含磷化合物（如磷酸，含 P=O 键、P—O—P 键和 P—OH 键的磷酸类化合物）组成。这些含磷的化合物都具有亲水性，能形成大量的分子内和（或）分子间氢键。因此，与 MRP 含量为 10%的复合材料残余物的谱图相比，MRP 含量为 33.3%的复合材料残余物的谱图中的 P=O 键、P—O 键和 PO_4^{3-} 离子对应的吸收峰发生了红移。

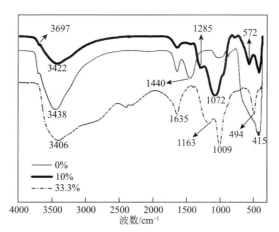

图 5-59　不同 MRP 含量的 HIPS/MH/MRP 复合材料在锥形量热仪测试后燃烧残余物的 FTIR 谱图[26]

　　图 5-60 是 MH、MgO 和几种不同组成的 HIPS/MH/MRP 复合材料的燃烧残余物的 XRD 图。纯 MH 分别在衍射角为 18.6°、31.0°、38.0°、50.8°、58.6°、62.0° 和 68.3°处有尖锐的衍射峰；MgO 分别在 42.9°和 62.0°处有两个尖锐的衍射峰。MRP 含量为 0%复合材料燃烧残余物的衍射图形和 MgO 的衍射图形基本一致。MRP 含量为 10%的复合材料的衍射图形和 MgO 的衍射图形也基本上一样，只不过，在 42.9°和 62.0°处的两个衍射峰都比较弱，除此之外也没有其他衍射峰。MRP 含

量为 33.3%的复合材料的燃烧残余物的衍射峰图形基本上是一条直线，没有任何明显的衍射峰。这些结果表明，MRP 含量为 0%的复合材料的燃烧残余物全部是MgO，MRP 含量为 10%复合材料的燃烧残余物主要是非结晶的物质，并且 MgO含量非常低，可以忽略不计，MRP 含量为 33.3%的复合材料的燃烧残余物全部是非结晶型物质。图 5-60 的结果同时表明，MRP 含量为 0%、10%和 33.3%的复合材料的燃烧残余物中的碳质物全部是非结晶型炭层。因此，HIPS/MH/MRP 复合材料的燃烧残余物是由非结晶的磷酸镁、炭层和少量的 MgO 结晶组成。

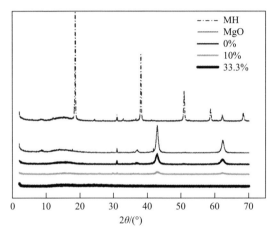

图 5-60　MH、MgO 和几种不同组成的 HIPS/MH/MRP 复合材料燃烧残余物的 XRD 图[26]

5.5.3　MH 和 MRP 之间的相互作用

从 5.5.1 小节和 5.5.2 小节讨论可知，在阻燃剂用量相同的情况下，当 MH 和MRP 以适当比例共同使用时比两者单独使用时表现出更高的阻燃效率，两者之间有非常显著的协同阻燃作用。为了深入探索两者之间的协同阻燃效应，本节采用多种手段研究了 MH 和 MRP 之间的相互作用。

1. XRD 分析

图 5-61（a）给出了质量比为 7/3 的 MH/MRP 混合物在氮气环境中于不同温度下热处理 30 min 后的 XRD 图。从图中可见，MH 在 18.7°、38.0°、50.8°、58.6°、62.0°和 68.3°有尖锐的衍射峰，MgO 在 42.9°和 62.3°有两个明显的衍射峰。MH/MRP 混合物在 400℃热处理 30 min 后的残余物的 XRD 图与纯 MH 的 XRD图完全相同。实验中发现，即使把 MH/MRP 混合物在 400℃热处理 10 h，其热处理残余物的 XRD 图仍然与纯 MH 的 XRD 图完全相同。该结果表明，在这种条件下 MH 没有分解，MH 和 MRP 之间也没有发生任何相互作用。但是，当把 MH/MRP

混合物在 500℃热处理 30 min 后，该混合物的 XRD 图变得与纯 MgO 的 XRD 图相同，所有与 MH 有关的衍射峰都消失了，分别在 42.9°和 62.3°出现了两个新的衍射峰，这表明混合物中所有的 MH 都已经全部分解了。由于这两个新衍射峰很小，强度很弱，因此可以断定 MH 和 MRP 之间肯定发生了某种相互作用，并且生成的热分解产物具有无定形结构。否则，如果两者之间没有发生化学反应，只有 MH 的分解，那么生成的产物应该为具有尖锐衍射峰的 MgO。该混合物在 600℃热处理 30 min 和 700℃热处理 30 min 后的残余物的 XRD 图均与在 500℃热处理 30 min 后的残余物的 XRD 图完全相同。该结果表明，在氮气环境中 MH 和 MRP 之间的反应在大约 500℃进行，进一步提高温度对两种阻燃剂之间的相互作用没有影响。此外，两者的反应产物具有无定形结构，MgO 的含量很少。

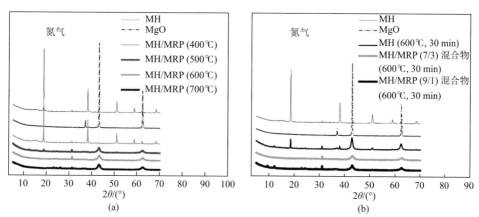

图 5-61　质量比为 7/3 的 MH/MRP 混合物在氮气中于不同温度下热处理 30 min（a）和不同组成的 MH/MRP 混合物在氮气中于 600℃热处理 30 min（b）后的 XRD 图[95]

图 5-61（b）为质量比不同的 MH/MRP 混合物在氮气中于 600℃热处理 30 min 后的 XRD 图。从图中可见，纯 MH 在 600℃热处理 30 min 后的 XRD 图同时具有 MH 和 MgO 的衍射峰，表明其热分解产物中 MH 和 MgO 同时存在。也就是说，在这种条件下 MH 只是部分分解成了 MgO，相应的热分解产物为 MH 和 MgO 的混合物。相比之下，两种组成不同的 MH/MRP 混合物（7/3 和 9/1）在相同条件下热分解产物的 XRD 图上只有两个衍射峰，并且这两个衍射峰的位置与纯 MgO 的 XRD 图上的衍射峰的位置完全相同，观察不到任何与 MH 相关的衍射峰。比较图 5-61（a）和（b）不难发现，质量比为 9/1 的 MH/MRP 混合物在 600℃热处理 30 min 后的 XRD 图与质量比为 7/3 的 MH/MRP 混合物在 500℃、600℃和 700℃热处理 30 min 后的 XRD 图几乎完全相同。这意味着两种不同组成的 MH/MRP 混合物在这些不同条件下的热分解产物具有相同的组成，热分解产物主要由无定形物质组成，MgO 的含量很少。也就是说，MH 热分解生成的大多数 MgO 与 MRP

发生反应生成了无定形结构的磷酸镁化合物。图 5-61 的结果表明，在 MH 中加入少量 MRP 可促进 MH 在凝聚相的吸热分解反应。毫无疑问，这会提高 MH 的阻燃效率，有利于含有这两种阻燃剂的复合材料的阻燃。

2. 热分析

图 5-62 为纯 MH、MRP 和不同组成的 MH/MRP 混合物在氮气环境中的 TGA 和 DTG 曲线。如图 5-62（a）所示，纯 MRP 在大约 360℃开始分解，纯 MH 在大约 340℃开始分解。前者的热分解温度明显高于后者。从图 5-62（b）可见，在温度小于 416℃时，MRP 的质量损失速率（MLR）远远小于 MH 的 MLR。由于 MRP 的热稳定性远高于 MH，MH/MRP 混合物在氮气环境中的热稳定性介于 MH 和 MRP 之间。MH/MRP 混合物中 MRP 的含量越多，混合物的热稳定性就越高。当温度大于 416℃时，MRP 的 MLR 急剧增加，其最大 MLR 对应的温度为 476℃，MRP 的热分解温度介于 360~520℃之间。MH、MRP 和 MH/MRP 混合物的热分解残余物在温度大于 520℃以上时都非常稳定。这几种不同材料在 TGA 实验中的热分解残余物的数据列于表 5-15 中。可见，纯 MH 和 MRP 热分解残余物的实验测试值（R_{exp}）分别为 69% 和 20%，质量比为 9/1 和 7/3 的 MH/MRP 混合物的热分解残余物的实验测试值为 69% 和 59%，分别比相应的理论计算值（R_{the}）大 6.7% 和 4.7%。由于理论计算值是通过假设 MH 和 MRP 之间没有发生任何相互作用计算出来的，所以这两种阻燃剂之间必定发生了某种化学反应。两者之间化学反应的发生，使某些 MH 和（或）MRP 的热分解产物被保留到了固体残余物中，导致热分解产物数量增加。如表 5-15 所示，MH/MRP 混合物热分解产物的 R_{exp} 和 R_{the} 之间的差值随着混合物中 MRP 含量的减少而增加。该结果表明，在无氧条件下很少量 MRP 就能够与 MH 反应并捕捉 MH 热分解释放出来的 H_2O，导致凝聚相中热分解残余物的数量增加。

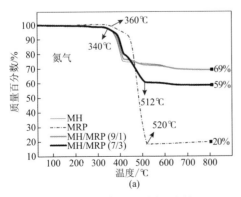 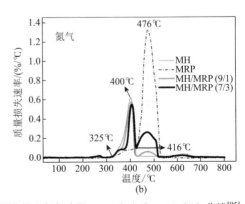

图 5-62　纯 MH、MRP 和不同组成的 MH/MRP 混合物在氮气中的 TGA（a）和 DTG（b）曲线[95]

表 5-15　几种不同材料在氮气中的 TGA 热分解残余物数据[95]

材料名称	R_{exp}/%	R_{the}/%	$(R_{exp}-R_{the})$/%
MH	69	—	—
MRP	20	—	—
MH/MRP（9/1）混合物	69	62.3	6.7
MH/MRP（7/3）混合物	59	54.3	4.7

注：R_{exp}，热分解残余物实验测试值；R_{the}，假定 MH 和 MRP 之间不发生反应得到的热分解残余物的理论计算值

图 5-63 为上述几种材料在空气气氛中的 TGA 和 DTG 曲线。显然，这些材料在空气与氮气中的热分解行为有很大差异。如图 5-63（a）所示，纯 MRP 在温度小于 450℃时在空气中分解非常缓慢，但是当温度超过 450℃后的残余质量突然迅速增加。当温度处于 445~490℃范围内时，MRP 的残余质量从 91%增加到 125%，然后逐渐减少，其残余质量达到峰值时对应的温度为 488℃。从图 5-63（b）可见，纯 MRP 的 DTG 曲线上有三个明显的峰：温度 350~440℃范围内小而宽的质量损失峰、峰值温度为 470℃的大而窄的质量增加峰以及峰值温度为 532℃的大而宽的质量损失峰。显然，第一个质量损失峰与少量 MRP 的初始热分解有关，第二个峰（质量增加峰）与 MRP 的氧化反应有关，该反应为放热反应，并且会显著增加 MRP 的残余质量。第三个峰（第二个质量损失峰）的出现表明 MRP 的氧化产物（如 P_2O_5）在高温下并不稳定，它们会继续分解生成气体和一些更加稳定的固体物质，这种分解反应甚至持续进行到 800℃还没结束。测试结束时，MRP 的残余率为 27%，大于在氮气环境中的相应值（20%）。从图 5-63（b）还观察到，两种 MH/MRP 混合物的 DTG 曲线上分别有两个峰：一个是质量损失峰，另一个是质量增加峰。MH/MRP 混合物中 MRP 的含量越多，质量增加峰越大，测试结束时的残余质量越多。此外，实验结束时混合物在空气中的残余质量百分数远远大

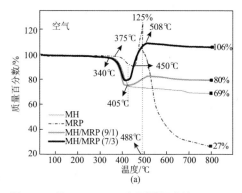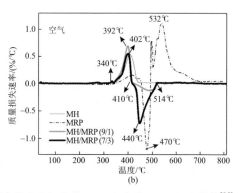

图 5-63　纯 MH、MRP 和不同组成的 MH/MRP 混合物在空气中的 TGA（a）和 DTG（b）曲线[95]

于在氮气中的相应值。这些结果表明，MRP 的氧化反应在 MH/MRP 混合物的热分解过程中起到了重要作用，氧化反应显著增加了热分解残余物的质量分数。当温度高于 514℃时，混合物的热分解残余物在空气中的热稳定性非常高，这一点与在氮气中的情况类似。

仔细观察图 5-62 和图 5-63 发现，在热分解的初始阶段，MH/MRP 混合物在不同的气体中表现出不同的行为。如图 5-62 所示，在氮气环境中温度小于 400℃时，两种混合物的热分解残余质量百分数均大于 MH 的热分解残余质量百分数，两种混合物的质量损失速率（MLR）均小于 MH 的 MLR。但是，相同条件下在空气气氛中出现了相反的情况。从图 5-63 可见，温度小于 400℃时，两种混合物的热分解残余质量百分数均小于 MH 的热分解残余质量百分数，两种混合物的MLR 均大于 MH 的 MLR。这些结果清楚地表明，MH/MRP 混合物在氮气中比MH 更加稳定，但是在空气中的热分解反应比 MH 更快。也就是说，在 MH 中加入少量 MRP 可提高 MH/MRP 混合物在无氧环境中的热稳定性，同时可促进 MH在有氧条件下的热分解反应，更好地发挥 MH 的阻燃作用。

为进一步深入了解 MH 和 MRP 之间的协同阻燃机理，图 5-64 给出了纯 MH和不同组成的 MH/MRP 混合物在空气气氛中的 DSC 曲线。从图中可见，纯 MH在升温过程中有一个很小的吸热峰，MH/MRP 混合物的 DSC 曲线上的吸热峰比纯 MH 的 DSC 曲线上的吸热峰明显变大，混合物的 DSC 曲线从大约 170℃开始偏离了纯 MH 的 DSC 曲线，其热流率远远大于后者。纯 MH 和 MH/MRP 混合物的吸热峰对应的峰值温度分别为 404℃和 394℃。此外，纯 MH 的 DSC 曲线没有放热峰，而 MH/MRP 混合物的 DSC 曲线出现了明显的放热峰，放热峰的强度随着混合物中 MRP 含量的增加急剧增强，该放热峰对应的峰值温度为 443℃。这些结果进一步表明，加入少量 MRP 可明显促进 MH 在空气气氛中的吸热分解反应，MH/MRP 混合物比纯 MH 开始分解的温度更低，分解更早，热分解速率更大，分解时吸收的热量更多。毫无疑问，这对聚合物材料的阻燃是有利的。至于 MH/MRP

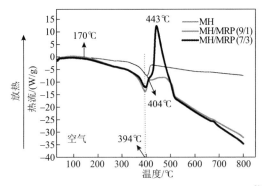

图 5-64　几种不同材料在空气气氛中的 DSC 曲线[95]

混合物 DSC 曲线上的放热峰，显然是由 MRP 的氧化反应引起的。众所周知，该氧化反应是一个放热反应，并且会使反应后的残余物质量显著增加。MRP 的含量越高，放出的热量越多。所以，从阻燃的角度来看，加入过多 MRP 对聚合物材料的阻燃是不利的，这已由前面的实验所证实。

3. FTIR 分析

图 5-65 为 MH、MgO 及质量比为 7/3 的 MH/MRP 混合物在氮气中于 600℃热分解不同时间后残余物的 FTIR 谱图。图中 3698 cm^{-1} 处的窄而尖锐的强吸收峰为 MH 中 O—H 键的伸缩振动吸收峰，415 cm^{-1} 处的强吸收峰为 MgO 中 Mg—O 键的伸缩振动吸收峰，3436 cm^{-1} 和 1635 cm^{-1} 处的宽吸收峰分别为 H_2O 分子的伸缩振动和弯曲振动的吸收峰，1056 cm^{-1} 和 572 cm^{-1} 处的吸收峰分别为 P—O 键和 PO_4^{3-} 离子的吸收峰。从图中可见，MgO 分子中 Mg—O 键的伸缩振动吸收峰位于 415 cm^{-1}，MH 中 Mg—O 键的伸缩振动吸收峰位于 436 cm^{-1}，发生了少量蓝移。四种材料均在 3436 cm^{-1} 和 1635 cm^{-1} 处有类似的吸收峰，可能为压片制样时 KBr 中微量水分所致。MH/MRP 混合物在 600℃热分解 30 min 和 3 h 后得到的残余物的 FTIR 谱图完全相同，均在 1056 cm^{-1}、572 cm^{-1} 和 415 cm^{-1} 处有较强的吸收峰。由此可见，MH 和 MRP 在高温下的反应进行得很快，即使在氮气环境中也会生成一系列含磷化合物，得到的产物由磷酸镁和 MgO 组成。

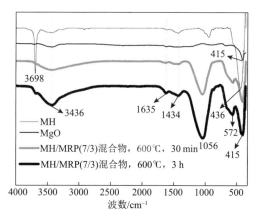

图 5-65　MH、MgO 及质量比为 7/3 的 MH/MRP 混合物在氮气中于 600℃热分解不同时间后残余物的 FTIR 谱图[95]

从上述讨论可知，MH/MRP 混合物在氮气和空气中的热分解行为有较多不同之处。有氧气存在时，加入适量 MRP 会活化 MH 的热分解反应，使 MH 加速分解，MH/MRP 混合物在温度小于 400℃时的 MLR 远大于纯 MH 的 MLR。活化后的 MH 分解温度更低，分解时吸收的热量更多，吸热分解的峰值温度从 404℃降低到 394℃。显然,这对聚合物的阻燃是很有利的。与无氧条件下相比,有氧气存在时得到的热分解残余物数量大幅度增加。基于相关实验结果,分别提出了在有氧和无氧条件下 MH 与 MRP 之间的反应路线图。

如图 5-66 所示,有氧气存在条件下,由于 MRP 在受热时极易被氧化,所以首先与氧气反应生成磷的氧化物(如 P_2O_5)。当温度达到 MH 的热分解温度时,MH 开始分解生成 MgO 和 H_2O。P_2O_5 是一种非常强的吸水剂,会立即吸收 MH 热分解释放出来的 H_2O,反应生成 H_3PO_4。H_3PO_4 在高温下会自身聚合生成多聚磷酸(polyphosphoric acid,PPA),PPA 是一种很强的脱水剂,会促进聚合物脱水成炭,生成大量炭层覆盖在聚合物表面形成防火屏障起到阻燃作用。另外,在高温下 H_3PO_4 也容易与 MH 热分解释放出来的 MgO 反应生成磷酸镁,该化合物具有很高的热稳定性,分散在炭层中可增强炭层的强度和稳定性。因此,图 5-66 中列出的一系列反应形成了一个加速 MH 吸热分解反应的循环,极大地促进了 MH 的吸热分解,提高了 MH 的阻燃效率。显然,MRP 的氧化反应是 MH 分解反应循环的决定性因素。

$$P + O_2 \xrightarrow{\triangle} P_2O_5$$

$$Mg(OH)_2 \xrightarrow{>340℃} MgO + H_2O$$

$$P_2O_5 + H_2O \longrightarrow H_3PO_4$$

$$MgO + H_3PO_4 \xrightarrow{410\sim514℃} Mg_3(PO_4)_2$$

图 5-66　氧气存在条件下 MH 与 MRP 的反应路线图[95]

在氮气环境下,由于没有氧气存在,MRP 不可能发生氧化反应。当 MH/MRP 混合物加热到 MH 的热分解温度(大约 340℃)时,只存在 MH 的热分解反应。如图 5-62 所示,由于 MRP 本身的热稳定性远好于 MH,其热分解反应需要更高的温度。但是,如前所述,在温度超过 500℃时加入少量 MRP 可明显促进 MH 的热分解反应(图 5-61),这表明即使没有氧气存在,在足够高的温度下(如 500℃以上),MRP 的存在也能够活化 MH 的热分解反应,促进 MH 吸热分解,提高其阻燃效率。基于这些实验结果,图 5-67 提出了在无氧条件下 MH 与 MRP 之间的反应路线图。如图 5-67 所示,当 MH/MRP 混合物温度升高到 MH 的起始热分解温度(340℃以上)时,MH 开始热分解生成 MgO 和 H_2O。由于 MRP 在氮气中具有极高的热稳定性,所以此时仍然没有任何变化(无任何热分解)。当温度超过 MRP 的起始热分解温度 416℃时,MRP 分解成活性极高的磷自由基($P \cdot$),在高温下 $P \cdot$ 可能与 H_2O 分子进行反应,生成 H_3PO_4 或其同系物,H_3PO_4 一方面在高温下可自聚生成 PPA,促进聚合物脱水成炭,另一方面可迅速与 MH 热分解生成的 MgO 反应生成热稳定性极高的磷酸镁,与生成的炭层混合在一起覆盖在聚合物表面形成防火屏障，提高聚合物的阻燃性能。因此，图 5-67 中列出的反应形成了一个无氧条件下的反应循环，促进了 MH 在高温下的吸热分解反应，提高了阻燃效率。其中，P 与 H_2O 的反应是该反应循环的决定性因素。

$$Mg(OH)_2 \xrightarrow{\ >340℃\ } MgO + H_2O$$

$$P + H_2O \xrightarrow[N_2]{\ 416\sim476℃\ } H_3PO_4 + PH_3$$

$$MgO + H_3PO_4 \xrightarrow{\ 416\sim512℃\ } Mg_3(PO_4)_2$$

图 5-67　无氧条件下 MH 与 MRP 的反应路线图[95]

为证实上述分析，对无氧条件下 MH 和 MRP 在高温下的反应产物进行了分析。为此，设计了图 5-68 的反应装置。首先，精确测量一定数量的 MRP 和 H_2O，把两者的混合物水平放置在真空密封管的中间部位，然后抽真空，充入洁净和干燥的氮气进行保护。接着，把真空密封管用酒精灯加热 15 min，然后缓慢冷却至室温。随后，打开真空密封管，将适量水加入管中，测定溶液的 pH。实验中发现，打开真空密封管时有明显的大蒜臭味气体放出，表明有磷化氢（PH_3）生成。同时，试管底部溶液的 pH 为 1，显示出强酸性，表明反应产物中有较强的酸性物质生成。这些结果表明，在无氧条件下，红磷（RP）的确会与 H_2O 在高温下发生化学反应。由于生成 H_3PO_4 或其同系物，由 MH 热分解产生的 MgO 很快被消耗掉，这将极大地促进 MH 的分解，所以加入适量 MRP 可活化 MH 的吸热分解反应。从图 5-68 不难看出，MRP 与 H_2O 之间的反应是该循环反应的推动力。所以，即使在无氧条件下，加入适量 MRP 也会活化 MH 在高温下的吸热分解反应，提高其阻燃效率。

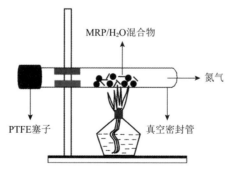

图 5-68　无氧条件下 MH 与 MRP 的反应装置示意图[95]

从以上讨论可以看出，无论是在空气还是氮气环境中，MH/MRP 混合物在高温下热分解时均能够原位生成 H_3PO_4。众所周知，H_3PO_4 在高温下可自聚生成 PPA 或其他衍生物，这些含磷物质都是强脱水剂，会促进聚合物在热分解或燃烧时脱水炭化,在聚合物表面生成保护性炭层,减少可燃性气体的生成,因此提高了聚合物的阻燃性能。

5.6 纳米炭黑对 HIPS/MH/MRP 复合材料阻燃性能的影响

为方便起见,表 5-16 列出了本节用到的复合材料的编号与组成。

表 5-16　不同 HIPS 复合材料的组成以及 LOI 和 UL-94 VBT 实验结果[96]

材料名称	HIPS/MH/MRP/CB 质量比	CB 质量分数/%	LOI/%	UL-94 VBT
HIPS	100/0/0/0	0	18.1	无级别
HIPS/MH100	100/100/0/0	0	24.0	无级别
HIPS/MH40	100/40/0/0	0	20.4	无级别
HIPS/MH/MRP/CB0	100/30/10/0	0	22.9	V-1
HIPS/MH/MRP/CB1	100/29/10/1	0.7	23.0	V-0
HIPS/MH/MRP/CB3	100/27/10/3	2.1	23.7	V-0
HIPS/MH/MRP/CB5	100/25/10/5	3.6	24.1	V-0
HIPS/MH/MRP/CB10	100/25/10/10	6.9	24.4	V-0
HIPS/MH/MRP/CB15	100/25/10/15	10.0	24.8	V-0

5.6.1　热分解行为

图 5-69 为阻燃剂总用量相同的 HIPS/MH/MRP/CB0 和 HIPS/MH/MRP/CB5 两种复合材料在氮气气氛中的 TGA 和 DTG 曲线,热失重分析的详细数据列于表 5-17 中。从图 5-69(a)可见,两种材料的 TGA 曲线在温度小于 305℃时完全重合在一起,但是在温度超过 305℃时后者的热稳定性比前者更好。当温度超过 435℃后,含有 CB 的复合材料的残余质量百分数比不含 CB 的复合材料的残余质量百分数更大。图 5-69(b)表明,HIPS/MH/MRP/CB5 复合材料的最大 MLR 明显比 HIPS/MH/MRP/CB0 复合材料的最大 MLR 更小。从表 5-17 可见,虽然两种复合材料的最大 MLR 所对应的温度均为 436℃,但是 HIPS/MH/MRP/CB5 复合材料在质量损失 5%、50% 和 70% 时所对应的温度 $T_{5\%}$、$T_{50\%}$ 和 $T_{70\%}$ 均大于 HIPS/MH/MRP/CB0 复合材料的相应值。另外,含有 CB 的复合材料在高温下热分解时比不含有 CB 的复合材料能够生成更多的残余物。这些结果表明,加入适量 CB 能够提高 HIPS/MH/MRP 复合材料的热稳定性能。

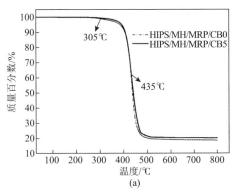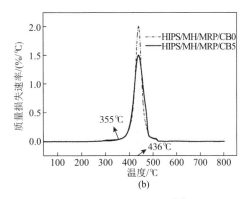

图 5-69　不同 HIPS 复合材料在氮气中的 TGA（a）和 DTG（b）曲线[96]

表 5-17　不同 HIPS 复合材料在氮气中的热失重数据[96]

材料名称	$T_{5\%}$/℃	$T_{50\%}$/℃	$T_{70\%}$/℃	T_{max}/℃	R_{600}/%	R_{800}/%
HIPS/MH/MRP/CB0	386	439	454	436	19.0	18.5
HIPS/MH/MRP/CB5	394	443	462	436	20.3	20.1

注：$T_{5\%}$，质量损失 5%时对应的温度；$T_{50\%}$，质量损失 50%时对应的温度；$T_{70\%}$，质量损失 70%对应的温度；T_{max}，最大质量损失速率对应的温度；R_{600}，600℃时的残余质量百分数；R_{800}，800℃时的残余质量百分数

聚合物材料通常在空气环境中应用，发生火灾时往往是材料的表面首先发生热氧化降解和燃烧，因此了解材料在空气中的热分解行为十分必要。图 5-70 给出了以上两种复合材料在空气中的 TGA 和 DTG 曲线，表 5-18 列出了相应的热失重数据。比较图 5-69 和图 5-70 不难发现，两种复合材料在空气中的分解温度（如 $T_{5\%}$、$T_{50\%}$ 和 T_{max}）均明显小于它们在氮气中的相应数值。例如，HIPS/MH/MRP/CB0 复合材料在空气中的 $T_{5\%}$ 和 $T_{50\%}$ 分别为 334℃和 400℃，但是在氮气中的 $T_{5\%}$ 和 $T_{50\%}$ 分别为 386℃和 439℃。对于 HIPS/MH/MRP/CB5 复合材料，也观察到类似的现象。显然，两种复合材料在空气中热稳定性能的降低来源于聚合物的热氧化反应，该反应会加速聚合物链的分解。图 5-69 和图 5-70 的另外一个显著不同之处是两种复合材料在空气中的 TGA 曲线在温度超过 427℃后均出现了明显的质量增加现象，但是在氮气中并没有类似现象。显然，这是由 MRP 的氧化反应造成的，该反应将导致样品的质量增加。因此，相同温度下复合材料在空气中的热分解残余质量百分数远大于在氮气中的热分解残余质量百分数。比较表 5-17 和表 5-18 发现，两种复合材料在空气中质量损失 70%时对应的温度远远高于在氮气中的相应值。例如，HIPS/MH/MRP/CB0 复合材料在空气中的 $T_{70\%}$ 为 491℃，但是该材料在氮气中的 $T_{70\%}$ 只有 454℃；含有 CB 的 HIPS/MH/MRP/CB5 复合材料在空气中的 $T_{70\%}$ 为 602℃，但是该材料在氮气中的 $T_{70\%}$ 只有 462℃。这些结果表明，两种复合材料在空气中热氧化反应得到的产物在高温下十分稳定。正因为如此，热失重实

验结束时复合材料在空气中的热分解残余物数量远多于在氮气中的相应数量。

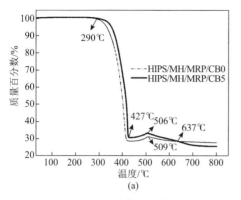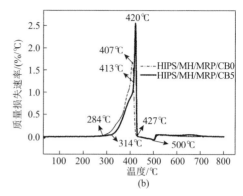

图 5-70 不同 HIPS 复合材料在空气中的 TGA（a）和 DTG（b）曲线[96]

表 5-18 不同 **HIPS** 复合材料在空气中的热失重数据[96]

材料名称	$T_{5\%}$/℃	$T_{50\%}$/℃	$T_{70\%}$/℃	T_{max}/℃	R_{600}/%	R_{800}/%
HIPS/MH/MRP/CB0	334	400	491	407	28.5	27.6
HIPS/MH/MRP/CB5	354	416	602	420	29.8	25.5

注：$T_{5\%}$，质量损失 5%时对应的温度；$T_{50\%}$，质量损失 50%时对应的温度；$T_{70\%}$，质量损失 70%时对应的温度；T_{max}，最大质量损失速率对应的温度；R_{600}，600℃时的残余质量百分数；R_{800}，800℃时的残余质量百分数

比较图 5-70 中的两条 TGA 曲线发现，当温度大于 290℃时，HIPS/MH/MRP/CB5 复合材料的热分解残余质量百分数总是比 HIPS/MH/MRP/CB0 复合材料的热分解残余质量百分数更大。两种复合材料的质量从 427℃开始增加，在大约 506℃达到峰值，随后开始缓慢降低。相比较而言，HIPS/MH/MRP/CB5 复合材料的氧化反应产物比 HIPS/MH/MRP/CB0 复合材料的氧化反应产物分解得更快一些。这可能是由于前者的氧化反应产物中含有 CB，CB 能够被氧化成 CO_2 很快放出，而后者的氧化反应产物中不含有 CB。所以，前者比后者的失重速率更大一些，前者在 800℃时的残余质量百分数比后者稍小（表 5-18）。另外，表 5-18 中的数据显示，HIPS/MH/MRP/CB5 复合材料的 $T_{5\%}$、$T_{50\%}$、$T_{70\%}$ 和 T_{max} 均大于 HIPS/MH/MRP/CB0 复合材料的相应值。尤其令人注意的是，前者的 $T_{70\%}$ 为 602℃，后者的 $T_{70\%}$ 只有 491℃，前者比后者高 111℃。图 5-70（b）的结果显示，HIPS/MH/MRP/CB0 和 HIPS/MH/MRP/CB5 两种复合材料质量损失速率（MLR）开始增加的温度分别为 284℃和 314℃，后者比前者高 30℃。这两种复合材料的 MLR 到达峰值的温度分别为 407℃和 420℃，后者比前者高 13℃。虽然 HIPS/MH/MRP/CB5 复合材料的 MLR 的峰值比 HIPS/MH/MRP/CB0 复合材料的 MLR 的峰值稍大，但是前者的热氧化降解反应被明显延后。从整体上看，图 5-70 和表 5-18 的结果表明，

HIPS/MH/MRP/CB5 复合材料的热氧化稳定性比 HIPS/MH/MRP/CB0 复合材料有明显提高。所以，加入少量 CB 可显著增强 HIPS/MH/MRP 阻燃复合材料的热氧化稳定性。

为进一步证实上述分析，把上述两种复合材料在空气气氛中于不同条件下进行恒温热分解，计算了质量损失百分率（mass loss percentage，MLP），相关结果分别示于图 5-71 和图 5-72 中。如图 5-71 所示，当把两种复合材料在 350℃热分解不同时间后，两者表现出不同的热氧化分解行为。不含 CB 的 HIPS/MH/MRP/CB0 复合材料的 MLP 远远大于含有 CB 的 HIPS/MH/MRP/CB5 复合材料的相应值。热分解时间为 0.5 h 时，前者的 MLP 为 64.3%，相同条件下后者只有 33.3%。随着分解时间增加，前者的 MLP 缓慢增大，后者迅速增大。当两种复合材料在 350℃热分解 3 h 后，前者和后者的 MLP 分别为 70.7%和 68.1%。图 5-71 的结果表明，在 HIPS/MH/MRP 复合材料中加入适量 CB 能够有效抑制其热氧化分解，提高热氧化稳定性，尤其是在温度相对较低（如 350℃）时非常明显。当把这两种复合材料在不同温度下热分解 0.5 h 时，当温度相对较低时，HIPS/MH/MRP/CB5

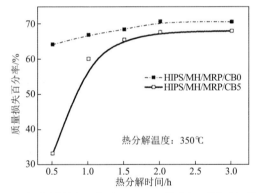

图 5-71　不同 HIPS 复合材料在空气中于 350℃热分解不同时间的质量损失曲线[96]

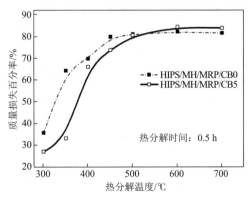

图 5-72　不同 HIPS 复合材料在空气中于不同温度热分解 0.5 h 时的质量损失曲线[96]

复合材料同样表现出了比 HIPS/MH/MRP/CB0 复合材料更好的热氧化稳定性。如图 5-72 所示，当温度小于 500℃时，HIPS/MH/MRP/CB0 复合材料的 MLP 大于 HIPS/MH/MRP/CB5 复合材料，温度为 500℃左右时，两者的 MLP 基本相同，当温度大于 600℃时，后者的 MLP 反而比前者稍大，表明在这种条件下含有 CB 的 HIPS/MH/MRP/CB5 复合材料的热氧化分解速率比不含 CB 的 HIPS/MH/MRP/CB0 复合材料更大一些。

图 5-73 给出了上述两种复合材料热氧化分解行为的 SEM 图像。如图 5-73(a) 和 (b) 所示，HIPS/MH/MRP/CB0 复合材料在 350℃热分解 30 min 后表面出现许多尺寸较大的孔洞，但是在相同条件下 HIPS/MH/MRP/CB5 复合材料的表面除了有少量尺寸很小的孔洞外仍然相当光滑致密。该材料热分解生成的连续致密的残余物覆盖在材料表面类似一层防火外衣，把材料包裹起来。由此可见，在该热分解条件下 HIPS/MH/MRP/CB0 复合材料比 HIPS/MH/MRP/CB5 复合材料分解得更快，热氧化稳定性更差。由于 HIPS/MH/MRP/CB0 复合材料的热分解残余物表面有许多尺寸巨大的孔洞，来自外界的热量能够顺利地传递到材料内部造成更多聚合物进行热分解。同时，空气中的氧气也能够扩散到材料内部加速聚合物的热氧化分解，聚合物分解产生的可燃气体可顺利逸出为火焰提供燃料。毫无疑问，这对于聚合物材料的热稳定性和阻燃性能是非常不利的。所以，当这两种材料在 350℃热分解 30 min 时，HIPS/MH/MRP/CB0 复合材料的 MLP 远远大于 HIPS/MH/MRP/CB5 复合材料的相应值，这可以很好地解释图 5-71 和图 5-72 的实验结果。当把两种复合材料在 600℃热分解 30 min 后，材料的表面形貌与图 5-73 (a) 和 (b) 的结果有很大不同。如图 5-73(c) 和 (d) 所示，此时 HIPS/MH/MRP/CB0 复合材料的表面变得非常粗糙多孔，有大量尺寸大小不同的孔洞，但是表面的热分解残余物仍然保持连续，没有裂纹出现。相比之下，在相同热分解条件下，HIPS/MH/MRP/CB5 复合材料的表面已经开裂，出现了一条尺寸很大、清晰可见的裂纹，此时复合材料的表面已不再连续致密。由于大尺寸裂纹的存在，不难想象外界的热量和氧气都能够顺利进入到材料内部，材料内部聚合物热分解产生的可燃气体也可以轻而易举地迁移到气相火焰区。因此，在这种条件下，HIPS/MH/MRP/CB5 复合材料的 MLP 大幅度增加。对比图 5-73 (c) 和 (d)，由于此时两种复合材料生成的热分解残余物均非常不连续，上面有大量明显的孔洞或大尺寸的裂纹，无法起到热量传递和物质迁移的屏障作用，所以两者的 MLP 非常接近 (图 5-72)。当把两种复合材料在 700℃热分解 5 min 后，材料的表面形貌差别很大。如图 5-73(e) 和 (f) 所示，此时 HIPS/MH/MRP/CB0 复合材料的表面相当连续致密，有许多尺寸非常小的孔洞，但是 HIPS/MH/MRP/CB5 复合材料发生了严重开裂，裂纹尺寸很大，材料由彼此分离的开裂后的团块组成。该结果表明，加入 CB 后的 HIPS/MH/MRP/CB 复合材料在空气中于高温下（大于

600℃）热分解时比较容易发生开裂。热分解温度越高，开裂情况越严重，这势必会对复合材料的阻燃性能产生一定影响。

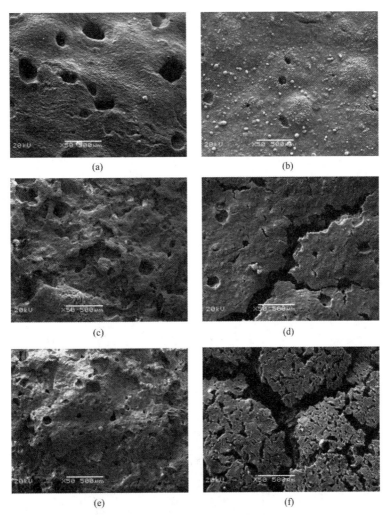

图 5-73　不同 HIPS 复合材料在空气中于不同条件下热分解后表面的 SEM 图像[96]

（a）HIPS/MH/MRP/CB0，350℃，30 min；（b）HIPS/MH/MRP/CB5，350℃，30 min；（c）HIPS/MH/MRP/CB0，
600℃，30 min；（d）HIPS/MH/MRP/CB5，600℃，30 min；（e）HIPS/MH/MRP/CB0，700℃，5 min；
（f）HIPS/MH/MRP/CB5，700℃，5 min

5.6.2　燃烧性能

表 5-16 总结了不同组成的 HIPS 复合材料的 LOI 和 UL-94 VBT 实验结果。纯 HIPS 的阻燃性能非常差，LOI 仅有 18.1%，在 UL-94 VBT 中没有任何级别。在

HIPS 中加入质量分数 50% 的 MH 后得到的 HIPS/MH100 复合材料的 LOI 增加到
24.0%，但是在 UL-94 VBT 中仍然没有任何级别。质量比为 100/40 的 HIPS/MH
复合材料（HIPS/MH40）的 LOI 为 20.4%，在 UL-94 VBT 中同样没有任何级别。
保持阻燃剂用量不变，用少量 MRP 代替 MH 可极大地提高 HIPS/MH40 复合材料
的阻燃性能。与之相比，HIPS/MH/MRP/CB0 复合材料的 LOI 增加到 22.9%，UL-94
VBT 从没有级别提高到 V-1 级。这是由于 MH 和 MRP 对 HIPS 有非常明显的协
同阻燃作用，这在本章第 5.5 节已经详细讨论过。以质量比为 100/30/10 的
HIPS/MH/MRP 复合材料为基础，用少量 CB 代替 MH 得到的 HIPS/MH/MRP/CB1
（100/29/10/1）复合材料的 UL-94 VBT 等级达到 V-0 级，此时 CB 在复合材料中
的质量分数仅为 0.7%。如表 5-16 所示，HIPS/MH/MRP/CB 复合材料的 LOI 随
着材料中 CB 含量的增加稍有增大，所有含有 CB 的复合材料在 UL-94 VBT 中
均能够达到 V-0 级。这些结果表明，在 HIPS/MH/MRP 阻燃复合材料中加入适
量 CB 可进一步提高其阻燃性能。

　　图 5-74 为不同 HIPS 复合材料在 UL-94 VBT 实验后燃烧残余物的数码照片。
实验中观察到，纯 HIPS 和 HIPS/MH40 复合材料在点燃后持续燃烧直至样品全部
烧完，燃烧过程中均产生大量带有火焰的熔滴，引燃脱脂棉使火焰迅速蔓延传播。
HIPS/MH/MRP/CB0 复合材料滴落减少，但是滴落下来的熔滴同样会引燃脱脂棉。
比较起来，所有含有 CB 的复合材料在移去火源后立即自熄，燃烧残余物很好地
保持了样品的初始形状 [图 5-74（d）～（f）]。图 5-74 的结果表明，CB 的存在
对于抑制 HIPS/MH/MRP 复合材料的熔融滴落非常有效。毫无疑问，这对于材料
的阻燃是有利的。

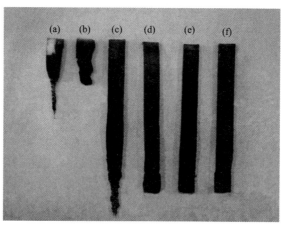

图 5-74　不同 HIPS 复合材料在垂直燃烧实验后残余物的数码照片[96]
（a）HIPS；（b）HIPS/MH40；（c）HIPS/MH/MRP/CB0；（d）HIPS/MH/MRP/CB1；（e）HIPS/MH/MRP/CB3；
（f）HIPS/MH/MRP/CB5

　　为更多地了解 CB 对复合材料阻燃性能的影响，把不同 HIPS 复合材料在 UL-94 VBT 中燃烧不同时间，用 SEM 观察了复合材料的表面形貌，实验结果示于图 5-75 中。HIPS/MH40 复合材料在火焰中燃烧 10 s 后表面出现了一些较小的孔洞和裂纹[图 5-75（a）]。当样品在火焰中燃烧 30 s 后，表面孔洞的尺寸明显变大，材料表面变得粗糙多孔[图 5-75（b）]。显然，这种多孔表面无法阻止燃烧火焰区与复合材料内部之间的热量传递和物质（氧气和小分子可燃气体）交换。所以，HIPS/MH40 复合材料的阻燃性能很差。与 HIPS/MH40 复合材料相比，HIPS/MH/MRP/CB0 复合材料在火焰中燃烧 10 s 后表面仍然十分连续和致密[图 5-75（c）]，当该材料在火

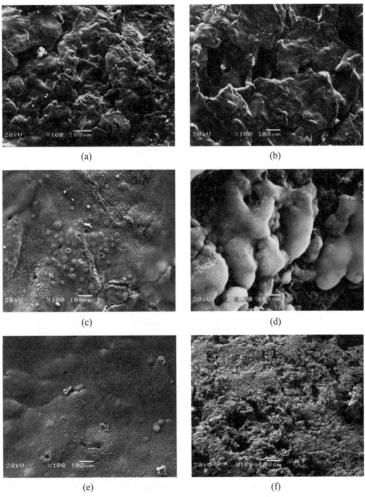

图 5-75　不同 HIPS 复合材料在垂直燃烧实验中于火焰中燃烧不同时间后的 SEM 图像[96]
（a）HIPS/MH40，10 s；（b）HIPS/MH40，30 s；（c）HIPS/MH/MRP/CB0，10 s；（d）HIPS/MH/MRP/CB0，30 s；
（e）HIPS/MH/MRP/CB5，10 s；（f）HIPS/MH/MRP/CB5，30 s

焰中燃烧 30 s 后表面变得粗糙不平，覆盖着许多类似雨滴状的物质[图 5-75（d）]。这表明该复合材料此时在表面生成了许多熔滴，这些熔滴在 UL-94 VBT 的实验条件下会沿着材料的表面掉落到地面上，这与图 5-74（c）中观察到的现象是一致的。与 HIPS/MH/MRP/CB0 复合材料相同，当把 HIPS/MH/MRP/CB5 复合材料在火焰中燃烧 10 s，该材料的表面仍然十分光滑、连续和致密[图 5-75（e）]。如图 5-74（f）所示，当 HIPS/MH/MRP/CB5 复合材料在火焰中燃烧 30 s 后，该材料的表面仍然保持连续完整，没有类似雨滴状的物质出现，这与 HIPS/MH/MRP/CB0 复合材料形成了鲜明的对比[图 5-75（d）]，表明 CB 的存在有效抑制了垂直燃烧过程中的熔融滴落现象，这与图 5-74 中观察到的现象一致。因此，加入少量 CB 对于抑制材料燃烧过程中的熔融滴落非常有效。毫无疑问，这对于材料的阻燃是有利的。

采用锥形量热仪对不同 HIPS 复合材料的燃烧性能进行了研究，这些复合材料在锥形量热仪测试中的 HRR 曲线示于图 5-76 中，测试中得到的燃烧性能参数列于表 5-19 中。如图 5-76 所示，所有五种 HIPS 复合材料的 HRR 曲线的形状非常相似，均呈现出燃烧过程中材料表面有残余物生成的材料的典型 HRR 曲线的形状，这表明所有这些复合材料在燃烧过程中均能够在材料表面生成较多碳质残余物。这些 HIPS 复合材料的 HRR 曲线上均只有一个峰值，并且均出现在材料引燃后不久。HIPS/MH40 复合材料的 HRR 的峰值（PHRR）在五种材料中最大，约为 315 kW/m^2，其他四种复合材料的 PHRR 在 230~240 kW/m^2 之间。从图中观察到，所有含有 CB 的复合材料的 HRR 数值在燃烧过程中从 t_{PHRR}（从实验开始到达到 PHRR 的时间）到 400 s 这个阶段均比不含 CB 的复合材料的 HRR 数值更大一些，表明在这一燃烧阶段，含有 CB 的 HIPS/MH/MRP/CB 复合材料比不含 CB 的 HIPS/MH/MRP/CB0 复合材料释放的热量更多。

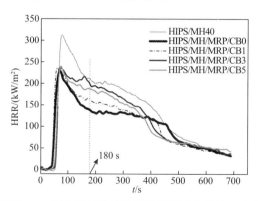

图 5-76　不同 HIPS 复合材料在锥形量热仪测试中的热释放速率曲线[96]

表 5-19　不同 HIPS 复合材料的锥形量热测试数据[96]

材料名称	TTI/s	PHRR/ （kW/m²）	AHRR/ （kW/m²）	AEHC/ （MJ/kg）	THR/ （MJ/m²）	FPI/ （10⁻³s·m²/kW）
HIPS/MH40	54	315	145	32	92	171
HIPS/MH/MRP/CB0	42	231	111	24	71	182
HIPS/MH/MRP/CB1	44	236	113	26	74	186
HIPS/MH/MRP/CB3	52	237	126	25	80	219
HIPS/MH/MRP/CB5	55	239	120	25	76	230
HIPS/MH/MRP/CB10	66	257	116	28	95	256
HIPS/MH/MRP/CB15	69	259	113	29	93	266

注：TTI，引燃时间；PHRR，热释放速率峰值；AHRR，热释放速率平均值；AEHC，平均有效燃烧热；THR，总释放热量；FPI，火灾性能指数

　　表 5-19 中的数据表明，CB 含量对 HIPS/MH/MRP/CB 复合材料在燃烧过程中的 PHRR、AHRR 和 AEHC 影响很小，HIPS/MH/MRP/CB 复合材料的 THR 随着材料中 CB 含量的增加大致呈缓慢增大趋势，该复合材料的 TTI 和 FPI 随着 CB 含量的增加而增大，这表明加入 CB 会使 HIPS/MH/MRP 复合材料更加难以引燃。与 HIPS/MH/MRP 复合材料相比，虽然加入 CB 后的复合材料在锥形量热仪测试中的 PHRR、AHRR 和 AEHC 变化不大，THR 稍有增加，但是综合考虑 LOI 和 UL-94 VBT 的实验结果，从整体上看，加入适量 CB 对 HIPS/MH/MRP 复合材料的阻燃还是有利的。

　　为了更多地了解 CB 对 HIPS/MH/MRP 复合材料燃烧性能的影响，除了进行常规的锥形量热仪测试外，还把复合材料样品在锥形量热仪测试中分别燃烧 1 min 和 3 min，然后立即用氮气扑灭火焰并迅速冷却到室温，用 SEM 观察材料燃烧残余物的表面形貌，相关结果示于图 5-77 中。从图 5-77（a）和（c）可见，HIPS/MH/MRP/CB0 和 HIPS/MH/MRP/CB5 两种复合材料刚刚燃烧 1 min 后的表面形貌就有很大差别。HIPS/MH/MRP/CB0 复合材料生成了蜂窝状的多孔和粗糙的结构，虽然材料表面粗糙不平，但是生成的残余物从整体上来看是连续的。相比之下，CB 含量（质量分数）为 3.6% 的 HIPS/MH/MRP/CB5 复合材料在相同条件下严重开裂，在火焰中燃烧 1 min 后表面就出现了尺寸很大的裂纹[图 5-77（c）]。如图 5-77(b)和(d)所示，两种复合材料燃烧 3 min 后，不含 CB 的 HIPS/MH/MRP/CB0 复合材料的残余物仍然保持连续，与燃烧 1 min 后的残余物形貌差别不大，但是 HIPS/MH/MRP/CB5 复合材料表面的裂纹尺寸显著增大，整个材料变得更加松散和分离，与连续多孔的 HIPS/MH/MRP/CB0 复合材料形成了鲜明对比。由此可见，CB 对 HIPS/MH/MRP 复合材料在燃烧过程中的成炭行为有很大影响。

图 5-77　不同复合材料在锥形量热仪测试中燃烧不同时间后表面形貌的 SEM 图像[96]
（a）HIPS/MH/MRP/CB0，火焰中燃烧 1 min；（b）HIPS/MH/MRP/CB0，火焰中燃烧 3 min；（c）HIPS/MH/MRP/CB5，
火焰中燃烧 1 min；　（d）HIPS/MH/MRP/CB5，火焰中燃烧 3 min

　　图 5-78 为两种复合材料在锥形量热仪测试结束后燃烧残余物的数码照片。从图 5-78（a）可见，HIPS/MH/MRP/CB0 复合材料燃烧后的残余物从宏观上看比较连续致密，表面没有肉眼可见的孔洞。虽然残余物表面有一些尺寸很小的圆形颗粒，但是从整体上看是连续的。相比之下，HIPS/MH/MRP/CB5 复合材料表面有一些肉眼清晰可见的尺寸很大的裂纹，残余物形貌与图 5-77（c）和（d）中所示

图 5-78　不同 HIPS 复合材料在锥形量热仪测试后燃烧残余物的数码照片[96]
（a）HIPS/MH/MRP/CB0；（b）HIPS/MH/MRP/CB5

的类似。由此可见，CB 的确对 HIPS/MH/MRP 复合材料在实际燃烧中的成炭行为有较大影响。由于 HIPS/MH/MRP/CB 复合材料燃烧时会在表面生成尺寸较大的裂纹，无法形成有效的防火屏障，而不含 CB 的 HIPS/MH/MRP 复合材料生成的残余物比较连续致密，所以在锥形量热仪的测试条件下前者的 HRR 在达到峰值后比后者更大一些（图 5-76）。正因为如此，HIPS/MH/MRP/CB 复合材料的 THR 会随着材料中 CB 含量的增加呈现增大趋势。

表 5-20 为复合材料在不同条件下生成的残余物炭层的 EDS 数据。可见，CB 对残余物炭层的化学组成有明显影响。当两种复合材料在火焰中燃烧 1 min 时，HIPS/MH/MRP/CB5 复合材料表面 C 元素的含量比 HIPS/MH/MRP/CB0 复合材料表面 C 元素的含量高，同时前者的 P 元素的含量比后者低。当把两种复合材料在空气中于 600℃ 热分解 30 min 时也得到了类似的结果。在该条件下，HIPS/MH/MRP/CB5 复合材料表面 C 元素的含量是 HIPS/MH/MRP/CB0 复合材料表面 C 元素含量的 1.45 倍，而前者的 P 元素含量比后者低。结合图 5-73 和图 5-77 的结果不难发现，含有 CB 的复合材料生成的严重开裂残余物炭层的化学组成与不含 CB 的复合材料生成的连续残余物炭层的化学组成有很大区别。

表 5-20　在不同条件下得到的残余物炭层的 EDS 分析数据[96]

材料名称	实验条件	质量分数/%			
		C	O	Mg	P
HIPS/MH/MRP/CB0	火焰中燃烧 1 min	58.6	22.4	7.2	11.8
HIPS/MH/MRP/CB5	火焰中燃烧 1 min	60.8	25.0	7.2	7.0
HIPS/MH/MRP/CB0	600℃，30 min	24.9	32.9	15.1	27.1
HIPS/MH/MRP/CB5	600℃，30 min	36.2	30.2	12.4	21.2

5.6.3　阻燃机制

从上述讨论可知，CB 对 HIPS/MH/MRP 阻燃复合材料的影响主要表现在以下四个方面：①不但能够提高该复合材料在氮气中的热稳定性，还能提高在空气中的热氧化稳定性；②加入 CB 会使复合材料在空气中于相对较低温度下（小于500℃）热分解时分解速率更慢，但是当温度足够高时（大于 600℃），含有 CB 的复合材料热氧化分解速率更快；③加入很少量 CB 就能够有效抑制 HIPS/MH/MRP 复合材料在垂直燃烧时的熔融滴落，明显提高阻燃等级，同时使材料更加难以引燃，但是对材料燃烧时的热释放速率影响不大；④与阻燃剂含量相同的 HIPS/MH/MRP 复合材料相比，加入 CB 会使复合材料在高温下热分解或燃烧时更加容易开裂。总的来看，加入 CB 会同时提高 HIPS/MH/MRP 复合材料的热稳定性、热氧化稳定性和阻燃性能，CB 对于不同的燃烧模式起到的作用也是不同的。

　　CB 对 HIPS/MH/MRP 复合材料阻燃性能的影响是由 CB 与聚合物在热分解或燃烧过程中的相互作用引起的。众所周知，CB 具有稠环芳烃结构，是一种很强的自由基捕获剂。CB 纳米颗粒能够捕获聚合物热分解时生成的大分子自由基，尤其是当聚合物发生热氧化分解时产生的自由基数量更多，这种捕获作用更加显著[97-100]。在聚合物发生热氧化分解时，CB 纳米颗粒作为交联点，能够有效捕捉产生的大分子过氧自由基（ROO·），把大分子链接枝在纳米颗粒表面，这种氧化条件下的接枝效率相对较高。此外，这种自由基捕获反应对温度比较敏感，随着温度升高，越来越多的 ROO·大分子自由基会与 CB 反应，导致形成类似凝胶球似的交联网络，该交联网络可作为抑制热量传递和小分子迁移的屏障，阻止燃烧气相区热量向材料内部反馈，也使聚合物热分解产生的可燃气体难以迁移到气相火焰区。毫无疑问，这对聚合物材料的阻燃是有利的。另外，即使在无氧条件下，聚合物热分解产生的大分子自由基也能够被 CB 颗粒捕获并接枝到其表面，尽管在这种条件下的接枝效率比在有氧条件下的接枝效率更低[97]。

　　基于上述实验结果和分析，图 5-79 提出了聚合物材料热分解过程中 CB 颗粒在不同区域捕获大分子自由基的示意图。众所周知，聚合物的分解反应是一个自由基诱导的分子链断裂的过程。聚合物在受到加热或辐射作用时，分子链上最弱的化学键最早开始断裂，产生初级大分子自由基（R·），有氧气存在时大分子自由基会被氧化成过氧自由基（ROO·）。ROO·会迅速与聚合物（RH）反应生成一系列新的大分子自由基，该反应极大地促进了聚合物的断链反应。氧气的存在通

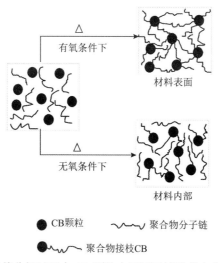

图 5-79　聚合物材料热分解过程中 CB 颗粒在不同区域捕获大分子自由基的示意图[96]

常会显著增强聚合物的热氧化反应，产生大量含有氧原子的大分子自由基。这些含氧大分子自由基能够有效地被 CB 颗粒捕获，在材料表面生成凝胶球似的交联网络结构。由于氧气的存在，材料表面的交联密度相对较高。在材料内部，由于没有氧气存在，聚合物只能发生热分解，这种无氧条件下产生的大分子链自由基的数量主要取决于样品的温度，在温度相同时远远少于材料表面生成的自由基数量。因此，材料内部的 CB 颗粒表面捕获的大分子自由基数量相对较少，交联密度较低（图 5-79）。

在本项工作中，HIPS/MH/MRP/CB 复合材料表面上存在 CB 颗粒并与氧气接触，在热分解和燃烧时会在表面生成类似凝胶球的交联网络。由于材料表面生成了高密度的交联网络结构，该复合材料表面上的聚合物将不会像不含 CB 的 HIPS/MH/MRP 复合材料表面的聚合物那样发生熔融。正因为如此，在 UL-94 VBT 中 HIPS/MH/MRP/CB 复合材料表面上没有熔体生成，所以不可能有熔融滴落产生，材料的燃烧等级从 V-1 级提高到 V-0 级，这已经由图 5-74 和图 5-75 的实验结果证实。另外，随着 CB 用量增加，HIPS/MH/MRP/CB 复合材料表面上 CB 颗粒的数量也相应增加，材料在热氧化分解时表面上生成的交联网络密度增大。由于 CB 本身属难燃材料，复合材料表面生成的交联网络会抑制聚合物的熔融和热分解，减少挥发性可燃气体的生成，这样在锥形量热仪的测试条件下要使聚合物引燃就需要更多的时间，所以加入 CB 会导致 TTI 增加，并且复合材料中 CB 含量越高，材料的 TTI 越大。同时，由于聚合物分子链之间的交联通常会促进聚合物在高温下热分解时成炭，与不含 CB 的 HIPS/MH/MRP 复合材料相比，HIPS/MH/MRP/CB 复合材料在热分解或燃烧时将生成更多的碳质残余物和更少的可燃气体，这对材料的火安全是有利的。

对于 HIPS/MH/MRP/CB 复合材料，其在高温下热分解和燃烧时的开裂机理目前尚不十分清楚。研究认为，开裂可能是以下原因造成的[96]。与不含 CB 的 HIPS/MH/MRP 复合材料相比，含有 CB 的 HIPS/MH/MRP/CB 复合材料在热分解和燃烧时聚合物分子链会在 CB 颗粒表面交联，尤其是材料表面的交联密度较大，这将会促进在材料表面生成更多炭层。如表 5-20 所示，含有 CB 的复合材料生成的残余物中碳元素的含量增加，磷元素的含量减少。材料表面上较多绝热炭层的生成会在一定程度上抑制 MRP 的氧化反应，减少残余物中磷酸和（或）多聚磷酸的数量，磷酸和（或）多聚磷酸属极性和黏稠的物质，能够像胶黏剂一样把炭层黏结在一起形成一个整体。由于 HIPS/MH/MRP/CB 复合材料生成的炭层中极性和黏稠的物质含量较少，碳质残余物的强度可能比 HIPS/MH/MRP 复合材料生成的碳质残余物的强度更低。在锥形量热仪测试中，当热释放速率达到峰值后，来自外界（如锥形加热器）的热量集中辐射到材料表面的炭层上。随着燃烧的持续进行，越来越多的热量辐射到炭层上。由于加入 CB 后的复合材料生成的炭层强度降低，所以 HIPS/MH/MRP/CB 复合材料表面生成的炭层在持续的高温和热辐射作用下更容易被破坏。炭层一旦被破坏，外界的热量和氧气会很快进入材料内部引起聚合物的热氧化降解，聚合物分解产生的可燃性气体很容易穿过开裂的炭层迁移到气相中为火焰提供燃料。所以，当温度足够高（大于 600℃）时，HIPS/MH/MRP/CB 复合材料比 HIPS/MH/MRP 复合材料分解得更快，在锥形量热仪测试中前者的 HRR 在达到峰值后比后者更大（图 5-76）。另外，由于 HIPS/MH/MRP/CB 复合材料表面生成的炭层强度比不含 CB 的复合材料更低，更容易被聚合物热分解产生的气体冲破，因此该材料在高温下会发生严重开裂。

第6章 玻璃纤维增强无卤阻燃高抗冲
聚苯乙烯复合材料

6.1 引　　言

对于阻燃聚合物材料来说，由于阻燃剂的化学组成与聚合物本身的化学组成差异较大，并且在许多情况下阻燃剂用量较大，两者界面相容性差，阻燃材料受到外力作用时往往会在聚合物与阻燃剂之间形成较大应力集中，导致材料的力学强度降低，弹性变差。在某些情况下，得到的阻燃聚合物复合材料由于力学强度低，甚至会丧失实际应用价值。

为了克服上述缺陷，考虑在阻燃复合材料中引入纤维进行增强。玻璃纤维（glass fiber，GF）由于成本低、热学和化学稳定性好、力学性能优异，在纤维增强复合材料领域已经得到了广泛研究和应用。尽管如此，由于玻璃纤维的"烛芯效应"，制备高效阻燃玻璃纤维增强聚合物复合材料仍存在许多问题[101,102]。复合材料在燃烧过程中，虽然填充在聚合物基体中的玻璃纤维本身不会燃烧，但是聚合物熔体能够沿着玻璃纤维表面到达火焰区域，加快燃料的输送速度，进一步加剧燃烧，导致玻璃纤维增强聚合物复合材料的阻燃性能甚至不如纯的聚合物材料。目前，已经有关于 GF 填充阻燃聚合物复合材料的报道，其中包括聚丙烯、不饱和聚酯树脂、聚对苯二甲酸乙二醇酯、聚酰胺、环氧树脂等[103-106]。

对于 GF 增强阻燃聚合物复合材料来说，由于 GF 本身具有不同于复合材料中其他组分的性能，GF 的存在必然会对阻燃聚合物复合材料的热量传导和燃烧行为产生一定的影响。然而，目前尚未见到关于 GF 对阻燃聚合物复合材料热传导行为影响的报道。本章以高抗冲聚苯乙烯（HIPS）为基体，以氢氧化镁（MH）、可膨胀石墨（EG）、微胶囊红磷（MRP）为阻燃剂，选择不同含量的 GF 引入到阻燃复合材料中，同时将一系列热电偶丝包埋到聚合物样品沿厚度方向不同深度处，然后将外部热源以不同方式（直接接触模式或者辐射模式）传递到聚合物复合材料表面，测量和记录复合材料内部的温度变化。这种新型的表征热传导的实验方法不仅适用于玻璃纤维增强阻燃聚合物复合材料，也适用于其他聚合物复合材料。对 GF 增强聚合物复合材料热传导与引燃性能之间的关系进行研究，有助于更好地理解材料的阻燃机理。

6.2　HIPS/GF 复合材料的燃烧性能

6.2.1　燃烧性能

图 6-1 为 HIPS/GF 复合材料的 LOI 随着 GF 用量的变化曲线。可见，复合材料的 LOI 随着 GF 用量增加呈逐渐增大趋势。纯 HIPS 的 LOI 为 18.1%，加入质量分数为 10% 的 GF 可使其增加到 19.1%。但是，GF 用量超过 30wt% 后，复合材料的 LOI 增加非常缓慢。GF 含量为 50wt% 的复合材料的 LOI 仅为 20.4%。但是，加入 GF 后的复合材料在燃烧时并没有出现"烛芯效应"。从整体上看，加入少量 GF 能够提高聚合物的阻燃性能，但是过多 GF 对材料 LOI 的提高幅度有限。

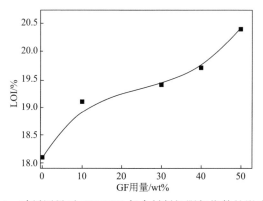

图 6-1　玻纤用量对 HIPS/GF 复合材料极限氧指数的影响[107]

图 6-2 为几种不同组成的 HIPS/GF 复合材料的热释放速率（HRR）和总释放热量（THR）曲线，表 6-1 列出了相应的实验数据。为方便起见，用 HIPS/GFx 表示质量分数为 x% 的 HIPS/GF 复合材料。例如，HIPS/GF30 表示 GF 质量分数为 30% 的 HIPS/GF 复合材料。纯 HIPS 的 HRR 曲线具有尖锐的峰形，HRR 在 200 s 左右时达到峰值（PHRR）738 kW/m^2，然后快速降低，样品在 480 s 左右烧完，其热释放速率平均值（AHRR）为 280 kW/m^2。GF 质量分数为 10% 的 HIPS/GF 复合材料的 HRR 曲线不再有尖锐的峰形且 PHRR 值只有 512 kW/m^2，比纯 HIPS 降低了 30.6%，其 AHRR 只有 173 kW/m^2，比纯 HIPS 降低了 38.2%，燃烧时间延长到 700 s 左右。与纯 HIPS 相比，HIPS/GF10 复合材料的 THR 从 119 MJ/m^2 降低到 112 MJ/m^2。随着 GF 用量增加，复合材料的 PHRR、AHRR 和 THR 不断减小，表明材料的阻燃性能逐渐提高。从图 6-2（a）可见，含有 GF 的复合材料的 HRR 曲

线均表现出明显的"前单峰"特征，表明这些复合材料在燃烧时均能够在材料表面生成一层保护层，起到一定的防火屏障作用，降低材料的 HRR。从图 6-2 和表 6-1 还可看出，GF 质量分数超过 30%后，复合材料的 PHRR、AHRR 和 THR 降低幅度已经很小，表明加入过多 GF 并不能进一步提高材料的阻燃性能。另外，与纯 HIPS 相比，HIPS/GF 复合材料的引燃时间（TTI）缩短，在强制热辐射条件下更容易引燃，这与在聚合物基体中加入有机黏土后得到的聚合物/有机黏土纳米复合材料在燃烧时的行为类似。其原因可能是复合材料中的 GF 沿着与材料表面平行的方向分布，外界的辐射热量无法沿着纤维的轴向方向往材料内部传递，只能沿着纤维的径向传递。众所周知，沿着径向的热传递十分缓慢，因而热量在复合材料表面聚集，造成材料表面温度很快升高，表面的聚合物分解更快，因此更容易引燃。

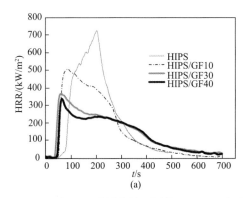 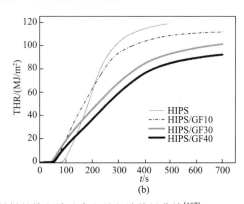

图 6-2　玻纤含量不同的 HIPS/GF 复合材料的热释放速率和总释放热量曲线[107]

表 6-1　不同材料的锥形量热实验数据[107]

测试参数	HIPS	HIPS/GF10	HIPS/GF30	HIPS/GF40
TTI/s	63	52	36	44
PHRR/（kW/m²）	738	512	368	342
AHRR/（kW/m²）	280	173	153	141
THR/（MJ/m²）	119	112	101	92
AEHC/（MJ/kg）	34	35	36	34
TSR/（m²/m²）	5112	3537	3077	3699
ASEA/（m²/kg）	1461	1097	1073	1365
ACOY/（kg/kg）	0.066	0.063	0.059	0.062
燃烧残余率/%	1.9	13.6	33.1	41.7

注：TTI，引燃时间；PHRR，热释放速率峰值；AHRR，热释放速率平均值；THR，总释放热量；AEHC，平均有效燃烧热；TSR，总释放烟量；ASEA，比消光面积平均值；ACOY，平均 CO 释放量

　　图 6-3 给出了几种 HIPS/GF 复合材料的生烟速率（SPR）和总释放烟量（TSR）曲线。与纯 HIPS 相比，加入 GF 后的复合材料在燃烧过程中的 SPR 和 TSR 均显著降低。但是，GF 含量超过 30% 后，复合材料的 SPR 和 TSR 反而有所增加。由此可见，GF 的最佳用量为 30% 左右，用量过多时并不能进一步提高材料的抑烟性能。

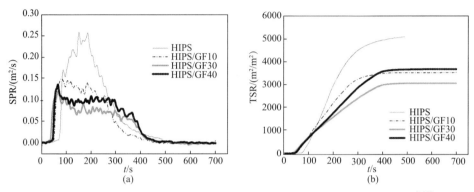

图 6-3　不同玻纤含量的 HIPS/GF 复合材料的生烟速率和总释放烟量曲线[107]

　　图 6-4 为上述这些材料的 CO 生成速率曲线和质量损失曲线。从图 6-4（a）可见，加入 10wt% 的 GF 就可使 HIPS 在燃烧时的 CO 生成速率显著降低，当 GF 的含量超过 30wt% 后复合材料在燃烧时的 CO 生成速率就不再继续降低。由此可见，在聚合物基体中加入适量 GF 不但能够提高聚合物的阻燃和抑烟性能，还能够降低燃烧过程中的 CO 释放速率。图 6-4（b）表明，复合材料的质量损失速率随着 GF 含量增加逐渐降低。尤其是加入 30wt% 的 GF 后得到的复合材料在燃烧过程中质量损失很慢，与纯 HIPS 的质量损失曲线形成了鲜明对比。但是，GF 含量超过 30wt% 后复合材料的质量损失曲线就差别很小了。例如，燃烧时间为 300 s 时，纯 HIPS、HIPS/GF10、HIPS/GF30 和 HIPS/GF40 四种材料的残余率分别为 8.6%、24.7%、52.9% 和 59.9%。从表 6-1 可见，燃烧结束时上述四种材料的燃烧残余率

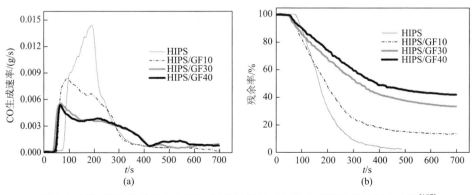

图 6-4　不同玻纤含量的 HIPS/GF 复合材料的 CO 生成速率和质量损失曲线[107]

分别为 1.9%、13.6%、33.1%和 41.7%。众所周知，纯 HIPS 是一种非成炭聚合物，其本身在燃烧时不会有残余物生成，GF 是一种热稳定性极高的无机硅酸盐材料，在聚合物燃烧温度下不会分解，上述四种材料燃烧后的残余率理论值应为 0%、10%、30%和 40%。可见，锥形量热仪测试的实验值均大于理论值，因此在实际燃烧过程中均有少量碳质残余物生成。

6.2.2　燃烧残余物分析

图 6-5 为 HIPS/GF30 复合材料在火焰中燃烧 30 s 后残余物的 SEM 照片。从图 6-5（a）可见，燃烧后的复合材料表面存在大量沿着与复合材料表面平行的方向无规分布的 GF，这些杂乱无章分布的纤维覆盖在材料表面形成一层屏障，但是纤维之间有较大空隙，因此这层由纤维组成的屏障不够致密和连续。从放大后的 SEM 图像可进一步发现，这些残留的纤维表面附着大量尺寸很小的碳质颗粒[图 6-5（b）]。显然，这些碳质颗粒来源于未完全燃烧的聚合物。由此可以推断，复合材料燃烧残余物的实验值应该比理论值更大，这与表 6-1 中锥形量热仪测试的结果是一致的。另外，从表 6-1 还可看出，尽管 HIPS/GF 复合材料的阻燃性能比纯 GF 有较大提高，但是这些材料在燃烧时的平均有效燃烧热（AEHC）几乎完全相同，均为 35 MJ/kg 左右，由此可以判断，HIPS/GF 复合材料的阻燃性能的提高并不是由于热分解产生的可燃物在气相中燃烧不充分造成的，而是来源于燃烧时凝聚相的变化。因此，尽管这层由纤维组成的屏障不够连续致密，但其还是会对热量传递和可燃气体迁移起到一定阻止作用，从而有利于材料阻燃性能的改善。

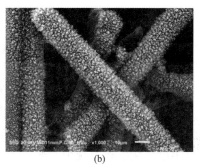

(a)　　　　　　　　　　　　　　　(b)

图 6-5　HIPS/GF30 复合材料燃烧残余物的 SEM 照片[107]

6.2.3　热失重行为

为进一步了解 GF 对 HIPS 燃烧性能的影响，图 6-6 给出了不同 HIPS/GF 复合材料在氮气中的 TGA 和 DTG 曲线。可见，纯 HIPS 和不同 GF 含量的几种 HIPS/GF 复合材料在氮气中的 TGA 和 DTG 曲线非常类似。四种材料的 TGA 和 DTG 曲线在温度低于纯 HIPS 的热分解温度之前完全重合在一起，温度大于 478℃后均不再继续热分解。纯 HIPS、HIPS/GF10、HIPS/GF30 和 HIPS/GF40 四种材料在热分解结束时的质量残余百分数分别为 39.9%、30.4%、9.9%和 0%，这与四种材料燃烧后的质量残余物百分数理论值完全相同。四种材料的最大质量损失速率随着 GF 含量的增加而降低，最大质量损失速率对应的温度均在 433～436℃范围内。这些结果表明，GF 的存在对于 HIPS 的热分解行为影响很小，二者之间没有化学作用。HIPS/GF 复合材料质量损失速率的降低完全是由于材料中聚合物的含量减少引起的。随着 GF 含量增加，材料中聚合物的含量减少，质量损失速率降低，在强制热辐射条件下对燃烧火焰的燃料供应减少，因此材料燃烧时的热量释放速率和放热量必然降低，发烟量也相应减少，复合材料的阻燃和抑烟性能提高。

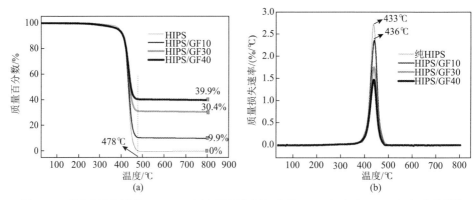

图 6-6　不同玻纤含量的 HIPS/GF 复合材料在氮气中的 TGA（a）和 DTG（b）曲线[107]

　　从上述讨论中可以看出，在高抗冲聚苯乙烯（HIPS）中加入玻璃纤维（GF）可使复合材料的 LOI 有一定程度的提高，但是影响并不显著。随着 GF 含量增加，HIPS/GF 复合材料同时表现出较好的阻燃、抑烟和减毒特性。GF 的最佳用量为 30%左右，加入过多 GF 并不能进一步提高 HIPS 的阻燃和抑烟性能。GF 的存在对于 HIPS 的热分解行为影响很小，二者之间没有化学作用。随着 GF 含量增加，复合材料中聚合物的含量减少，热分解时产生的可燃性气体减少，导致对火焰的燃料供应减少，因此材料的阻燃和抑烟性能提高。总的来看，在 HIPS 基体中加入适量 GF 可同时提高材料的阻燃和抑烟性能，降低毒气释放速率，从而在增强聚合物的同时还能够提高材料的火灾安全性。

6.3　GF 对 HIPS/MH/MRP 复合材料燃烧性能的影响

6.3.1　样品制备及热传递测定方法

以质量比为 100/30/10 的 HIPS/MH/MRP 复合材料为基础, 引入不同含量 GF, 按照以下步骤将热电偶嵌入 HIPS/MH/MRP/GF 复合材料沿厚度方向的不同位置, 得到一系列 GF 含量不同的包埋有热电偶的 HIPS/MH/MRP/GF 阻燃增强复合材料。首先, 采用两个不同模具将上述复合材料分别热压成厚度为 3 mm 和 1 mm 的圆形片材; 接着, 根据设计方案将一系列不同厚度的复合材料圆形片材按照顺序放入特制的模具中, 同时将热电偶嵌入预设位置, 采用的热电偶是直径为 0.2 mm 的 K-型镍铬硅热电偶; 然后, 将模具移入预先温度设定为 180℃的热压机中, 随后不同厚度的圆形片材熔融, 最后在 180℃和 10 MPa 下, 热压 20 min, 得到直径为 80 mm、厚度为 10 mm 的包埋有热电偶的复合材料圆形样品。特制的模具能够确保在热压过程中热电偶固定在厚度为 10 mm 样品中设定的位置处保持不变。与此同时, 热电偶也是量身定制的, 能够确保与聚合物有良好的接触。根据设计方案, 包埋在样品内部沿厚度方向不同位置处的热电偶与外部温度显示装置相连接。图 6-7 为外部热源直接接触或者热辐射情况下, 测量复合材料样品内部温度的方法示意图。如图 6-7 所示, 热电偶相互平行排列, 图中热电偶上的数字表示从样品上表面开始, 沿样品厚度方向热电偶埋入的位置。

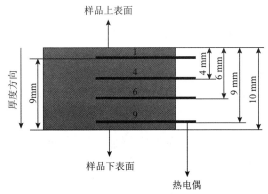

图 6-7　沿着聚合物复合材料厚度方向不同深度嵌入热电偶示意图[108]

图 6-8（a）为接触模式热传递示意图, 把沿厚度方向不同深度包埋有四个热电偶的 HIPS 复合材料放置在表面光滑的加热铜板上, 铜板的温度精确地控制在 120℃。嵌入式样品的顶面与加热铜板保持紧密接触, 热量从铜板向复合材料内部传递。通过测量复合材料沿厚度方向不同位置的温度变化, 能够比较各种复合材

料的导热性能。通过这种方式，可以获得样品表面附近（距离样品顶部 1 mm 位置处）的温度，此处温度直接影响高分子材料的热降解行为和引燃情况。图 6-8（b）为辐射模式热传递示意图，把包埋有热电偶的复合材料样品放置在加热铜板下，热量从铜板辐射到样品上表面，复合材料内部不同深度处的温度变化由热电偶测量和记录。在此项测试中，图 6-8（b）中铜板的温度设定为 600℃，聚合物材料表面的温度大约为 550℃。

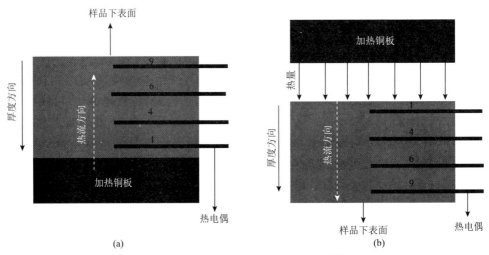

图 6-8　不同模式热传导发生示意图[108]
（a）接触模式热传导；（b）辐射模式热传导

6.3.2　接触模式下复合材料中的热量传递

HIPS/MH/MRP/GF 复合材料直接接触加热铜板，复合材料内部不同深度处的温度变化如图 6-9 所示，图中铜板温度恒定为 120℃。从图 6-9（a）可见，随着接触时间增加，三种复合材料内部的温度均呈逐渐上升趋势。其中，在 1 mm 深度位置处，GF 含量为 0% 的复合材料内部温度上升最快，随着 GF 含量增加，材料内部的温度明显降低。例如，0% GF、10% GF 和 40% GF 复合材料在接触时间为 100 s 时，所对应的温度分别为 110℃、96℃和 67℃；在接触时间为 300 s 时，所对应的温度分别为 112℃、107℃和 91℃。0% GF 复合材料的内部温度在约 100 s 时达到峰值，之后基本保持不变。在相同深度处，10% GF 复合材料在 300 s 时达到峰值，而 40% GF 复合材料的内部温度一直在增加，在 800 s 时仍没有达到峰值。图 6-9（b）的实验结果与图 6-9（a）的实验结果刚好相反。如图 6-9（b）所示，在 4 mm 深度位置处，40% GF 复合材料的温度增加最快，随着 GF 含量减少，复合材料的温度也显著减小。例如，40% GF、10% GF 和 0% GF 三种复合材料，在

接触时间为 100 s 时所对应的温度分别为 50℃、40℃和 35℃；在接触时间为 300 s
时，三种复合材料所对应的温度分别增加到 78℃、69℃和 61℃。图 6-9（a）和（b）
表明，GF 对 HIPS/MH/MRP/GF 复合材料的热传导有明显的影响。0% GF 复合材
料表面附近（1 mm 深度位置）的温度上升最快，并且随着 GF 含量的增加，复合
材料此处的温度在减小。然而，4 mm 深度位置处，随着 GF 含量增加，复合材料
温度变化趋势却刚好相反，0% GF 复合材料的温度在三种复合材料中最低。这些
结果表明，GF 能够促进 HIPS/MH/MRP/GF 复合材料的热传导，极大地降低了复
合材料表面附近的温度，延缓了材料表面温度的升高。

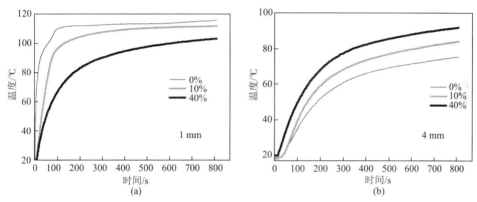

图 6-9　不同 HIPS/MH/MRP/GF 复合材料直接接触 120℃热源时 1 mm（a）和 4 mm（b）
深度位置处的温度变化曲线[108]

　　图 6-10 为不同 HIPS/MH/MRP/GF 复合材料直接接触 120℃的热源温度条件
下，6 mm 深度位置和 9 mm 深度位置的温度差随时间的变化曲线。从图中可以看
出，0% GF 复合材料和 10% GF 复合材料曲线非常相似，随着接触时间增加，两
个位置处的温度差呈现先增加后减小的变化趋势。当 GF 的质量分数超过 30%时，
HIPS/MH/MRP/GF 复合材料内部两个不同位置处的温度差越来越小。接触时间相
同时，随着 GF 含量增加，复合材料 6 mm 深度位置和 9 mm 深度位置的温度差在
明显减小。例如，0% GF、10% GF、30% GF 和 40% GF 四种复合材料在接触时
间为 200 s 时，两深度位置对应的温度差分别为 63℃、28℃、15℃和 9℃；在接
触时间为 800 s 时，对应的温度差分别为 43℃、23℃、15℃和 10℃。在四种复合
材料中，0% GF 复合材料两深度位置的温度差总是最大，40% GF 复合材料两深
度位置的温度差总是最小。这一结果表明，在四种复合材料中，0% GF 复合材料
导热速度最慢。随着 GF 含量增加，复合材料内部的导热速度明显增加，由于导
热能力的增强，复合材料表面附近热量很容易传递到材料内部，因此，也就降低
了表面附近的温度。

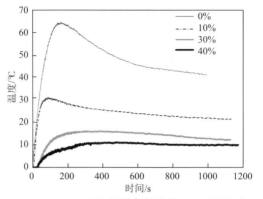

图 6-10　不同 HIPS/MH/MRP/GF 复合材料直接接触 120℃热源时 6 mm 与 9 mm 处的温度差变化曲线[108]

6.3.3　热辐射模式下复合材料中的热量传递

　　为进一步了解 GF 对复合材料热传导的影响,采用 600℃加热铜板辐射上述复合材料,其结果如图 6-11 和图 6-12 所示。从图 6-11（a）可见,在三种复合材料内部的 1 mm 深度处,0% GF 复合材料温度增加最快。此深度位置的温度随着 GF 含量的增加略有下降。例如,0% GF、10% GF 和 40% GF 三种复合材料,在铜板辐射时间为 100 s 时,1 mm 深度位置所对应的温度分别为 255℃、228℃和 165℃;辐射时间为 200 s 时,三种复合材料此位置温度分别增加到 333℃、297℃和 243℃。如图 6-11（b）所示,上述三种复合材料 4 mm 深度位置温度与 1 mm 深度位置温度呈相反趋势。在 4 mm 深度位置,40% GF 复合材料温度最高,而 0% GF 复合材料温度最低。与图 6-9 相比,发现图 6-9（a）和图 6-11（a）曲线彼此非常相似。这些结果表明,GF 能够促进 HIPS/MH/MRP/GF 复合材料内部热传导,并且无论采用接触模式还是辐射模式传热,随着 GF 含量的增加,复合材料的导热能力在逐步提高。

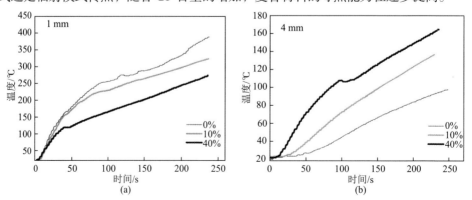

图 6-11　HIPS/MH/MRP/GF 复合材料受到 600℃热源辐射时内部温度分布曲线[108]

图 6-12 给出了材料在 600℃加热铜板辐射下，复合材料沿厚度方向不同深度处的温度分布曲线。从图中可以看出，在 HIPS/MH/MRP/GF 复合材料中，随着 GF 含量增加，两条曲线逐渐接近。相同实验条件下，在 1 mm 深度位置和 4 mm 深度位置处，0% GF 复合材料的温度差异最大，40% GF 复合材料的温度差异最小。例如，热辐射时间为 100 s 时，0% GF、10% GF 和 40% GF 复合材料两深度位置之间的温度差分别为 209℃、156℃和 57℃。这些结果表明，在 HIPS/MH/MRP 复合材料中引入 GF 后，复合材料内部的热传导变得更加容易，随着 GF 含量增加，复合材料的热传导能力显著增强，这与图 6-10 的结果是一致的。

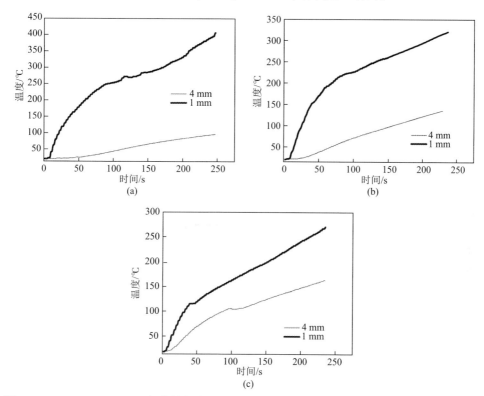

图 6-12　HIPS/MH/MRP/GF 复合材料受到 600℃热源辐射时内部沿厚度方向不同深度处的温度分布曲线[108]

（a）0%GF；（b）10%GF；（c）40%GF

从上述讨论可以看出，加入 GF 可以显著提高 HIPS/MH/MRP 复合材料的热传导性能，导致复合材料表面附近温度大幅度降低。毫无疑问，这会减小表面附近聚合物的降解，增加引燃时间，降低燃烧速率。关于复合材料的热传导性能随着 GF 含量增加而增强的原因可能如下。众所周知，GF 本身的热导率远大于 HIPS 基体，因此在聚合物中加入 GF 通常有助于提高复合材料的导热性能。尤其是当

GF 含量超过临界浓度时，GF 在聚合物复合材料内部形成导热网链，热量可以通过 GF 网链很快地从表面传递到内部或者其他区域。因此，引入 GF 后，复合材料的导热性能会随之增加。随着 GF 质量分数增加，复合材料内部导热网链逐渐完善，也就造成复合材料导热能力随着 GF 质量分数增加而变大。GF 的导热网络一旦完整形成，复合材料的导热能力就不再随着 GF 含量的增加而进一步改变。因此，从热传导的角度考虑，加入过多 GF 是没有必要的。

6.3.4　引燃行为

图 6-13 为复合材料的引燃时间（TTI）和热导率（TC）随着 GF 质量分数的变化曲线。从图中可以看出，GF 的引入对 HIPS/MH/MRP 复合材料的引燃有明显的影响。随着 GF 含量的增加，TTI 变长。例如，30% GF 复合材料的 TTI 比 0% GF 复合材料 TTI 延长 31 s，表明 GF 的存在能够使复合材料引燃变得更加困难。显然，延缓引燃时间有利于阻止火势的蔓延，提高复合材料的火灾安全性。如图 6-13 所示，0% GF、10% GF、30% GF 和 40% GF 复合材料的 TC 分别为 0.287 W/（m·K）、0.303 W/（m·K）、0.367 W/（m·K）和 0.408 W/（m·K），表明无论在复合材料表面采用辐射热源还是直接接触热源，GF 均能够促进复合材料内部热量交换。此外，HIPS/MH/MRP/GF 复合材料热导率随着 GF 含量的增加而提高。这些实验结果表明，高 GF 含量的复合材料表面的热量能够比低 GF 含量复合材料更快地传递到内部区域。也就是说，不含 GF 的复合材料表面在热源作用下会积聚更多的热量，温度会更高。因此，不含 GF 的复合材料表面附近温度一定会高于含有 GF 的复合材料。正是由于含有 GF 的复合材料表面附近温度较低，聚合物的降解变缓，因此复合材料的引燃时间变长，引燃变得更加困难。显然，这有利于防止火灾的蔓延，提高材料的火灾安全性。

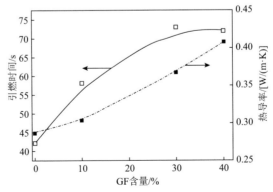

图 6-13　GF 质量分数对 HIPS/MH/MRP/GF 复合材料热导率和引燃时间的影响[108]

6.3.5　阻燃性能

图 6-14 为不同复合材料的热释放速率（HRR）和总释放热量（THR）随燃烧时间的变化曲线，表 6-2 列出了相应的锥形量热仪实验数据。如图 6-14（a）和表 6-2 所示，HIPS/MH/MRP/GF 复合材料的热释放速率峰值（PHRR）、热释放速率平均值（AHRR）、平均质量损失速率（AMLR）和火增长速率指数（FIGRA）都有所降低。随着 GF 含量增加，引燃时间（TTI）、火灾性能指数（FPI）和燃烧残余率都有所增加。这些结果表明，引入 GF 能够显著提高 HIPS/MH/MRP 复

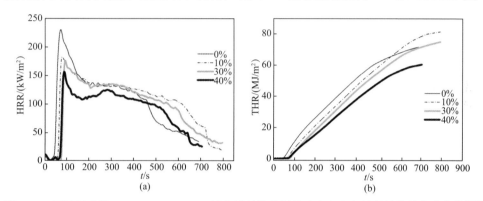

图 6-14　不同组成的 HIPS/MH/MRP/GF 复合材料的热释放速率（a）和总释放热量（b）曲线[108]

表 6-2　几种不同复合材料的锥形量热仪测试数据[108]

测试参数	材料编号			
	0%	10%	30%	40%
TTI/s	42	58	73	71
PHRR/（kW/m²）	231	184	179	158
AHRR/（kW/m²）	111	110	103	95
AMLR/（10⁻³ g/s）	41	35	33	30
THR/（MJ/m²）	71	81	75	60
AEHC/（MJ/kg）	24	28	28	28
TSR/（m²/m²）	5014	4608	4229	2914
FPI/（10⁻³ s·m²/kW）	182	315	407	449
FIGRA/[kW/（m²·s）]	3.4	2.4	2.0	1.8
残余率/%	28.2	41.6	52.7	63.4
残余率计算值/%	28.2	35.4	49.7	56.9

注：TTI，引燃时间；PHRR，热释放速率峰值；AHRR，热释放速率平均值；AMLR，平均质量损失速率；THR，总释放热量；AEHC，平均有效燃热；TSR，总释放烟量；FPI，火灾性能指数；FIGRA，火增长速率指数

合材料的阻燃性能。另外，三个含有 GF 复合材料的平均有效燃烧热（AEHC）均为 28 MJ/kg，均大于 0% GF 复合材料的 AEHC 数值（24 MJ/kg），所以 HIPS/MH/MRP/GF 复合材料的阻燃发生在凝聚相。图 6-14（b）表明，在燃烧过程中，GF 的存在降低了复合材料的 THR。燃烧时间相同时，复合材料的 GF 含量越高，其 THR 降低越多，加入 10%的 GF 就能使复合材料的 THR 值明显降低。显然，HRR 和 THR 的降低有利于复合材料阻燃性能的提高。

图 6-15 为上述四种复合材料的总释放烟量（TSR）曲线。随着 GF 含量增加，HIPS/MH/MRP/GF 复合材料的 TSR 明显降低。特别是 40% GF 复合材料的 TSR 降低非常明显。例如，当燃烧时间为 500 s 时，0% GF、10% GF、30% GF 和 40% GF 四种复合材料的 TSR 分别为 4720 m²/m²、3934 m²/m²、3728 m²/m² 和 2770 m²/m²。该结果表明，在 HIPS/MH/MRP 复合材料中引入 GF，不仅能提高复合材料的阻燃性能，还可降低材料的烟释放量。显然，这对材料的消防安全是非常重要的。

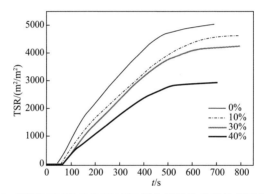

图 6-15　不同 HIPS/MH/MRP/GF 复合材料的总释放烟量曲线[108]

图 6-16 给出了锥形量热仪测试中 HIPS/MH/MRP/GF 复合材料 PHRR 和 TSR 随 GF 用量的变化曲线。可见，随着 GF 含量增加，复合材料的 PHRR 和 TSR 均

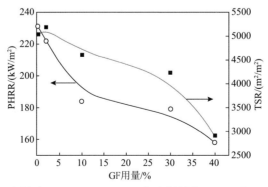

图 6-16　GF 含量对 HIPS/MH/MRP/GF 复合材料的 PHRR 和 TSR 的影响[108]

明显降低。GF 含量越多，复合材料的 PHRR 和 TSR 降低越多，这表明加入 GF 能够同时提高 HIPS/MH/MRP 复合材料的阻燃性能和抑烟性能。

图 6-17 为上述几种复合材料在锥形量热仪测试过程中的质量损失曲线。HIPS/MH/MRP/GF 复合材料的燃烧残余物数量随着 GF 含量的增加而增加。高 GF 含量的复合材料的质量损失速率明显比低含量或者无 GF 的复合材料更慢。燃烧结束后，0% GF、10% GF、30% GF 和 40% GF 四种复合材料的残余率分别为28.2%、41.6%、52.7%和63.4%。如表 6-2 所示，含有 GF 的复合材料的燃烧残余率的实验值均明显大于相应的计算值，该计算值是假定 GF 的存在对复合材料热降解没有任何影响计算出来的。该结果表明，在燃烧过程中复合材料中 GF 的存在可以在一定程度上抑制聚合物的降解，减少可燃性气体的生成量，产生更多的残余炭层。

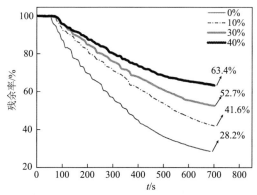

图 6-17　不同 HIPS/MH/MRP/GF 复合材料的质量损失曲线[108]

上述各种 HIPS 基复合材料的 LOI 和 UL-94 VBT 测试结果如表 6-3 所示。从表中可以看出，GF 质量分数小于 10% 时，引入 GF 对复合材料的 LOI 几乎没有影响，GF 质量分数大于 10%时，HIPS/MH/MRP/GF 复合材料的 LOI 随着 GF 含量的增加而增加。从整体上看，GF 对复合材料 LOI 的影响并不明显。在HIPS/MH/MRP（100/30/10）复合材料中添加质量分数为 2%的 GF 就能使复合材料的 UL-94 级别从 V-1 级提高到 V-0 级。所有 GF 质量分数大于 2%的HIPS/MH/MRP/GF 复合材料的UL-94级别均为V-0。实验中观察到，HIPS/MH/MRP（100/30/10）复合材料在燃烧过程中有滴落现象，滴落的熔体无火焰，没有引燃脱脂棉。1% GF 复合材料的燃烧现象与 0% GF 复合材料非常类似。这两种复合材料由于其燃烧时间（t_1+t_2）均大于 10 s，所以 UL-94 VBT 级别只达到 V-1 级。当 HIPS/MH/MRP/GF 复合材料中的 GF 质量分数超过 2%时，得到的复合材料在燃烧过程中均无熔融滴落现象，移除火源后立即自熄，表现出良好的阻燃性能。

表 6-3　各种复合材料 LOI 和 UL-94 VBT 实验结果[108]

材料编号	UL-94 VBT	LOI/%
0%	V-1	22.9
1%	V-1	22.8
2%	V-0	22.8
5%	V-0	22.8
7%	V-0	22.9
10%	V-0	23.0
30%	V-0	24.3
40%	V-0	24.9

　　图 6-18 为 UL-94 VBT 实验中样品燃烧 30 s 后不同复合材料表面的 SEM 照片。如图 6-18（a）所示，0% GF 复合材料的表面非常粗糙，表面有明显的熔滴。相比之下，如图 6-18（b）所示，GF 质量分数为 10% 的复合材料在火焰中燃烧 30 s 后，表面无熔滴产生。尽管样品表面有一些裂纹和孔洞，其燃烧残余物表面要比 0% GF 复合材料光滑。当 GF 质量分数高于 30% 时，复合材料的表面比 10% GF

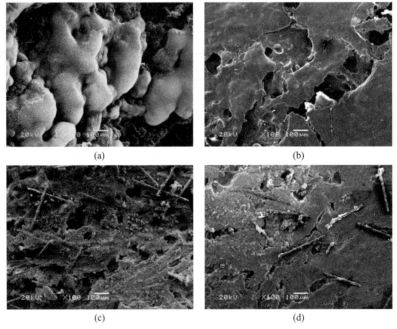

(a)　　　　　　　　　　　　　　　(b)

(c)　　　　　　　　　　　　　　　(d)

图 6-18　不同 HIPS/MH/MRP/GF 复合材料在垂直燃烧实验中燃烧 30 s 后的 SEM 照片[108]
（a）0%；（b）10%；（c）30%；（d）40%

的复合材料更加平滑、致密。如图 6-18（c）和（d）所示，材料表面的孔洞尺寸远小于图 6-18（b）中的孔洞尺寸，并且样品表面显现出少量 GF。在这些复合材料中没有观察到 GF 的"烛芯效应"。因此，在 HIPS/MH/MRP 复合材料中引入适量 GF 有利于提高复合材料整体的阻燃性能。

如第 5 章所述，MH 和 MRP 对 HIPS 有非常显著的协同阻燃效应，HIPS/MH/MRP 复合材料在热降解和燃烧时有良好的成炭能力。在复合材料表面生成的连续致密的炭层能够减缓复合材料内部产生的可燃性挥发气体向火焰区域迁移，减少对火焰的燃料供应，抑制燃烧的进行。从上述讨论可见，引入适量 GF 可以进一步提高 HIPS/MH/MRP（100/30/10）复合材料的阻燃性能和抑烟性能。这可能是因为加入 GF 后增大了复合材料的热导率，抑制了材料表面温度的升高，阻碍了熔滴的生成和表面附近聚合物的降解，推迟了引燃时间。另外，GF 本身具有良好的热稳定性和阻燃性能。因此，引入 GF 能够进一步改善 HIPS/MH/MRP 复合材料的阻燃性能。

6.3.6　热稳定性能

图 6-19 为上述四种复合材料在氮气气氛中的 TGA 和 DTG 曲线，表 6-4 列出了相应的热分析实验数据。如图 6-19（a）和表 6-4 所示，当 GF 的质量分数小于 10% 时，GF 对复合材料的热稳定性几乎没有影响。然而，当 GF 质量分数超过 30% 时，所得 HIPS/MH/MRP/GF 复合材料的热稳定性均比 0% GF 及 10% GF 复合材料更高。30% GF 和 40% GF 复合材料的 $T_{5\%}$、$T_{10\%}$ 和 $T_{40\%}$ 均大于 0% GF 和 10% GF 复合材料的相应值。此外，如表 6-4 所示，在 800℃温度下，30% GF 和 40% GF 两种复合材料热分解残余率的实验值均大于相应的理论值，该理论值是假设 GF 的存在对 HIPS/MH/MRP 复合材料的热分解没有任何影响计算出来的。由此可见，

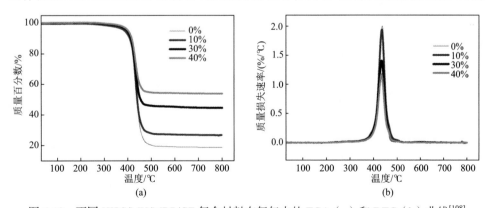

图 6-19　不同 HIPS/MH/MRP/GF 复合材料在氮气中的 TGA（a）和 DTG（b）曲线[108]

引入 GF 能够使 30% GF 和 40% GF 两种复合材料在高温降解时产生更多残余物。图 6-19（b）的结果表明,四种复合材料的最大失重速率(T_{max})所对应的温度均为 435℃左右,但最大失重速率随 GF 含量增加而减小。这些结果表明,GF 的存在对复合材料的降解机理没有影响,但是会抑制复合材料的热降解,这与图 6-17 的结果是一致的。因此,在 HIPS/MH/MRP 复合材料中加入适量 GF 能够抑制聚合物的热降解,提高复合材料的热稳定性。显然,这对材料的火安全性是有利的。

表 6-4　几种不同复合材料在氮气中的热重分析数据[108]

材料编号	$T_{5\%}$/℃	$T_{10\%}$/℃	$T_{40\%}$/℃	T_{max}/℃	R_{800}/%	CR_{800}/%
0%	386	408	435	436	18.5	18.5
10%	385	408	436	435	26.6	26.6
30%	395	413	442	435	44.7	43.0
40%	400	417	452	434	53.8	51.1

注:$T_{5\%}$,失重 5%对应的温度;$T_{10\%}$,失重 10%对应的温度;$T_{40\%}$,失重 40%对应的温度;T_{max},最大失重速率对应的温度;R_{800},800℃残余率;CR_{800},假设 GF 对 HIPS/MH/MRP 复合材料热降解没有影响的计算残余率

6.3.7　力学性能

表 6-5 列出了 GF 含量不同的一系列 HIPS/MH/MRP/GF 复合材料的力学性能实验数据。从表中可见,这些复合材料的弯曲模量、弯曲强度和冲击强度随着 GF 含量的增加均有所提高。当 GF 质量分数为 30%左右时,所得复合材料表现出最佳的综合力学性能。

表 6-5　HIPS/MH/MRP/GF 复合材料的力学性能数据[108]

材料编号	弯曲模量/MPa	弯曲强度/MPa	冲击强度/（kJ/m^2）
0%	18874	76.4	7.9
2%	23141	79.1	10.0
7%	22917	87.5	10.1
10%	31042	109.1	11.3
30%	40464	118.3	12.1
40%	40889	110.7	12.7

图 6-20 为四种复合材料无缺口冲击实验样品断面的 SEM 照片。如图 6-20（a）

所示，0% GF 复合材料的断面比较光滑平整，表现出脆性断裂的特征。与 0% GF 复合材料相比，10% GF 复合材料的断面变得粗糙，断面上一些被折断的 GF 清晰可见，同时也可以看到 GF 被拔出后留下的孔洞[图 6-20（b）]。随着 GF 含量增加，复合材料断面变得越来越粗糙和凸凹不平。如图 6-20（c）所示，在 30% GF 复合材料断面上有许多 GF 被折断或者剥离。当 GF 质量分数达到 40%时，所得复合材料断面非常粗糙。在断面处有大量的 GF 被折断，一些聚合物基体被拔掉，留下尺寸很大的孔洞[图 6-20（d）]。由于折断 GF 需要消耗能量，所以随着 GF 含量的增加，复合材料的冲击强度显著提高。因此，在 HIPS/MH/MRP 复合材料中引入适量 GF 不仅能够提高材料的力学性能，同时也能提高复合材料的热稳定性、阻燃性和抑烟性，这对于材料的实际应用具有重要价值。

（a）　　　　　　　　　　　　　（b）

（c）　　　　　　　　　　　　　（d）

图 6-20　HIPS/MH/MRP/GF 复合材料冲击实验断面的 SEM 照片[108]

（a）0%；（b）10%；（c）30%；（d）40%

6.4　GF 对膨胀阻燃 HIPS/EG/MRP 复合材料燃烧性能的影响

上一节讨论了 GF 对 HIPS/MH/MRP 复合材料性能的影响。结果表明，在

HIPS/MH/MRP 复合材料中引入适量 GF 不仅能够使复合材料的力学性能得到很大提高，而且材料的热稳定性、阻燃性能和抑烟性能也显著提高。此外，引入 GF 还可以有效降低复合材料表面附近的温度，延缓聚合物的降解，增大引燃难度。本节拟在 HIPS/EG/MRP 膨胀阻燃复合材料中引入 GF，探索 GF 对 HIPS/EG/MRP 膨胀阻燃复合材料性能的影响。

6.4.1　纯 GF 对 HIPS/EG/MRP 复合材料燃烧性能的影响

表 6-6 列出了不同 HIPS/EG/MRP/GF 阻燃复合材料的组成及 UL-94 和 LOI 实验结果。可见，纯 HIPS 无任何级别，用 20%的质量比为 15/5 的 EG/MRP 阻燃剂代替等量纯 HIPS 树脂后得到的 HIPS/EG/MRP（80/15/5）复合材料在 UL-94 VBT 中达到 V-0 级。但是，在 HIPS/EG/MRP（80/15/5）复合材料中用 5%的 GF 替代 HIPS 树脂后，复合材料阻燃性能急剧恶化，在 UL-94 测试中重新变得无任何级别，随着 GF 含量增加，HIPS/EG/MRP/GF 复合材料在 UL-94 测试中始终没有任何级别。图 6-21 为不同 HIPS/EG/MRP/GF 复合材料在 UL-94 垂直燃烧测试后的样品残余物数码照片。从图中可见，HIPS/EG/MRP/GF0 复合材料在撤离火源后能够自熄，没有熔融物滴落，样品燃烧部分有明显的膨胀现象，而含有 5%、10%和 30% GF 的 HIPS/EG/MRP/GF 复合材料在离开火源后均不能自熄，有明显的熔融物滴落或掉落迹象。在 UL-94 垂直燃烧测试中观察到，含有 5% GF 的复合材料虽然没有烧到夹具，但是在燃烧过程中产生的熔融物带火焰滴落并且引燃脱脂棉，含有 10% GF 和 30% GF 的两种复合材料都能够一直燃烧到样品夹具，产生带火焰熔融物滴落引燃脱脂棉。这些实验结果表明，GF 的存在使 HIPS/EG/MRP/GF 复合材料的阻燃性能严重恶化，对提高 HIPS/EG/MRP 复合材料的阻燃性能极为不利，这与 6.3 节研究的 HIPS/MH/MRP/GF 复合材料形成了鲜明对比。

表 6-6　不同 HIPS/EG/MRP/GF 阻燃复合材料的组成及 UL-94 VBT 和 LOI 实验结果

材料编号	HIPS/EG/MRP/GF 质量比	阻燃剂含量/wt%	GF 含量/wt%	UL-94 VBT	LOI/%
HIPS	100/0/0/0	0	0	无级别	18.1
0%	80/15/5/0	20	0	V-0	26.8
5%	75/15/5/5	20	5	无级别	24.4
10%	70/15/5/10	20	10	无级别	24.1
30%	50/15/5/30	20	30	无级别	26.2

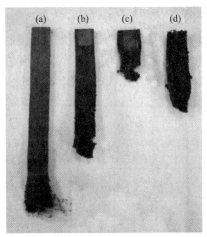

图 6-21　不同 HIPS/EG/MRP/GF 复合材料在垂直燃烧实验后样品残余物的数码照片
（a）0% GF；（b）5% GF；（c）10% GF；（d）30% GF

　　从表 6-6 还可以看出，纯 HIPS 的 LOI 仅为 18.1%，用 20% 的质量比为 15/5 的 EG/MRP 阻燃剂代替等量纯 HIPS 树脂后，复合材料的 LOI 迅速提高到 26.8%。但是，再用 5% GF 代替等量的纯 HIPS 树脂后得到的 HIPS/EG/MRP/GF（75/15/5/5）复合材料的 LOI 迅速降低到 24.4%，继续增加 GF 的含量，10% GF 复合材料的 LOI 降至 24.1%，而 30% GF 复合材料的 LOI 又回升到 26.2%。这些结果表明，在 HIPS/EG/MRP 复合材料中引入 GF 后会使复合材料的阻燃性能迅速降低，这与 UL-94 实验结果一致。图 6-22 给出了 GF 含量对 HIPS/EG/MRP/GF 复合材料 LOI 的影响。从图中可以直观地看出，在 HIPS/EG/MRP 复合材料中引入 GF 后，复合材料的 LOI 迅速降低，在 GF 含量约 10% 时下降到最小值，然后随着 GF 含量的继续增加，复合材料的 LOI 开始回升。

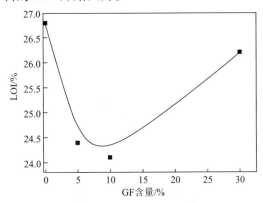

图 6-22　GF 含量对 HIPS/EG/MRP/GF 复合材料 LOI 的影响

　　图 6-23 为 GF 含量不同的 HIPS/EG/MRP/GF 复合材料在锥形量热仪测试中的

HRR 和 THR 曲线，表 6-7 列出了测试中得到的一些燃烧性能数据。在 HIPS/EG/MRP（80/15/5）复合材料中引入 5% GF 后，复合材料的 HRR 迅速提高，其 PHRR 由 191 kW/m² 提高到 242 kW/m²。由此可知，仅加入 5% 的 GF 就能够使 HIPS/EG/MRP/GF 复合材料的 PHRR 提高 26.7%。与 HIPS/EG/MRP 复合材料相比，HIPS/EG/MRP/GF5 复合材料的 AHRR 也有所提高。这些数据表明，在 HIPS/EG/MRP 复合材料中引入 GF 后，复合材料的阻燃性能明显恶化。此外，从图 6-23（a）和表 6-7 可见，在 HIPS/EG/MRP 复合材料中引入 5% GF 后，复合材料的 TTI 由 54 s 提高到 82 s，这

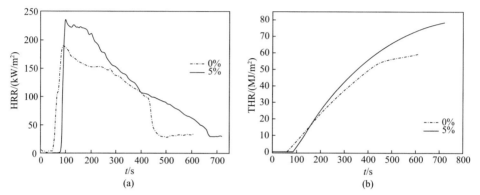

图 6-23　GF 含量不同的 HIPS/EG/MRP/GF 复合材料的 HRR（a）和 THR（b）曲线

表 6-7　GF 含量不同的 HIPS/EG/MRP/GF 复合材料在锥形量热仪中的测试数据

测试参数	材料编号			
	HIPS	0%	5%	30%
TTI/s	63	54	82	56
PHRR/（kW/m²）	738	191	242	185
AHRR/（kW/m²）	280	107	123	89
THR/（MJ/m²）	119	59	78	58
AEHC/（MJ/kg）	34	29	26	24
TSR/（m²/m²）	5112	2480	3862	3347
ASEA/（m²/kg）	1461	1200	1254	1396
ACOY/（kg/kg）	0.066	0.208	0.224	0.283
FPI/（10⁻³·s·m²/kW）	85.3	283	339	303
FIGRA/[kW/（m²·s）]	4.3	2.2	2.4	2.0
燃烧残余率/%	1.9	73.5	26.1	51.2

注：TTI，引燃时间；PHRR，热释放速率峰值；AHRR，热释放速率平均值；THR，总释放热量；AEHC，平均有效燃烧热；TSR，总释放烟量；ASEA，比消光面积平均值；ACOY，平均 CO 释放量；FPI，火灾性能指数；FIGRA，火增长速率指数

表明在 HIPS/EG/MRP 复合材料中引入 GF 后，HIPS/EG/MRP/GF 复合材料变得难以引燃。这可能是由于在 HIPS/EG/MRP 复合材料中引入 5% GF 后复合材料的导热性能提高。在燃烧初级阶段，复合材料表面处的热量能够迅速传递到材料内部造成表面温度相应降低，聚合物热分解被推迟，因此引燃变得更加困难。从图 6-23（b）可见，在燃烧前期约 180 s，HIPS/EG/MRP/GF0 复合材料比 HIPS/EG/MRP/GF5 复合材料提前释放热量，并且热释放量高于后者。这可能还是由于 GF 提高了 HIPS/EG/MRP 复合材料的导热性能，使复合材料表面热量传递到材料内部，造成材料表面附近温度下降或者升温速率变慢，延缓了复合材料表面附近聚合物的降解和燃烧造成的。大约 180 s 后，HIPS/EG/MRP/GF5 复合材料的热释放量开始高于 HIPS/EG/MRP/GF0 复合材料，使材料阻燃性能迅速恶化。该结果表明，在 HIPS/EG/MRP 复合材料中引入 GF 后复合材料的 TTI 增大，点燃变得困难，有利于火灾初期开展人员疏散和逃亡工作，但是，燃烧后期 GF 恶化了 HIPS/EG/MRP 复合材料阻燃性能，火灾危险性增大。

从表 6-7 还可以看出，当 GF 质量分数为 30% 时，HIPS/EG/MRP/GF 复合材料的 TTI 减小到 56 s，PHRR 降低到 185 kW/m^2，THR 减小到 58 MJ/m^2，与不含 GF 的 HIPS/EG/MRP/GF0 复合材料的 TTI、PHRR 和 THR 非常接近。此外，HIPS/EG/MRP/GF 复合材料的燃烧残余率也表现出类似的变化规律。在 HIPS/EG/MRP 复合材料中引入 5% GF 后，复合材料的残余率迅速减小，随着 GF 含量增加，复合材料的残余率又逐渐提高。这些结果表明，随着 GF 含量增加，GF 对 HIPS/EG/MRP 复合材料的某些燃烧参数的影响逐渐减小。

图 6-24 为锥形量热仪测试中含有不同 GF 的 HIPS/EG/MRP/GF 复合材料的 SPR 和 TSR 曲线。从图 6-24（a）可见，在 HIPS/EG/MRP 复合材料中加入 5% GF 后，HIPS/EG/MRP/GF5 复合材料的 SPR 迅速提高，并且有一个尖锐的峰值，表明其烟释放速率很快，其生烟速率峰值（PSPR）约为 0.2 m^2/s，远大于 HIPS/EG/MRP/GF0 复合材料的相应值。与 HIPS/EG/MRP/GF5 复合材料相比，HIPS/EG/MRP/GF0 复合材料的 SPR 曲线比较平缓，并没有出现尖锐的峰值。此外，HIPS/EG/MRP/GF0 和 HIPS/EG/MRP/GF5 两种复合材料在达到 PSPR 时的时间分别为 50 s 和 100 s，这可能还是由 GF 提高了复合材料的导热性能引起的。如前所述，这将造成 HIPS/EG/MRP/GF5 复合材料在燃烧初期聚合物降解变慢，烟释放速率变缓。从图 6-24（b）中可以看出，HIPS/EG/MRP/GF5 复合材料的烟释放量明显高于 HIPS/EG/MRP/GF0 复合材料。与后者相比，前者的 TSR 提高了 55.7%，表明加入 GF 极大地提高了 HIPS/EG/MRP 复合材料的烟释放量。另外，结合表 6-7 数据可以看出，当 GF 含量提高到 30% 时，HIPS/EG/MRP/GF30 复合材料的 TSR 又降为 3347 m^2/m^2，降低了 13.3%，表明随着 GF 含量增加，GF 对 HIPS/EG/MRP/GF 复合材料的发烟性能影响逐渐减小。

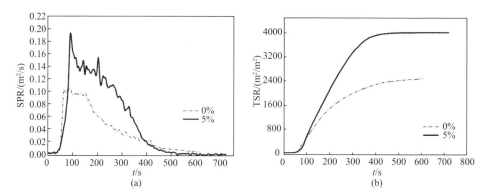

图 6-24　锥形量热仪测试中不同 HIPS/EG/MRP/GF 复合材料的 SPR（a）和 TSR（b）曲线

　　图 6-25 为 GF 含量不同的 HIPS/EG/MRP/GF 复合材料在锥形量热仪测试中的 CO 生成速率曲线和质量损失曲线。从图 6-25（a）可见，在 HIPS/EG/MRP 复合材料中引入 5% GF 后，复合材料的 CO 生成速率明显提高，CO 生成速率的峰值增大到 0.021 g/s，与 HIPS/EG/MRP/GF0 复合材料相比提高了 61.5%，表明引入 GF 会增加 HIPS/EG/MRP 复合材料燃烧过程中毒性气体的释放，增大了材料的火灾危险性。此外，从图中还可以看出，在燃烧初期，HIPS/EG/MRP/GF5 复合材料的 CO 生成滞后于 HIPS/EG/MRP/GF0 复合材料，这可能是 GF 提高了 HIPS/EG/MRP/GF 复合材料的导热性，造成 HIPS/EG/MRP/GF5 复合材料的引燃滞后于 HIPS/EG/MRP/GF0 复合材料，这与前面其他实验参数的变化规律是一致的。再者，含有 0% GF、5% GF 和 30% GF 的 HIPS/EG/MRP/GF 复合材料的平均 CO 生成量分别为 0.208 kg/kg、0.224 kg/kg 和 0.283 kg/kg。这些结果表明，随着 GF 含量增加，HIPS/EG/MRP/GF 复合材料的 CO 生成量逐渐增多，释放出的毒性气体增加。

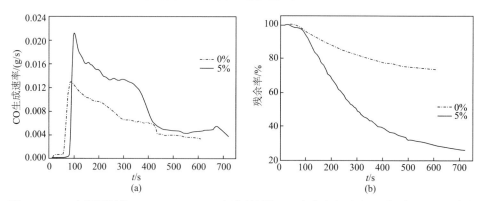

图 6-25　GF 含量不同的 HIPS/EG/MRP/GF 复合材料的 CO 生成速率（a）和质量损失（b）曲线

　　图 6-25（b）表明，在 HIPS/EG/MRP 复合材料中引入 GF 后，复合材料的热

稳定性显著降低。燃烧结束后，HIPS/EG/MRP/GF0 复合材料和 HIPS/EG/MRP/GF5 复合材料的质量残余率分别为 73.5% 和 26.1%，含有 GF 的复合材料的质量残余率降低了 64.5%，这些实验结果与前面所述 GF 能够恶化 HIPS/EG/MRP 复合材料的阻燃性能相吻合。表 6-7 中，当 GF 含量为 30% 时，复合材料的残余率又提高到 51.2%，表明随着 GF 含量增加，HIPS/EG/MRP/GF 复合材料的质量损失又逐渐减小。

从本节讨论可总结为，在 HIPS/EG/MRP 复合材料中引入 5% GF 后，复合材料的 HRR、PHRR、THR、SPR、TSR、CO 生成速率以及质量损失等参数都显著增大，LOI 减小，UL-94 垂直燃烧等级从 V-0 级变为没有级别，阻燃性能迅速下降。当 GF 含量超过 10% 后，复合材料的阻燃性能又逐渐得到改善，但 UL-94 垂直燃烧等级仍然无法达到 V-0 级。总的来看，加入 GF 会使 HIPS/EG/MRP 阻燃复合材料的火安全性能明显降低，这与 HIPS/MH/MRP/GF 复合材料体系形成了鲜明的对比。

6.4.2　DOPO-*g*-GF 对 HIPS/EG/MRP 复合材料燃烧性能的影响

由上节讨论可知，在 HIPS/EG/MRP 复合材料中加入 GF 后会出现"烛芯效应"，使材料的阻燃性能降低，尤其是在 GF 加入量较少时，这种负面作用更加明显。为了解决加入 GF 后造成的这种增强与阻燃之间的矛盾，考虑对 GF 表面进行适当改性。本节首先把磷菲类环状磷酸酯 9,10-二氢-9-氧杂-10-磷杂菲-10-氧化物（DOPO）和末端带有环氧官能团的 3-（2,3-环氧丙氧）丙基三甲氧基硅烷偶联剂（KH560）在一定条件下反应，得到 DOPO-KH560 产物，再把该产物接枝到 GF 表面得到含磷阻燃剂接枝 GF（DOPO-*g*-GF），然后把 DOPO-*g*-GF 引入 HIPS/EG/MRP 复合材料中，研究增强材料的阻燃性能。

1. DOPO-*g*-GF 的制备方法

如图 6-26 所示，把分子中含有联苯环结构的磷菲类环状磷酸酯 9,10-二氢-9-氧杂-10-磷杂菲-10-氧化物（DOPO）白色粉末（反应物 A）和末端带有环氧官能团的 3-（2,3-环氧丙氧）丙基三甲氧基硅烷偶联剂（KH560）无色透明液体（反应物 B）按照相同摩尔比在适当条件下反应，得到中间产物 C。把产物 C 进行水解反应，得到中间产物 D。把产物 D 进行抽滤、干燥后，在无水乙醇中配制成适当浓度的溶液。接着，把表面洁净的 GF 浸没在产物 D 的乙醇溶液中保持一定时间，取出后在一定温度下进行充分干燥完成接枝反应。最后，把接枝后的 GF 用无水乙醇反复洗涤，除去未反应的含磷阻燃剂。改变 GF 和 DOPO 接枝物的相对用量、反应温度和反应时间可调节 GF 表面接枝的 DOPO 含量，通过测定 GF 接枝反应前后的质量变化来计算含磷阻燃剂 DOPO 的接枝率。图 6-27 为 GF 表面接枝含磷阻燃剂的化学反应示意图。从图 6-26 和图 6-27 可见，反应后通过 Si—O

化学键在 GF 表面接枝上了较长的含有大量苯环、短碳链以及 P 和 O 两种元素的分子链，这些分子链包覆在 GF 表面，改变了其表面性质。

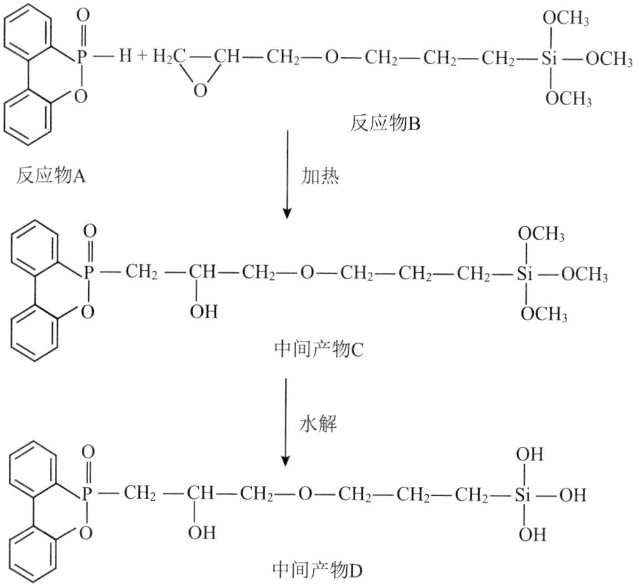

图 6-26 含磷接枝物的合成反应示意图

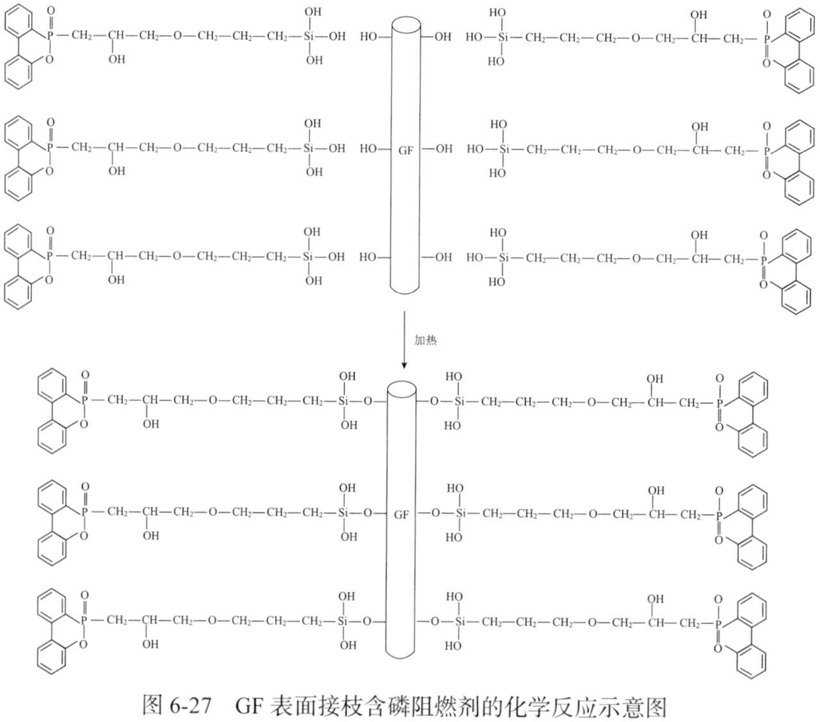

图 6-27 GF 表面接枝含磷阻燃剂的化学反应示意图

2. HIPS/DOPO-*g*-GF 复合材料的热分解成炭行为

图 6-28 为 HIPS 在两种不同 GF 表面热分解时成炭行为的 SEM 照片。如图 6-28（a）所示，HIPS/GF 二元体系在热分解时聚合物全部分解成气体逸出，纤维表面非常光滑，无成炭现象。相比之下，相同条件下 HIPS/DOPO-*g*-GF 二元体系中 DOPO-*g*-GF 表面被炭层完全包裹起来，成炭现象非常明显[图 6-28（b）]。其他研究也发现，PE 和 PP 在 DOPO-*g*-GF 表面热分解和燃烧时也有类似的实验现象，纤维表面全部被炭层包裹起来，但是在纯 GF 和硅烷偶联剂改性 GF 表面全部分解成气体逸出，无成炭现象。这清楚地表明，在 GF 表面接枝含磷阻燃剂 DOPO 的确能够促进聚合物在热分解时成炭。纤维表面被炭层包裹后将会阻止聚合物熔体沿着纤维表面流动，抑制燃烧时的熔融滴落，这势必将会对复合材料的阻燃性能产生积极影响。

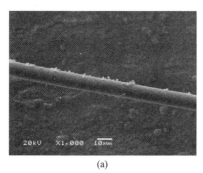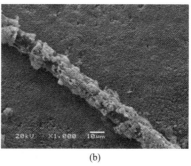

(a)　　　　　　　　　　　　　(b)

图 6-28　纯 HIPS 在两种不同玻纤表面热分解时成炭行为的 SEM 照片
（a）纯 GF；（b）DOPO-*g*-GF（实验条件：450℃，2 h）

3. DOPO-*g*-GF 对 HIPS/EG/MRP 复合材料阻燃性能的影响

图 6-29 给出了玻纤含量相同（均为 5%）的 HIPS/EG/MRP/GF 复合材料和 HIPS/EG/MRP/DOPO-*g*-GF 复合材料在锥形量热仪测试中的 HRR 和 THR 的变化曲线，表 6-8 列出了锥形量热仪、极限氧指数和 UL-94 垂直燃烧实验的结果。从图 6-29（a）可见，纯 HIPS/EG/MRP 复合材料和 HIPS/EG/MRP/GF 复合材料的 HRR 曲线均有明显的峰形，其 PHRR 分别为 202 kW/m² 和 242 kW/m²。与 GF 相比，加入相同用量的 DOPO-*g*-GF 后所得到的复合材料的 HRR 曲线有一个很长的平台，没有明显的峰形，其 PHRR 为 173 kW/m²，明显小于上述两种复合材料的 PHRR 数值。从图 6-29（b）可见，加入 DOPO-*g*-GF 后所得到的复合材料的 THR 曲线与纯 HIPS/EG/MRP 复合材料的 THR 曲线非常靠近，两种材料在燃烧过程中释放的热量差别不大。但是，加入 GF 后得到的复合材料在燃烧过程中释放的热量明显比上述两种材料更多。表 6-8 的数据显示，与 HIPS/EG/MRP/GF 复合材料相比，HIPS/EG/MRP/DOPO-*g*-GF 复合材料在燃烧过程中的 PHRR、AHRR、THR、

TSR 均明显降低，而燃烧残余物数量和 LOI 均增大。保持 EG 和 MRP 阻燃剂总用量不变，在 HIPS/EG/MRP（80/15/5）复合材料中仅仅加入 5%的 GF 就会使聚合物复合材料的 LOI 从 26.8%降低到 24.4%，垂直燃烧等级从 V-0 级降至没有任何级别，TSR 和 ASEA 数值显著增加，材料的阻燃和抑烟性能均明显降低。研究发现，即使加入 30%的 GF 也不能使复合材料的垂直燃烧等级达到 V-0 级。但是，加入 5%的 DOPO-g-GF 的复合材料的 LOI 为 25.3%，垂直燃烧级别为 V-0 级，TSR 和 ASEA 数值与不含 GF 的复合材料相近。由此可见，与纯 GF 相比，用 DOPO-g-GF 增强聚合物不仅能够有效抑制由"烛芯效应"引起的熔融滴落和火灾蔓延，提高材料的阻燃性能，还可以降低燃烧过程中的发烟量。

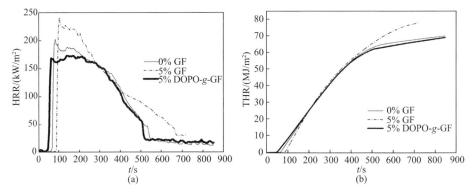

图 6-29　几种不同玻纤增强 HIPS/EG/MRP 复合材料在锥形量热仪测试中的
HRR（a）和 THR（b）曲线

表 6-8　不同玻纤增强 HIPS/EG/MRP 复合材料的燃烧实验数据

测试参数	材料名称			
	HIPS	0% GF	5% GF	5% DOPO-g-GF
TTI/s	63	62	82	45
PHRR/（kW/m²）	738	202	242	173
AHRR/（kW/m²）	280	89	123	86
THR/（MJ/m²）	119	70	78	69
AEHC/（MJ/kg）	34	25	26	21
TSR/（m²/m²）	5112	2946	3862	3347
ASEA/（m²/kg）	1461	951	1254	1004
燃烧残余率/%	1.9	30.8	26.1	32.3
LOI/%	18.1	26.8	24.4	25.3
UL-94 VBT	无级别	V-0	无级别	V-0

注：TTI，引燃时间；PHRR，热释放速率峰值；AHRR，热释放速率平均值；THR，总释放热量；AEHC，平均有效燃烧热；TSR，总释放烟量；ASEA，比消光面积平均值；LOI，极限氧指数；UL-94 VBT，UL-94 垂直燃烧等级

第7章 非均质结构高抗冲聚苯乙烯/氢氧化镁/微胶囊红磷阻燃材料

7.1 引　　言

环境友好阻燃聚合物材料是高分子材料科学的重要研究方向之一。目前，国内外常用的方法是将适当种类和用量的阻燃剂添加到聚合物基体中，阻燃剂通过在气相或（和）凝聚相发挥阻燃作用，抑制聚合物的燃烧，赋予聚合物一定的阻燃性能。采用这种方法制备的阻燃聚合物材料从宏观上看是一种均质结构材料，阻燃剂在材料内部均匀分布，材料内部和表层的阻燃剂含量相同。另外，聚合物材料在发生热降解或燃烧时，热量或火源总是最先与材料的最外层接触，分布在材料最外层的阻燃剂首先发挥阻燃作用，而此时复合材料内部的阻燃剂并不能在燃烧的第一时间发挥阻燃作用。这种情况会导致以下两个不利因素：①阻燃剂的有效利用率低。复合材料遇到火源燃烧时，只有外层的阻燃剂发挥作用，内部的阻燃剂根本起不到作用。②添加阻燃剂通常会对复合材料的加工性能和力学性能产生负面影响，材料内部添加有较多阻燃剂，但又起不到阻燃作用，这一方面会造成阻燃剂的浪费，另一方面也会降低材料的综合性能。基于这种情况，考虑通过减少聚合物材料中阻燃剂的用量或者根据复合材料应用的条件在特定区域赋予其阻燃性能，这样就可以降低加入阻燃剂对聚合物带来的负面影响。对于第一种情况，可以利用阻燃剂之间的协同效应来减少阻燃剂的总添加量；对于第二种情况，通过使阻燃剂富集在聚合物材料表面，减少内部阻燃剂的含量，可能会提高阻燃剂的利用效率，同时减少阻燃剂对聚合物力学性能的损害。在后一种情况下，得到的聚合物复合材料内部阻燃剂分布不均匀，因此从宏观上看是一种非均质结构的阻燃复合材料。

本章首先采用熔融共混法制备一系列阻燃剂含量不同的均质结构复合材料薄片，然后利用层叠热压法制备出阻燃剂含量从表层到芯层呈夹层分布、对称性梯度分布和交替分布的一系列非均质结构复合材料，研究复合材料的微观结构与阻燃性能之间的关系。研究的目的是进一步深化对聚合物阻燃机理的认识，为提高聚合物复合材料的阻燃性能和抑烟性能探索新的思路和方法。

7.2 夹层结构 HIPS/MH/MRP 阻燃复合材料

本节将采用一种简单的方法，制备一种阻燃剂非均匀分布的夹层结构复合材料，这种结构类似于三明治面包的结构，分上中下三层。这种夹层结构的上下两层都是含有 MH 和 MRP 阻燃剂的 HIPS 复合材料，中间是纯 HIPS。下面对这种夹层结构复合材料的制备方法、结构、热降解行为和燃烧性能进行详细研究，期望为进一步提高高分子复合材料的耐热性能和阻燃性能提供一种新的方法。

7.2.1　样品制备方法

首先按照表 7-1 中的配方组成精确称量各种原料，通过熔融复合方法制备出厚度为 0.5 mm、质量比为 100/40/10 的表面平整光滑的 HIPS/MH/MRP 阻燃复合材料片材，然后按照图 7-1 所示的结构依次将片材按顺序放置在厚度为 3 mm 的模具中。将模具放在 185℃的平板硫化机上先热压 10 min，再冷压 10 min，压力均为 10 MPa，得到厚度为 3 mm、阻燃剂呈对称分布在上下两个表层的夹层结构复合材料。

表 7-1　夹层结构复合材料中每一层的 LOI 和 UL-94 VBT 实验结果

层次名称	HIPS/MH/MRP 质量比	UL-94 VBT	LOI/%
表层	100/40/10	V-0	23.5
芯层	100/0/0	无级别	18.1

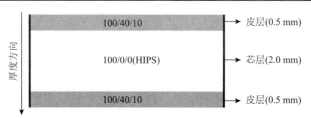

图 7-1　HIPS/MH/MRP 夹层结构复合材料结构示意图

图中数字表示 HIPS/MH/MRP 的质量比

计算上述夹层结构复合材料中各组分的含量，本实验中夹层结构复合材料中 HIPS/MH/MRP 各组分的质量比为 100/22.4/5.6。按照该比例在温度为 180℃的开放式塑炼机上制备 HIPS/MH/MRP 质量比为 100/22.4/5.6 的均质复合材料，熔融塑炼约 15 min 后出片。把所得到的片状物料用粉碎机粉碎，再将粉碎后的颗粒状物料在平板硫化机上于 180℃先热压 15 min，在冷压 10 min，压力均为 10 MPa，得到厚度为 3 mm 的均质结构 HIPS/MH/MRP 复合材料板材。最后，按照相关测试标准将板材裁切成不同规格的试样进行性能测试。

7.2.2　结构表征

图 7-2 是夹层结构 HIPS/MH/MRP 复合材料断面的 SEM 照片。从图 7-2（a）可见，沿着复合材料断面从上到下可以依次看到粗糙、光滑、粗糙的表面形貌，呈对称结构分布。表面形貌比较光滑的部分约占整个断面的 2/3，分布在断面的中间位置；表面形貌比较粗糙的部分对称地分布在上下两个表面。这种特殊形貌的结构表明上下两个层面是含有阻燃剂的复合材料，中间是纯 HIPS。因此，制备出的夹层结构复合材料和设计的复合材料结构基本上一致。图 7-2（b）是沿着断面方向从复合材料的表层到中间位置的一个放大图像。可以看出，沿着厚度方向复合材料的结构形貌有非常大的差别，纯 HIPS 和含阻燃剂的复合材料之间有一条非常明显的分界线。从上述分析可以得知，制备的 HIPS/MH/MRP 复合材料是一个类似于三明治结构的夹层结构复合材料。

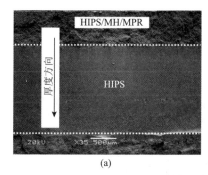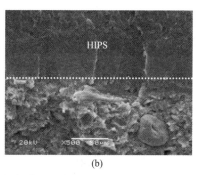

(a)　(b)

图 7-2　HIPS/MH/MRP 夹层结构复合材料断面的 SEM 照片

（a）整个断面；（b）HIPS/MH/MRP 复合材料和纯 HIPS 结合处放大图

7.2.3　热分解行为

图 7-3 是夹层结构 HIPS/MH/MRP 复合材料和阻燃剂含量相同的均质结构复合材料在 350℃热分解 30 min 后表面形貌的 SEM 照片，两张图的放大倍数相同。可以看出，这两种结构复合材料的热分解残余物形貌有非常大的差别。图 7-3（a）是夹层结构复合材料的表面形貌，其表面炭层非常光滑、连续、致密，就像一件防火外衣一样包裹在复合材料表面，将火焰阻挡在外面，阻止外部的热量向材料内部传递和材料内部分解出的可燃性气体分子向外逸出，降低或完全切断对火焰的燃料供应，使燃烧逐渐停止，以达到阻燃的目的。相比之下，如图 7-3（b）所

示，均质结构复合材料的热分解残余物表面有许多大小不同的孔洞，炭层结构非常疏松，这种结构非常容易使外部产生的热量向内部传播，促使材料内部的聚合物加速降解，聚合物降解生成的可燃性气体也非常容易从这些孔洞中向外逸出，为火焰提供燃料，使燃烧加剧。由此对比可以得知，这种均质结构复合材料的阻燃性能应该比较差。

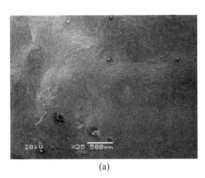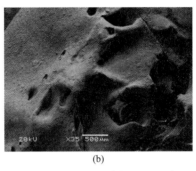

(a)　　　　　　　　　　　　　　　　(b)

图 7-3　不同结构 HIPS/MH/MRP 复合材料在 350℃热分解 30 min 后残余物表面形貌的 SEM 照片
（a）夹层结构；（b）均质结构

图 7-4 是阻燃剂含量相同的夹层结构和均质结构 HIPS/MH/MRP 复合材料在 350℃热分解 30 min 后断面形貌的 SEM 照片。从图 7-4（a）可见，整个夹层结构呈对称形态，两边是含有阻燃剂的复合材料的热分解残余物，中间是纯 HIPS 的热分解残余物。两边含阻燃剂的残余物结构非常致密，表面没有任何空洞，中间部分有很多皱纹和孔洞。作为一个整体，这种结构的复合材料在遇到火焰或热量时，两边的复合材料具有很强的成炭作用，生成的炭层比较连续、致密，类似一层厚厚的防火屏障，可以保护中间部分免受外界热量的影响。图 7-4（b）是均质结构复合材料断面的形貌照片，可以看出，整个断面形貌沿样品厚度完全相同，表面结构非常松散，有许多尺寸很大的孔洞。与图 7-3 结合起来分析可以得知，均

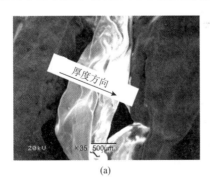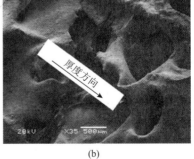

(a)　　　　　　　　　　　　　　　　(b)

图 7-4　不同结构的 HIPS/MH/MRP 复合材料在 350℃热降解 30 min 后断面的 SEM 照片
（a）夹层结构；（b）均质结构

质结构复合材料的热分解残余物疏松多孔，难以形成有效的绝热屏障，夹层结构复合材料在热分解或燃烧时，能够在表层生成一层致密、连续、光滑的炭层，起到防火屏障作用，这是因为整个材料中的阻燃剂都集中分布在材料的表层，能最大程度发挥阻燃剂的作用，提高阻燃剂的利用效率。

　　为了更加详细地了解夹层结构复合材料的热降解行为，将上述两种不同结构的 HIPS/MH/MRP 复合材料在丁烷火焰中直接燃烧 30 s 后，用 SEM 观察其燃烧残余物形貌，相关结果示于图 7-5 中。图 7-5（a）和（b）的放大倍数为 35 倍，图 7-5（c）的放大倍数为 100 倍。从图 7-5（a）可以看出，夹层结构 HIPS/MH/MRP 复合材料燃烧后表面生成的炭层从整体上看比较光滑致密，而均质结构复合材料燃烧后的残余物表面比较粗糙，结构相当疏松，有较多的孔洞［如图 7-5（b）和（c）所示，图中白色箭头表示较大孔洞］。

图 7-5　不同结构的 HIPS/MH/MRP 复合材料在火焰中燃烧 30 s 后残余物 SEM 照片
（a）夹层结构；（b）、（c）均质结构

7.2.4　燃烧性能

　　从表 7-1 可见，复合材料表层的 LOI 是 23.5%，UL-94 VBT 等级为 V-0 级，芯层是纯 HIPS，非常容易燃烧，阻燃性能很差，因此夹层结构复合材料表层和芯层的阻燃性能有非常大的差别。表 7-2 是两种不同结构的 HIPS/MH/MRP 复合材料在锥形量热仪测试中得到的实验数据。从表中可以看出，夹层结构复合材料和均质结构复合材料的 FPI 值分别是 0.120 s·m²/kW 和 0.139 s·m²/kW，前者的数值小于后者，单从 FPI 来判断，均质结构复合材料的火安全性能似乎要比夹层结构复合材料的火安全性能要好。但是，夹层结构复合材料的 TTI 和燃烧残余率数值比均质结构复合材料的数值大，这表明，与均质结构复合材料相比，夹层结构复合材料更难引燃，在燃烧时生成的挥发性气体也比较少。此外，夹层结构复合材料的 FIGRA 数值为 2.3 kW/（m²·s），仅仅是均质结构复合材料［其 FIGRA 数值为 4.5 kW/（m²·s）］的一半。两种不同结构复合材料的 FIGRA 数值差别很大，表明尽管两种结构复合材料的阻燃剂含量相同，但是夹层结构复合材料火灾蔓延的可能性要远低于均质结构复合材料。因此，从 TTI、燃烧残余率和 FIGRA 来判断，夹层结构复合材料的火安全性能要优于均质结构复合材料。

表 7-2 不同结构 HIPS/MH/MRP 复合材料的锥形量热仪测试数据

测试参数	均质结构材料	夹层结构材料
TTI/s	50	58
PHRR/（kW/m²）	359	483
TTPHRR/s	90	235
THR/（MJ/m²）	113	126
FPI/（10^{-3} s·m²/kW）	139	120
FIGRA/[kW/（m²·s）]	4.5	2.3
TSR/（m²/m²）	5232	5134
ACOY/（kg/kg）	0.209	0.177
燃烧残余率/%	17	21

注：TTI，引燃时间；PHRR，热释放速率峰值；TTPHRR，到达热释放速率峰值的时间；THR，总释放热量；FPI，火灾性能指数；FIGRA，火增长速率指数；TSR，总释放烟量；ACOY，平均 CO 释放量

图 7-6（a）和（b）分别为两种不同结构 HIPS/MH/MRP 复合材料的 HRR 和 THR 曲线。如图 7-6（a）所示，夹层结构复合材料的 HRR 曲线首先缓慢升高，然后再缓慢降低。均质结构复合材料的 HRR 曲线在引燃后急剧升高，很快达到最大值，然后再缓慢降低。两条曲线在 156 s 和 353 s 处有两个交叉点。在燃烧的最初阶段（约 156 s 之前）和燃烧后期（约 353 s 之后），前者的 HRR 要远远小于后者；在 156～353 s 之间，夹层结构复合材料的 HRR 大于均质结构复合材料。从图 7-6（b）可见，从开始引燃到燃烧大约 232 s 的这一段时间内，夹层结构复合材料比均质结构复合材料的 THR 更低，当燃烧时间超过 232 s 后，夹层结构复

合材料的 HRR 和 THR 比均质结构复合材料更大。上述实验现象表明，在燃烧初期阶段，夹层结构复合材料表层中的阻燃剂发挥了较大作用，表面富含阻燃剂的复合材料生成了一层连续致密的炭层覆盖在燃烧材料表面，能显著抑制热量的释放。但是在锥形量热仪持续的强制热辐射作用下，炭层下面的纯 HIPS 在高温下分解非常剧烈，产生大量的挥发性气体，材料表面炭层的强度无法承受聚集的气体的压力，以至于纯 HIPS 热分解放出的可燃性气体冲破炭层逸出到火焰区域急剧燃烧,导致夹层结构复合材料在燃烧中后期比均质结构复合材料的 HRR 和 THR 数值更大。上述结果表明，在燃烧初期，夹层结构复合材料的阻燃性能比较好，主要体现在延迟复合材料的引燃时间、降低放热速率和放热量，这些性能在实际火灾中具有非常重要的意义。

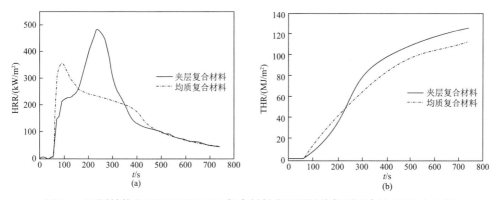

图 7-6　不同结构的 HIPS/MH/MRP 复合材料在锥形量热仪测试中的 HRR（a）和
THR（b）曲线

图 7-7 是两种不同结构的 HIPS/MH/MRP 复合材料在锥形量热仪测试中的质量损失曲线。可以看出，虽然两种不同结构 HIPS/MH/MRP 复合材料的阻燃剂含量相同，但是它们的质量损失却不一样。燃烧结束后，夹层结构复合材料和均质结构复合材料的质量残余率分别是 21%和 17%。在燃烧的初期阶段和后期阶段，夹层结构复合材料比均质结构复合材料的质量损失更小。只有在燃烧进行 250～376 s 之间的这段时间内，夹层结构复合材料的质量损失比均质结构材料的相应值大。结合图 7-6（a）和（b）可知，夹层结构复合材料的质量损失率之所以大，是因为这段时间内夹层结构复合材料芯层部位的纯 HIPS 开始燃烧，导致复合材料中的聚合物加速分解，质量损失较快。从整体上来看，夹层结构复合材料比均质结构复合材料的质量损失率更小。这些结果表明，把阻燃剂富集在复合材料表面，能够在一定程度上抑制复合材料的热分解，提高复合材料在高温下的热稳定性。

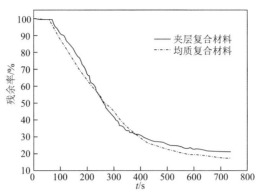

图 7-7　不同结构的 HIPS/MH/MRP 复合材料在锥形量热仪测试中的质量损失曲线

图 7-8（a）是两种不同结构的 HIPS/MH/MRP 复合材料的 SPR 曲线，从中不难发现，这两种不同结构复合材料的 SPR 曲线与其 HRR 曲线的形状有些相似[图 7-6(a)]。夹层结构复合材料的 SPR 曲线首先缓慢升高，到达峰值之后再缓慢降低。均质结构复合材料的 SPR 曲线在材料引燃后先是急剧升高达到峰值，然后再缓慢降低。两条曲线在 145 s 和 330 s 处有两个交叉点，即在燃烧初期的一段时间和燃烧中后期的一段时间内，夹层结构复合材料的生烟速率比均质结构复合材料更低。夹层结构复合材料和均质结构复合材料达到最大生烟速率的时间分别为 200 s 和 116 s，两者的最大生烟量分别是 0.200 m²/s 和 0.211 m²/s。由此可见，夹层结构复合材料的最大生烟速率更小，到达最大生烟速率的时间更长。图 7-8（b）是两种不同结构复合材料的 TSR 曲线。可以看出，夹层结构复合材料在燃烧开始至 243 s 和燃烧时间大于 410 s 之后的这两段时间内，总生烟量比均质结构复合材料低。在燃烧中期阶段，前者的总生烟量大于后者。在整个燃烧过程中，夹层结构复合材料和均质结构复合材料的总生烟量分别为 5134 m²/m² 和 5232 m²/m²，前者的 TSR 低于后者。上述结果表明，夹层结构复合材料在燃烧初期阶段有较好的抑烟性能，这在实际火灾发生时对人员疏散和救援非常有利。

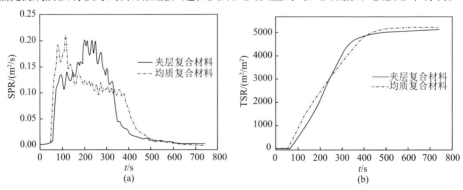

图 7-8　不同结构的 HIPS/MH/MRP 复合材料在锥形量热仪测试中的 SPR（a）和 TSR（b）曲线

从图 7-6～图 7-8 可见，在燃烧初期阶段，阻燃剂含量相同但结构不同的两种 HIPS/MH/MRP 复合材料的 HRR、SPR 和 TSR 数值差别较大。夹层结构复合材料在燃烧初期阶段具有良好的阻燃和抑烟性能，在燃烧中期阶段，夹层结构复合材料的阻燃和抑烟性能比均质结构复合材料稍差。显然，这种情况的出现与图 7-1 和图 7-2 中所示的复合材料的特殊结构有关。如前所述，由于夹层结构复合材料的表层区域的阻燃剂含量比较多，表层材料的成炭能力比较强且阻燃性能比较好，在锥形量热仪中受到外界热辐射时，夹层结构复合材料的表层能生成一层连续致密的炭层覆盖在材料表面，炭层具有非常强的热稳定性，能在一定程度上阻止外界热量向内部传递和材料内部聚合物分解产生的可燃性气体向外逸出。因此，在燃烧刚开始的阶段，夹层结构复合材料的 HRR、SPR 和 TSR 等参数远小于均质结构复合材料。随着燃烧的进行，位于夹层结构复合材料芯部的纯 HIPS 在受到锥形量热仪中持续的热辐射后，非常容易分解，产生大量可燃性小分子气体聚集在炭层下方，气体巨大的压力使夹层破裂，可燃性小分子冲破炭层逸出为火焰提供燃料，使燃烧加剧，导致在燃烧中期阶段，夹层结构复合材料的 HRR、SPR 和 TSR 等参数比均质结构复合材料更大。当夹层结构复合材料中间部位的纯 HIPS 燃烧完之后，剩下的部分仍然是阻燃剂含量比较高的复合材料，同样有着非常强的成炭能力和阻燃性能，因此此时夹层结构复合材料的 HRR、SPR 和 TSR 数值又变得比均质结构复合材料低。由此可见，夹层结构复合材料之所以有上述燃烧性能，是由其特殊结构决定的。

从以上讨论可以总结为，与阻燃剂含量相同的均质结构复合材料相比，夹层结构复合材料在空气中热分解或火焰中燃烧时，不仅分解后的残余物比较多，而且残余物炭层更加连续致密，为材料内部未分解的复合材料提供一个良好的屏障。在燃烧初期阶段，夹层结构复合材料比均质结构复合材料具有更好的热稳定性能、阻燃性能和抑烟性能。这些性能在实际火灾中非常重要，可以给人员疏散、救援和灭火提供更多宝贵时间，减少火灾危害。此外，夹层结构复合材料制备比较容易，其燃烧特性可以通过改变表层和芯层的相对厚度或改变表层阻燃剂含量进行调节。这项研究工作为提高聚合物复合材料的热稳定性和阻燃性提供了一种新方法。

7.3　梯度结构 HIPS/MH/MRP 阻燃复合材料

本节首先采用熔融共混法制备一系列阻燃剂含量不同的均质结构复合材料薄片，然后利用层叠热压法制备出阻燃剂含量从表层到芯层呈对称性梯度分布的复合材料，使阻燃剂富集在材料的表层区域，从表层到芯层浓度逐渐降低，中间为纯聚合物。与目前常见的均质结构阻燃材料相比，这种特殊结构阻燃材料表面阻燃剂浓度高,内部没有阻燃剂,这样复合材料在遇到火焰作用时,表层的阻燃剂能更好地发挥其阻燃作用,最大限度地提高阻燃剂利用效率,使燃烧终止在初期阶段。

7.3.1　样品制备方法

首先,把纯 HIPS 颗粒在平板硫化机上于 180℃先热压 10 min,再冷压 10 min,压力均为 10 MPa,得到厚度为 1 mm 的表面平整光滑的薄片备用;然后,按照表 7-3 中的配方组成精确称量各种原料,通过熔融复合方法制备出厚度为 0.35 mm、质量比分别为 100/80/15、100/48/9 和 100/16/3 的表面平整光滑的 HIPS/MH/MRP 阻燃复合材料片材;最后,按照图 7-9 所示的结构依次将片材按顺序放置在厚度为 3 mm 的模具中。将模具放在 185℃的平板硫化机上先热压 10 min,再冷压 10 min,压力均为 10 MPa,得到厚度为 3 mm、阻燃剂含量从表层到芯层呈梯度递减分布的对称结构复合材料。

表 7-3　梯度结构材料中每一层的 LOI 和 UL-94 VBT 实验结果[109]

层次名称	HIPS/MH/MRP 质量比例	UL-94 VBT	LOI/%
1（1′）层	100/80/15	V-0	26.6
2（2′）层	100/48/9	V-1	23.3
3（3′）层	100/16/3	无级别	20.6
4 层	100/0/0	无级别	18.1

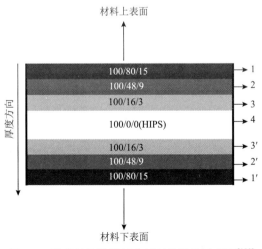

图 7-9　梯度结构阻燃复合材料的结构示意图[109]

图中数字表示 HIPS/MH/MRP 的质量比,颜色越深表示阻燃剂含量越多,中间白色区域是不含阻燃剂的纯 HIPS

　　计算出梯度结构复合材料中各组分的含量，本实验中梯度结构复合材料中 HIPS/MH/MRP 的质量比为 100/27.9/5.2。按照该比例在 180℃的开放式塑炼机上通过熔融塑炼制备出含量完全相同的均质结构的 HIPS/MH/MRP 复合材料样片。把所得到的片状物料用粉碎机粉碎，再将粉碎后的颗粒状物料在平板硫化机上于 180℃先热压 10 min，再冷压 10 min，压力均为 10 MPa，得到厚度为 3 mm 的均质结构 HIPS/MH/MRP 复合材料板材，材料中 HIPS/MH/MRP 的比例为 100/27.9/5.2。最后，按照相关测试标准将板材裁切成不同规格的试样进行性能测试。

7.3.2　结构表征

　　图 7-10 为梯度结构 HIPS/MH/MRP 复合材料断面的 SEM 照片。图 7-10（a）、（b）分别为材料断面上部和下部的照片，从上到下可以看到两条明显的分界线，均为 HIPS/MH/MRP 复合材料和纯 HIPS 的分界线，其中两边为复合材料，中间芯层为纯 HIPS。图 7-10（c）为断面边缘至中间放大 100 倍后的 SEM 照片。可见，从断面边缘到中间纯 HIPS 部分融为一体，并不能看出明显的分层结构，表明阻燃剂含量在复合材料断面上没有突变，而是呈渐变分布。另外，加入阻燃剂后的材料断面不如纯 HIPS 光滑，更加粗糙不平，这势必会影响到复合材料的力学性能。

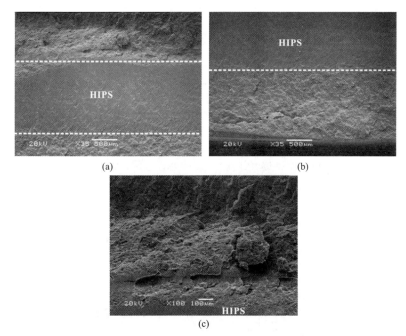

图 7-10　梯度结构 HIPS/MH/MRP 复合材料断面的 SEM 照片[109]
（a）断面上部；（b）断面下部；（c）断面边缘至中间的放大照片

　　HIPS/MH/MRP 梯度复合材料中所含元素主要为 C、H、O、Mg、P。由于梯度结构的设计，各种元素在断面上的含量应该有所区别，通过测量其组成变化情况，可以对材料内部结构进行分析。本实验选取镁元素和碳元素进行分析，在 HIPS/MH/MRP 梯度复合材料中，阻燃剂 MH 的含量在断面上经历了由多到少和由少到多的变化过程，因此可推测镁元素的含量也应呈现先降低后升高的趋势；反之，HIPS 在断面上的含量经历了由少到多和由多到少的变化过程，因此其主要元素碳元素应遵循先升高后降低的趋势。

　　图 7-11（a）为镁元素含量沿着 HIPS/MH/MRP 梯度复合板材厚度方向的变化曲线。图中的厚度百分比表示从板材上表面到下表面厚度逐渐增加的百分数。可见，镁元素含量的变化整体上遵循先降低后上升的趋势，这与预期结果相同，表明本实验制备的板材确实具有梯度结构，阻燃剂含量由上表层至下表层先后经历了降低、上升的过程，其中最中间层为纯 HIPS 片材。图 7-12（b）为碳元素含量沿着 HIPS/MH/MRP 梯度复合板材厚度方向的变化曲线。可见，碳元素含量变化也符合预期，总体呈现先增加后降低的趋势。这些结果表明，制备的复合材料中阻燃剂的含量从表层到芯层逐渐降低，沿厚度方向呈对称型梯度分布状态。

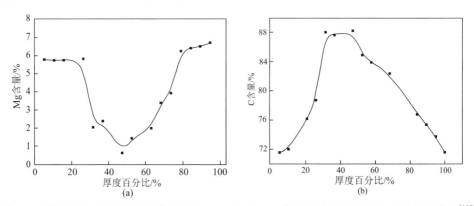

图 7-11　镁（a）和碳（b）元素含量沿着 HIPS/MH/MRP 梯度复合板材厚度方向的变化曲线[109]

7.3.3　热分解行为

　　图 7-12 为不同结构的 HIPS/MH/MRP 复合材料在不同温度下热分解 30 min后的残余率变化曲线。可见，随着温度升高，两种不同结构复合材料的质量残余率曲线都急剧降低。但是，在相同温度下，梯度材料的热分解残余率一直高于均质材料。例如，在 350℃时，梯度结构复合材料和均质结构复合材料的残余率分别是 60%和 35%；在 400℃时，两者的残余率分别是 38%和 26%，前者的残余率始终大于后者。这些结果表明，在相同的热处理条件下，梯度结构复合材料比均

质结构复合材料的分解速率更慢，也就是说，梯度结构复合材料的热稳定性比相应的均质结构复合材料提高了很多。因此，使阻燃剂富集在复合材料表层能够显著提高复合材料的热稳定性。

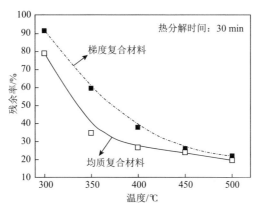

图 7-12　不同结构的 HIPS/MH/MRP 复合材料在不同温度下热分解 30 min 后残余率变化曲线[109]

　　图 7-13 是不同结构的 HIPS/MH/MRP 复合材料在 350℃热分解不同时间后的残余率变化曲线。热分解时间相同时，梯度结构复合材料的残余率始终大于相应的均质结构复合材料的残余率。例如，在 350℃热分解 120 min 时，两者的分解残余率分别是 29%和 22%，表明梯度结构复合材料的耐热稳定性始终大于均质结构复合材料，这与图 7-12 中的结论是一致的。因此，把阻燃剂富集在材料表层区域能够明显提高 HIPS/MH/MRP 复合材料的热稳定性。在相同热分解条件下，梯度结构复合材料的成炭能力远大于均质结构复合材料。由于梯度结构复合材料在热分解时能生成更多残余物，也就相应减少了挥发性可燃气体的数量，减少了对火焰的燃料供应，显然，这对材料的阻燃是有利的。

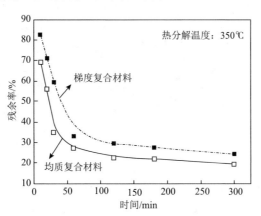

图 7-13　不同结构的 HIPS/MH/MRP 复合材料在 350℃热分解不同时间后残余率变化曲线[109]

　　图7-14为不同结构的HIPS/MH/MRP复合材料在350℃热分解30 min后残余物表面SEM照片。其中图7-14（a）和（b）分别是梯度结构复合材料残余物放大500倍和1000倍的SEM照片，图7-14（c）和（d）分别是均质结构复合材料放大500倍和1000倍的SEM照片。可见，两种不同结构复合材料分解后残余物表面形貌有非常大的差异。图7-14（a）和（b）中，梯度结构复合材料热分解残余物表面非常光滑，生成的炭层连续、致密。相比之下，均质结构复合材料的热分解残余物表面凹凸不平，非常粗糙，并且有很多孔洞[图7-14（d）中白色箭头所示]。该结果表明，梯度结构复合材料在热分解时具有更好的成炭性能，这些连续致密的碳质残余物层能够有效地阻止外部氧气的进入和材料内部聚合物热分解产生的可燃性气体的逸出，在复合材料表面形成有效的防火屏障，这对提高材料的阻燃性能十分有利。相同条件下，均质结构复合材料在热分解过程中生成的炭层并不能很好起到防火屏障的作用，材料表面的孔洞是由材料内部聚合物热分解产生的可燃气体逸出时冲击形成的，这些可燃气体冲破炭层逸出并向火焰提供燃料。显然，这对材料的阻燃十分不利。

图7-14　不同结构的HIPS/MH/MRP复合材料在350℃热分解30 min后残余物的SEM照片[109]
（a）和（b）为梯度结构复合材料；（c）和（d）为均质结构复合材料

　　图7-15是不同结构的HIPS/MH/MRP复合材料在空气中于350℃热分解30 min后断面的SEM照片，图7-15（a）是梯度结构复合材料断面，图7-15（b）是均质结构复合材料断面。从图7-15（a）可见，复合材料的残余物形貌沿着厚度方向

有非常大的差异。在残余物最外层形成的炭层比较连续致密，沿着厚度方向从两端向中间，残余物形成的炭层越来越粗糙，结构越来越松散，中间的残余物表面有很多凹槽和孔洞。但从整体上看，梯度结构复合材料的残余物沿着厚度方向形成一个对称的炭层结构。与图 7-15（a）相比，在图 7-15（b）中，沿着厚度方向，均质结构复合材料在整个断面上都有很多较大的孔洞，断面形貌沿着厚度方向没有明显的区别。因此，与均质结构复合材料相比，梯度结构复合材料能在材料表面形成比较连续致密的炭层。

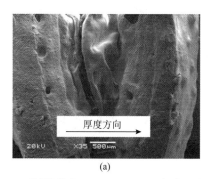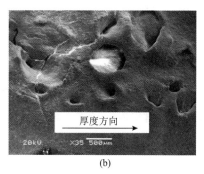

| (a) | (b) |

图 7-15　不同结构的 HIPS/MH/MRP 复合材料在空气中于 350℃热分解 30 min 后断面的 SEM 照片[109]

（a）梯度结构；（b）均质结构

　　热分解实验结果表明，把阻燃剂适当地富集在材料表面制备成梯度结构能够使材料在热分解时生成的残余物数量比均质材料更多，产生的可燃性气体物质更少。同时，梯度材料热分解生成的炭层比均质材料更加连续致密，能够更好地起到防火屏障作用。由此可见，梯度结构的设计确实能够提高材料的热稳定性能。

7.3.4　阻燃性能

　　表 7-3 是 HIPS/MH/MRP 梯度结构复合材料中每一层的 LOI 和 UL-94 垂直燃烧实验结果。可见，第一层材料的 LOI 为 26.6%，垂直燃烧级别达到 V-0 级，阻燃性能最好；第二层材料的 LOI 为 23.3%，垂直燃烧级别为 V-1 级，阻燃性能次之，第三层材料的 LOI 仅为 20.6%，垂直燃烧时有熔融滴落现象；第四层材料也是梯度结构最中间的部分，是纯 HIPS 基料，LOI 只有 18.1%，极易燃烧。由此可见，梯度结构复合材料中每一层的阻燃剂含量不同，而且复合材料中的阻燃剂含量比较少。

　　图 7-16（a）和（b）分别为纯 HIPS 和阻燃剂总含量相同的两种不同结构 HIPS/MH/MRP 复合材料的 HRR 和 THR 曲线，表 7-4 列出了上述三种材料相应的锥形量热仪测试数据。从图 7-16（a）和表 7-4 可见，纯 HIPS 材料的 HRR 曲线有

尖锐的峰形，材料在点燃不久就达到了 PHRR，放出大量热量，并且在 490 s 时燃烧完毕。梯度结构复合材料和均质结构复合材料的 PHRR 均比纯 HIPS 有大幅度降低，燃烧时间显著增加，表明这两种复合材料的阻燃性能有明显改善。两种复合材料的不同之处在于，均质材料在点燃 70 s 后便达到了 PHRR，表明此时燃烧最旺，之后其 HRR 逐步降低。梯度材料在点燃开始阶段 HRR 达到一个小高峰，之后迅速降低，直到 235 s 才达到 PHRR，其峰值比均质材料的相应值稍大。由此可见，均质材料的确具有一定的阻燃性能，但是很容易被引燃，而一旦被引燃，其 HRR 很快达到峰值。相比之下，梯度材料更难以引燃，即使被引燃，由于该材料皮层富集的阻燃剂具有良好的成炭能力和阻燃性能，使其能够很好地阻止燃烧的蔓延，因而能够控制火势。梯度材料的 PHRR 高于均质材料，是由于在燃烧后期，火焰燃烧至梯度材料芯层，引燃了极易燃烧的纯 HIPS，因而其 PHRR 稍高。该结果表明，梯度材料阻燃性能的优越之处主要表现在燃烧前期，它能更好地在火灾初发时期阻止火灾蔓延，从而为逃生与救援提供了更多宝贵的时间。

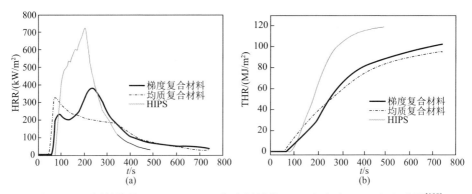

图 7-16　不同结构的 HIPS/MH/MRP 复合材料的 HRR（a）和 THR（b）曲线[109]

表 7-4　不同结构 HIPS/MH/MRP 复合材料锥形量热仪实验数据[109]

测试参数	纯 HIPS	均质结构材料	梯度结构材料
TTI/s	63	45	60
PHRR/（kW/m^2）	738	333	384
AMLR/（10^{-3} g/s）	73	36	36
TTPHRR/s	205	70	235
TTPMLR/s	120	95	120
FPI/（10^{-3} s·m^2/kW）	85	135	156
FIGRA/[kW/（m^2·s）]	3.6	4.8	1.6

注：TTI，引燃时间；PHRR，热释放速率峰值；AMLR，平均质量损失速率；TTPHRR，达到热释放速率峰值的时间；TTPMLR，达到质量损失速率峰值的时间；FPI，火灾性能指数；FIGRA，火增长速率指数

　　从图 7-16（b）可见，纯 HIPS 的 THR 曲线在三种材料中最高，梯度结构复合材料的曲线在燃烧初期低于均质结构复合材料，然后又高于均质结构复合材料的曲线。表明纯 HIPS 在燃烧过程中释放的热量最多；在燃烧初期阶段（250 s 之前），梯度结构复合材料的 THR 小于均质结构复合材料；在燃烧时间大于 250 s 之后，梯度结构复合材料的 THR 比均质结构复合材料稍大；燃烧结束时，纯 HIPS、梯度结构复合材料和均质结构复合材料的 THR 分别为 119 MJ/m^2、101 MJ/m^2 和 95 MJ/m^2。显然，这种现象与不同材料的组成和结构密切相关。在第 5 章中已经提到，质量比为 100/80/15 的 HIPS/MH/MRP（HIPS/MH80/MRP15）复合材料具有很好的热稳定性和优异的阻燃性能。梯度结构复合材料的最外层就是 HIPS/MH80/MRP15 复合材料。在刚开始燃烧时，梯度结构复合材料的最外层迅速生成比较连续、致密的炭层，将来自锥形量热仪的热量阻挡在外面，保护梯度结构复合材料内部的聚合物不被分解，因此梯度结构复合材料更加难以被引燃，并且在燃烧初期阶段的 THR 比较低。由于锥形量热仪测试条件下的热辐射是持续不断的，所以随着时间的推移，梯度结构复合材料内部阻燃剂含量比较低的聚合物和纯 HIPS 开始受热分解出大量的挥发性气体。这些气体冲破 HIPS/MH80/MRP15 复合材料形成的炭层，与气相中的氧气混合发生燃烧，释放出大量热量，导致燃烧中后期梯度结构复合材料的 THR 高于均质结构复合材料。因此，梯度结构复合材料的优势主要在于能在燃烧初期阶段推迟燃烧开始的时间，降低释放出的热量，提高复合材料在火灾早期阶段的阻燃性能，这对于实际火灾中的救援和逃生至关重要。

　　从表 7-4 中还可以看出，梯度结构复合材料和均质结构复合材料的阻燃剂含量虽然相同，但是两者的 FPI 和 FIGRA 值却相差很大。FPI 值越大，表示该材料发生火灾的危险性越小，FIGRA 值越大，说明该材料火灾增长趋势越大。前者的 FPI 是 0.156 s·m^2/kW，明显高于均质结构复合材料的 0.135 s·m^2/kW；前者的 FIGRA 值是 1.6 kW/（m^2·s），仅仅是后者复合材料的 1/3。上述两组数据都表明，梯度结构复合材料比均质结构复合材料的火灾安全系数更高。

　　图 7-17 为纯 HIPS 和两种不同结构的 HIPS/MH/MRP 复合材料的质量损失曲线。很明显，两种 HIPS/MH/MRP 复合材料的热稳定性均比纯 HIPS 显著改善。相比之下，梯度结构复合材料比均质结构复合材料的热稳定性更高。在燃烧过程中，前者的质量损失一直低于后者，燃烧结束后，两者的质量残余率分别是 27% 和 23%。该结果表明，把阻燃剂适当富集在聚合物材料表面能够提高复合材料的热稳定性和阻燃性能，这与前面的实验结果一致。

　　图 7-18 是纯 HIPS 和两种不同结构 HIPS/MH/MRP 复合材料的 SPR 和 TSR 曲线，表 7-5 列出了不同材料用锥形量热仪测试的发烟量和有毒气体释放数据。由图 7-18（a）和表 7-5 可知，上述三种材料的 SPR 曲线形状和图 7-16（a）中三

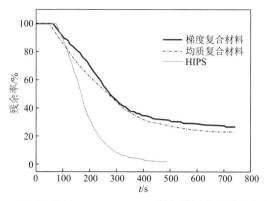

图 7-17　不同结构的 HIPS/MH/MRP 复合材料的质量损失曲线[109]

者的 HRR 曲线形状相似。纯 HIPS 的 SPR 在点燃之后迅速增加，在 148 s 时达到最大值。两种含有阻燃剂的 HIPS/MH/MRP 复合材料的 SPR 明显减小。从开始燃烧到 165 s 时，梯度结构复合材料的 SPR 在这三种复合材料中最小，在 165 s 之后，梯度结构复合材料的 SPR 高于均质结构复合材料。但是，梯度结构复合材料和均质结构复合材料的 SPR 峰值（PSPR）分别为 0.16 m²/s 和 0.18 m²/s，梯度结构复合材料小于均质结构复合材料。另外，纯 HIPS、梯度结构复合材料和均质结构复合材料到达生烟速率最大值的时间（TTPSPR）分别是 148 s、225 s 和 70 s。因此，与均质结构复合材料相比，梯度结构复合材料能明显推迟生烟时间和降低烟释放速率。从图 7-18（b）可见，在整个燃烧过程中，梯度结构复合材料的 TSR 在三种材料中最小。燃烧结束时，纯 HIPS、梯度结构复合材料和均质结构复合材料的 TSR 分别为 5112 m²/m²、4014 m²/m² 和 4283 m²/m²。该结果表明，尽管两种复合材料的阻燃剂含量相同，但是与均质结构复合材料相比，梯度结构复合材料在燃烧时不仅 PSPR 值低、TTPSPR 显著延长，而且烟释放量更少。因此，这种梯度结构设计能够降低材料的发烟性能，这对于实际火灾中的救援和人员疏散是非常重要的。

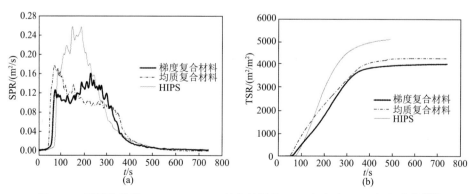

图 7-18　不同结构的 HIPS/MH/MRP 复合材料的 SPR（a）和 TSR（b）曲线[109]

表 7-5　不同结构的 **HIPS/MH/MRP** 复合材料在锥形量热仪测试中烟和有毒气体释放数据[109]

材料名称	PSPR/(10^{-3} m²/s)	TTPSPR/s	TSR/(m²/m²)	TSP/(m²/m²)	PCOY/(kg/kg)	TTPCOY/s
纯 HIPS	255	148	5112	45	1.1	485
梯度结构材料	160	225	4014	36	8.1	595
均质结构材料	175	70	4283	38	30.0	355

注: PSPR, 最大生烟速率; TTPSPR, 到达最大生烟速率的时间; TSR, 总释放烟量; TSP, 总生成烟量; PCOY, 一氧化碳最大生成量; TTPCOY, 到达一氧化碳最大生成量的时间

图 7-19 为纯 HIPS 和两种不同结构的 HIPS/MH/MRP 复合材料的 CO 生成曲线。从图 7-19 和表 7-5 中可知, 纯 HIPS 在燃烧过程中的 CO 最大释放量在三种材料中最小。梯度结构复合材料在燃烧过程中 CO 释放曲线有许多很小的峰, 其中 CO 最大释放量是 8.1 kg/kg。相比之下, 均质结构复合材料在燃烧过程中有一个很大的 CO 释放峰, 其数值为 30.0 kg/kg, 比梯度结构复合材料高几倍。另外, 两者从开始燃烧到一氧化碳最大生成量的时间(TTPCOY)分别为 355 s 和 595 s。与均质结构复合材料相比, 梯度结构复合材料不仅一氧化碳最大生成量(PCOY)小, 而且 TTPCOY 显著延长。因此, 梯度结构复合材料在燃烧过程中的有毒气体释放的潜在危害性比均质结构复合材料更小。

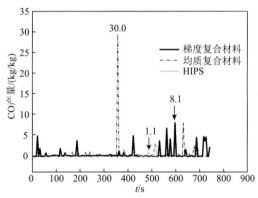

图 7-19　不同结构 HIPS/MH/MRP 复合材料的 CO 生成曲线[109]

从上述讨论可知, 通过层叠热压成型方法可以成功地制备出阻燃剂沿着复合材料厚度方向呈对称型梯度分布的复合材料, 这种梯度结构设计可同时提高聚合物复合材料的热稳定性、阻燃性能和抑烟性能, 降低有毒气体的释放, 从而为提高聚合物材料的阻燃性能提供了一种新的方法。

7.4 交替结构 HIPS/MH/MRP 阻燃复合材料

7.2 节和 7.3 节已经分别讨论了夹层结构复合材料和梯度结构复合材料的热分解行为和燃烧性能。研究发现，把阻燃剂适当富集在复合材料表层附近可以明显改善复合材料在燃烧初期的热稳定性能、阻燃性能、抑烟性能和减少有毒气体的释放等。采用这种特殊方法能够显著提高阻燃剂的利用效率，充分发挥阻燃剂的作用。本节尝试研究制备另外一种 HIPS/MH/MRP 特殊结构复合材料，即使阻燃剂沿着复合材料厚度方向呈层状交替分布，得到一种交替结构复合材料。研究中选择纯 HIPS 作为阻燃剂层状分布的隔离层，即沿着复合材料厚度方向，HIPS/MH/MRP 复合材料和纯 HIPS 交替分布。研究的目的是提高聚合物复合材料的阻燃性能和抑烟性能探索新的思路和方法。

7.4.1 样品制备方法

首先把纯 HIPS 颗粒在平板硫化机上于 180℃先热压 10 min，再冷压 10 min，压力均为 10 MPa，得到厚度为 0.15 mm 的表面平整光滑的薄片备用。然后按照 HIPS/MH/MRP 质量比为 100/80/15 的比例，通过熔融共混、热压成型方法制备出厚度为 0.25 mm 的表面平整光滑的 HIPS/MH/MRP 复合材料薄片备用。分别称量上述两种薄片，按照图 7-20 所示的结构依次将薄片放置在厚度为 3 mm 的模具中。将模具放在 185℃的平板硫化机上先热压 10 min，再冷压 10 min，压力均为 10 MPa，得到厚度为 3 mm 的 HIPS/MH/MRP（100/80/15）复合材料和纯 HIPS 呈交替结构分布的复合材料板材。

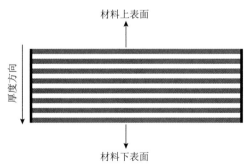

图 7-20 交替结构 HIPS/MH/MRP 复合材料结构示意图[110]

灰色层为 HIPS/MH/MRP（100/80/15）复合材料，白色层为纯 HIPS

计算交替结构复合材料中各组分的含量，本实验中交替结构复合材料中 HIPS/MH/MRP 各组分质量比为 100/38.7/7.3。按照上述组成比例，在温度为 180℃

的开放式塑炼机上通过熔融塑炼方法制备出 HIPS/MH/MRP（100/38.7/7.3）均质结构复合材料片状物料。把所得到的片状物料用粉碎机粉碎，再将粉碎后的颗粒状物料在平板硫化机上于 180℃先热压 10 min，再冷压 10 min，压力均为 10 MPa，得到厚度为 3 mm 的均质结构 HIPS/MH/MRP 复合材料板材。经计算，交替结构和均质结构两种复合材料表面 MRP 的含量分别为 7.7%和 5.0%。最后，按照相关测试标准将板材裁切成不同规格的试样进行性能测试。

7.4.2　结构表征

图 7-21 是制备的交替结构 HIPS/MH/MRP 复合材料断面的 SEM 照片，其中图 7-21（a）是整个断面结构，图 7-21（b）是局部断面放大后的结构。从图中可见，制备出来的复合材料结构与图 7-20 设计的结构相同，即 HIPS/MH/MRP 复合材料和纯 HIPS 沿样品厚度方向呈交替分布。图中沿着复合材料厚度方向，可以明显地看出两种不同形态的复合材料形貌，复合材料的边缘部分比较粗糙，这是含有阻燃剂的复合材料。相邻比较光滑的部分是纯 HIPS，不含任何阻燃剂。仔细观察还可发现，粗糙部分的厚度比光滑部分的厚度稍大，这是由于纯 HIPS 熔融后的流动性比含有阻燃剂的 HIPS 复合材料的流动性好，因此在压力作用下更容易铺展变薄。由此可见，从复合材料一个表面到另一个表面，阻燃剂沿样品厚度方向是一层一层分布的，得到的交替结构复合材料与传统的均质结构复合材料完全不同。由于这种特殊结构，交替结构复合材料的性能应该与与之对应的阻燃剂含量相同的均质结构复合材料的性能有所不同。

(a)　　　　　　　　　　　　　(b)

图 7-21　交替结构 HIPS/MH/MRP 复合材料断面的 SEM 照片[110]

（a）整个断面；（b）局部断面放大

7.4.3　热分解行为

图 7-22 是交替结构 HIPS/MH/MRP 复合材料与阻燃剂总含量相同的均质结构

HIPS/MH/MRP 复合材料在空气中于不同温度下热分解 30 min 后的质量损失曲线。可见，随着热分解温度增加，两种复合材料的质量损失曲线都呈上升趋势，但是，交替结构复合材料的质量损失曲线始终在均质结构复合材料曲线的下方。也就是说在任何温度下，交替结构复合材料始终比均质结构复合材料的质量损失更小。例如，在 300℃时，交替结构复合材料和均质结构复合材料的质量损失百分率分别为 11.2%和20.2%，在 600℃时，两者的质量损失百分率分别为 90.5%和97.0%。这表明在相同热氧化条件下，交替结构复合材料比均质结构复合材料的热稳定性更好。

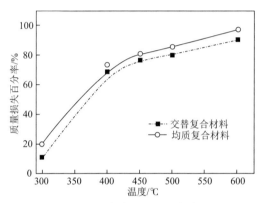

图 7-22　两种不同结构 HIPS/MH/MRP 复合材料在空气中于不同温度下分解 30 min 后的质量损失曲线[110]

　　图 7-23 是上述两种不同结构 HIPS/MH/MRP 复合材料在空气中于 350℃热分解 30 min 后残余物表面的 SEM 照片，两张照片的放大倍数相同。可以看出，这两种不同结构复合材料热分解残余物的表面形貌有非常大的差异。如图 7-23（a）所示，交替结构复合材料的残余物表面非常光滑、连续、致密，生成的炭层紧密

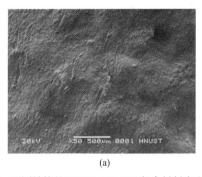
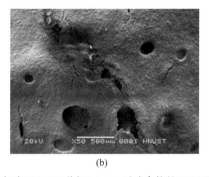

（a）　　　　　　　　　　　　　　　　（b）

图 7-23　不同结构的 HIPS/MH/MRP 复合材料在空气中于 350℃分解 30 min 后残余物的 SEM 照片[110]

（a）交替结构；（b）均质结构

地覆盖在材料表面，类似一层防火屏障。相比之下，阻燃剂含量相同的均质结构复合材料分解残余物表面有很多大小不一的孔洞[图 7-23（b）]。显然，聚合物分解后生成的可燃性小分子气体非常容易通过这些孔洞向外逸出，为火焰提供燃料；同时，火焰区产生的热量也能够通过这些孔洞向材料内部传递，加速聚合物的热分解。毫无疑问，这些孔洞的存在对材料的阻燃非常不利。

7.4.4　燃烧性能

表 7-6 列出了用于制备交替结构 HIPS/MH/MRP 复合材料的两种单层材料的阻燃性能参数，其中一层 HIPS/MH/MRP 复合材料是以 100/80/15 比例组成的复合材料，另外一层是纯 HIPS，不含任何阻燃剂。可以看出，HIPS/MH/MRP（100/80/15）复合材料的 LOI 为 26.6%，在 UL-94 实验中能够达到 V-0 级。从第 5 章可知，HIPS/MH/MRP（100/80/15）复合材料离开火焰后能够立即自熄，具有非常强的成炭能力，表面生成的炭层连续致密，其 PHRR 和 THR 比纯 HIPS 低很多，FPI 数值大约是纯 HIPS 的 4 倍。纯 HIPS 的 LOI 为 18.1%，非常容易燃烧，阻燃性能很差。总的来看，HIPS/MH/MRP（100/80/15）复合材料具有优异的阻燃性能。因此，这两种单层复合材料的燃烧性能具有非常大的差异。

表 7-6　交替结构复合材料中的两种交替层的 UL-94 和 LOI 数据[110]

材料名称	HIPS/MH/MRP 质量比	UL-94 VBT	LOI/%
复合材料层	100/80/15	V-0	26.6
HIPS 层	100/0/0	无级别	18.1

图 7-24 是两种不同结构复合材料在空气中用丁烷火焰燃烧 30 s 后残余物的 SEM 照片。如图 7-24（a）所示，从整体上看，除了一些很小的裂痕之外，交替结构复合材料的燃烧残余物表面相当光滑致密。相比之下，阻燃剂含量相同的均质结构复合材料的燃烧残余物表面比较松散，崎岖不平，有非常多的孔洞，类似于蜂窝结构[图 7-24（b）]。不难想象，可燃性气体、热量非常容易通过这种松散、多孔的结构进行迁移或传递，这对材料的阻燃非常不利。上述结果与图 7-23 的结果是一致的，无论是进行热分解还是在火焰中燃烧，交替结构复合材料表面的高含量阻燃剂对复合材料的热稳定性和阻燃性能有很重要的影响。材料表面形成的连续致密炭层像防火外衣一样覆盖在材料表面，抑制了聚合物的分解，阻止了对火焰的燃料供应，提高了材料的热稳定性和防火性能。

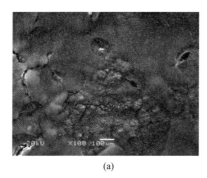

(a)　　　　　　　　　　　　　　　(b)

图 7-24　不同结构的 HIPS/MH/MRP 复合材料在火焰中燃烧 30 s 后残余物的 SEM 照片[110]
（a）交替结构；（b）均质结构

　　图 7-25 为阻燃剂含量相同但结构不同的 HIPS/MH/MRP 复合材料上表面受到火焰作用时背面温度的变化曲线。从图中可见，随着材料上表面燃烧的进行，这两种不同结构复合材料背面的温度变化并不相同。在燃烧最初阶段，两者的背面温度变化类似。但是，当燃烧时间超过 60 s 后，两者的背面温度有很大差异，交替结构复合材料的背面温度明显低于均质结构复合材料背面的温度，并且随着燃烧时间增加，两者的差距越来越大。例如，当燃烧时间为 90 s 时，交替结构复合材料和均质结构复合材料背面的温度分别是 181℃和 246℃；当燃烧时间为 180 s 时，两者的背面温度分别是 237℃和 376℃。这些结果表明，在实验初期阶段，复合材料吸热熔化变软，炭层还没有形成，背面温度升高属于固体热传导模式。所以两种不同结构复合材料的背面温度变化比较相似。随着表面燃烧继续进行，沿着材料厚度方向，交替结构复合材料能更加有效地阻止热量传递。如前所述，这两种复合材料中阻燃剂含量是相同的，唯一不同点就是阻燃剂分布不同，正是这种不同的结构，造成它们的阻燃性能有着非常大的差异。结合图 7-23 和图 7-24，交替结构复合材料由于其表面阻燃剂含量比较多，所以不管在热氧化分解中还是火焰喷射试验中，都能够在其表面生成一层光滑的致密的炭层。这种类似防火罩一样的炭层起到热量传递和物质交换的屏障作用，能够阻止燃烧释放出的热量向材料内部传递，使内部的复合材料分解出的可燃性气体减少，同时也能够阻止材料内部分解出的可燃气体向燃烧区域迁移，切断或减少对火焰的燃料供应，从而抑制复合材料的燃烧。因此，交替结构复合材料燃烧区产生的热量很难向材料内部传递，背面温度上升很慢。相比之下，均质结构复合材料生成的炭层比较松散、孔洞比较多，这种结构的炭层起不到有效阻燃的作用。均质结构复合材料内部的温度比较高，复合材料更容易降解，燃烧就比较容易进行，阻燃性能比较差。所以，在实验进行的中后期，交替结构复合材料的背面温度远远低于均质结构复合材料。

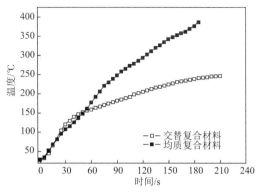

图 7-25　相同组成不同结构的 HIPS/MH/MRP 复合材料上表面受到火焰作用时背面温度的变化曲线[110]

　　表 7-7 列出了两种不同结构复合材料在锥形量热仪、LOI 和 UL-94 垂直燃烧实验中的结果。可以看出，尽管两种复合材料中阻燃剂含量相同，但是它们的燃烧性能却有很大差别。交替结构复合材料的 LOI 比均质结构复合材料的数值大1.1%，在 UL-94 垂直燃烧实验中，前者达到 V-1 级，后者没有任何级别。从图 7-26可见，在 UL-94 实验过程中，交替结构复合材料在移去火源后马上自熄，样品保持完好，没有熔融滴落产生。相比之下，均质结构复合材料在移去火源后继续燃烧，产生带火焰滴落并引燃下方的脱脂棉，可以清晰地看到样品有明显的滴落痕迹。所以，交替结构复合材料的阻燃性能比均质结构复合材料更好。

表 7-7　不同结构的 HIPS/MH/MRP 复合材料的燃烧性能数据[110]

测试参数	均质结构材料	交替结构材料
LOI/%	23.2	24.3
UL-94 VBT	无级别	V-1
TTI/s	62	52
PHRR/（kW/m^2）	210	165
AHRR/（kW/m^2）	97	94
AMLR/（10^{-3} g/s）	42	38
THR/（MJ/m^2）	60	60
FPI/（10^{-3} s·m^2/kW）	295	315
FIGRA/[kW/（m^2·s）]	2.5	2.0
TSR/（m^2/m^2）	4389	3261
ACOY/（kg/kg）	0.176	0.148
燃烧残余率/%	28	32

　　注：LOI，极限氧指数；UL-94 VBT，UL-94 垂直燃烧实验等级；TTI，引燃时间；PHRR，热释放速率峰值；AHRR，热释放速率平均值；AMLR，平均质量损失速率；THR，总释放热量；FPI，火灾性能指数；FIGRA，火增长速率指数；TSR，总释放烟量；ACOY，平均 CO 释放量

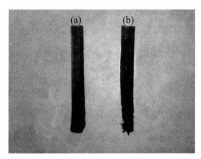

图 7-26　不同结构的 HIPS/MH/MRP 复合材料在 UL-94 测试后样品形貌的数码照片[110]
（a）交替结构；（b）均质结构

　　图 7-27（a）和（b）分别是组成相同的两种不同结构复合材料的 HRR 和 THR 曲线。结合图 7-27 和表 7-7 可知，均质结构复合材料的 HRR 曲线在燃烧开始后很快达到一个尖锐的峰值，PHRR 为 $210\,kW/m^2$，而交替结构复合材料的 HRR 曲线没有尖锐的峰值，PHRR 为 $165\,kW/m^2$，比均质结构复合材料降低 21.4%。在燃烧过程中，交替结构复合材料的 HRR 在大部分时间内比均质结构复合材料的 HRR 更低。虽然两种复合材料在燃烧结束时的 THR 都是 $60\,MJ/m^2$，但是，在大部分时间内，交替结构复合材料的 THR 都小于均质结构复合材料。例如，在燃烧进行 300 s 时，交替结构复合材料和均质结构复合材料的 THR 分别是 $28.9\,MJ/m^2$ 和 $32.0\,MJ/m^2$；在 500 s 时，两者的 THR 分别是 $47.7\,MJ/m^2$ 和 $53.3\,MJ/m^2$。这些结果表明，交替结构复合材料在燃烧过程中的放热量明显较少。从表 7-7 还可以看出，交替结构复合材料的 AMLR 和 FIGRA 值都比均质结构复合材料更小，其 FPI 值和燃烧残余率都比均质结构复合材料的相应值大，表明交替结构复合材料在燃烧过程中聚合物降解比较缓慢，产生的可燃性气体和放热量都比较少，火焰扩展较慢，阻燃性能更好。从总体上看，交替结构复合材料比均质复合材料的火灾安全性能提高了许多。从上述 LOI、UL-94 VBT 和锥形量热仪测试的结果可以看出，阻燃剂呈交替结构分布比均匀分布在材料内部制备的复合材料的阻燃性能明显提高。

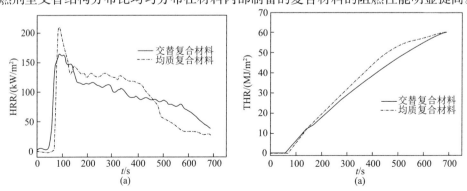

图 7-27　不同结构的 HIPS/MH/MRP 复合材料在锥形量热仪测试中的 HRR（a）和 THR（b）曲线[110]

从表 7-7 还可以看出，交替结构复合材料的引燃时间比均质结构复合材料短，这表明尽管前者的整体阻燃性能比后者好，但是，前者比后者更容易点燃。这可能是因为前者表面的 MRP 含量比较高。如前所述，交替结构复合材料表面 MRP 含量为 7.7%，均质结构复合材料表面的 MRP 含量为 5.0%，前者明显高于后者。众所周知，红磷（RP）本身属于高度易燃材料，其氧化反应是放热过程，在空气中受热氧化时会产生大量热量。由于交替结构复合材料表面 RP 含量较多，在锥形量热仪的热辐射作用下，RP 氧化释放的热量也较多，从而导致交替结构复合材料的引燃时间比均质结构复合材料的引燃时间短。

图 7-28 给出了两种不同结构复合材料的 SPR 和 TSR 曲线。从图 7-28（a）可见，两种不同结构复合材料的 SPR 曲线和图 7-27（a）中两者的 HRR 曲线有些类似。这些结果表明，在燃烧过程中，HRR 和 SPR 有密切的关系，HRR 越大，SPR 也越大。图 7-28（a）中，在绝大部分时间内，交替结构复合材料比均质结构复合材料的 SPR 更小。从图 7-28（b）可以看出，在燃烧过程中，交替结构复合材料比均质结构复合材料的 TSR 小很多。例如，在燃烧时间为 300 s 时，交替结构复合材料和均质结构复合材料的 TSR 分别是 2057 m^2/m^2 和 2678 m^2/m^2，燃烧时间为 500 s 时，两者的 TSR 分别是 2922 m^2/m^2 和 4166 m^2/m^2，在实验结束时两者的 TSR 分别是 3261 m^2/m^2 和 4389 m^2/m^2，前者比后者的 TSR 降低 25.7%。此外，从表 7-7 还可看到，交替结构复合材料的平均 CO 释放量（ACOY）为 0.148 kg/kg，比均质结构复合材料的相应值 0.176 kg/kg 降低了 16%。上述这些结果表明，尽管两种复合材料中阻燃剂的总含量相同，但是交替结构复合材料比均质结构复合材料不仅烟释放量少，而且产生的 CO 数量也比较少。由此可见，交替结构设计能够明显降低聚合物复合材料在燃烧过程中的烟和毒气释放，减少聚合物材料燃烧对人员和环境的危害。

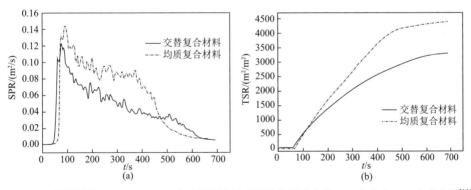

图 7-28　不同结构的 HIPS/MH/MRP 复合材料在锥形量热仪测试中的 SPR（a）和 TSR（b）曲线[110]

图 7-29 为上述两种不同结构复合材料在燃烧过程中的质量损失曲线。可以看出，在燃烧刚开始时，交替结构复合材料比均质结构复合材料的质量损失稍快。

通过前面的分析可知，这是由于交替结构复合材料比均质结构复合材料的引燃时间更短，燃烧更早。尽管如此，在随后的整个燃烧过程中，交替结构复合材料的质量损失没有均质结构复合材料的质量损失快。例如，在燃烧进行 300 s 时，交替结构复合材料和均质结构复合材料的质量残余率分别为 62.4%和 58.7%；燃烧时间为 500 s 时，两者的质量残余率分别为 42.9%和 35.4%；燃烧结束时两者的质量残余率分别为 32.0%和 28.0%。总的来看，在整个燃烧过程中，交替结构复合材料的质量损失比均质结构复合材料更慢。该结果表明，阻燃剂在复合材料中呈交替层状分布可以更加有效地抑制聚合物的降解，提高复合材料在火灾中的热稳定性。

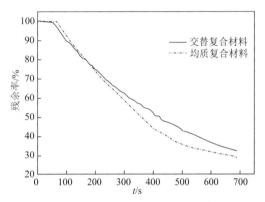

图 7-29　不同结构的 HIPS/MH/MRP 复合材料在锥形量热仪测试中的质量损失曲线[110]

综上所述，与均质结构复合材料相对比，阻燃剂含量相同的交替结构复合材料在燃烧过程中表现出更好的热稳定性、阻燃性能、抑烟性能，同时还能减少 CO 有毒气体的释放。由于交替结构复合材料的特殊结构，它在燃烧中生成的炭层更加连续、致密，在燃烧区域和材料内部之间起着防火屏障的作用。因此，总的来看，交替结构复合材料比均质结构复合材料的阻燃性能有很大提高。

第8章 耐化学腐蚀的氢氧化镁阻燃高抗冲聚苯乙烯复合材料

8.1 引　　言

在实际应用中，阻燃聚合物材料总是与特定的周围环境紧密接触的，材料所应用的环境中的各种因素，如热量、水分、化学试剂、光辐射、氧气等，不可避免地会与阻燃聚合物材料发生某些作用，从而对包括阻燃性能在内的一些使用性能产生一定的影响。因此，研究阻燃聚合物材料与环境之间的相互作用对于材料的实际应用具有重要意义。

氢氧化镁（MH）因具有阻燃、抑烟、廉价、环保等优点一直是阻燃领域研究的热点之一。但是，MH 是一种碱性化合物，微溶于水，水溶液呈弱碱性，能够与酸发生反应，因此用 MH 阻燃的聚合物材料在有水和（或）酸存在的环境中长期使用时材料中的 MH 会被消耗，可能无法再起到有效的阻燃作用，从而造成材料的阻燃性能降低，火灾隐患增加。例如，用 MH 阻燃的电线电缆或建筑物室外装饰材料在长期使用过程中因受到雨水或酸雨的冲刷和腐蚀作用，阻燃性能可能降低，导致火灾发生。鉴于此，本章研究了水、酸腐蚀对用 MH 阻燃的高抗冲聚苯乙烯（HIPS）材料阻燃性能的影响并探讨了其作用机制。在此基础上，在 HIPS/MH 二元体系中分别引入微胶囊红磷（MRP）和可膨胀石墨（EG），系统地研究了改性后的阻燃复合材料在水/酸环境中的稳定性，为制备具有优异的耐水、耐酸腐蚀性能的低成本阻燃材料进行了有益的探索。

8.2 水/酸腐蚀对 HIPS/MH 复合材料阻燃性能的影响及其作用机制

8.2.1 HIPS/MH 复合材料水腐蚀前后的阻燃性能

为方便起见,本节采用 HIPS/MHx 表示质量比为 100/x 的 HIPS/MH 复合材料。

例如，HIPS/MH150 表示质量比为 100/150 的 HIPS/MH 复合材料。图 8-1 为水腐蚀时间对 HIPS/MH150 复合材料极限氧指数（LOI）和 UL-94 VBT 垂直燃烧性能的影响。可见，HIPS/MH150 复合材料的 LOI 随着水腐蚀时间的延长而减小。当复合材料在 80℃的水中腐蚀 24 h 时，其 LOI 从 29.9%降至 28.7%。当腐蚀时间超过 15 h 后，复合材料的 LOI 不再下降。另外，HIPS/MH150 复合材料的 UL-94 VBT 等级最初为 V-0 级，但是在 80℃的水中腐蚀 5 h 后就变得没有任何级别了。实验中观察到，水腐蚀后的复合材料在引燃后，火焰沿着材料的表面一直燃烧到样品夹具，所以没有任何阻燃等级。图 8-1 的结果表明，水腐蚀会明显降低复合材料的阻燃性能。

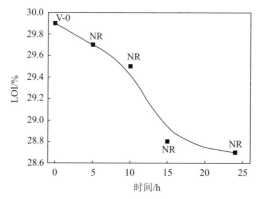

图 8-1 水腐蚀时间对 HIPS/MH150 复合材料 LOI 和 UL-94 垂直燃烧性能的影响（水腐蚀温度为 80℃）[111]

图 8-2 为水腐蚀温度对 HIPS/MH150 复合材料的 LOI 和 UL-94 VBT 等级的影响。如图所示，随着水腐蚀温度升高，该复合材料的 LOI 持续减小。将复合材料

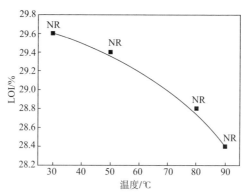

图 8-2 水腐蚀温度对 HIPS/MH150 复合材料 LOI 和 UL-94 VBT 垂直燃烧性能的影响（水腐蚀时间为 15 h）[111]

在 30℃的水中腐蚀 15 h 后，其 UL-94 VBT 等级从 V-0 级下降到无任何级别。由此可见，HIPS/MH 复合材料易受到水腐蚀的影响，即使在较低的温度下受到水腐蚀，其阻燃性能也会明显降低。因此，氢氧化镁阻燃聚合物复合材料在室外使用时，水腐蚀的影响明显，不容忽视。图 8-1 和图 8-2 的结果表明，HIPS/MH150 复合材料在 80℃的水中处理 15 h 后，其阻燃性不再明显下降，表明过度的水腐蚀对复合材料的阻燃性几乎没有影响。因此，选择在此条件下处理的样品进行 TGA、FTIR、SEM 和 EDS 分析。

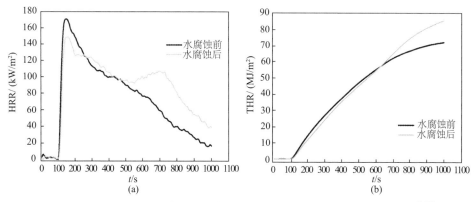

图 8-3　HIPS/MH150 复合材料水腐蚀前后的 HRR（a）和 THR（b）曲线[111]

图 8-3 为 HIPS/MH150 复合材料水腐蚀前后的 HRR 和 THR 曲线，表 8-1 列出了几种不同材料的锥形量热仪测试数据。如图 8-3（a）所示，HIPS/MH150 复合材料的 HRR 曲线在材料引燃后很快达到一个峰值，然后随着燃烧时间的延长，材料的 HRR 缓慢下降，直至测试结束。该复合材料的 HRR 曲线表现出典型的残炭形成材料的燃烧特征，这意味着复合材料燃烧时沉积在材料表面的由 MH 热分解生成的氧化镁（MgO），隔绝了下层的聚合物基体，减缓了气态和凝聚态之间的传热和传质。相比之下，水腐蚀后的 HIPS/MH150 复合材料的 HRR 曲线显现出两个峰值。第一个峰值在 150 s 左右，与复合材料腐蚀前的峰值相同。第二个峰又大又宽，大约在 700 s。虽然两种复合材料的 PHRR 差别不大，但在大部分燃烧时间内，经过水腐蚀的复合材料的 HRR 大于未腐蚀复合材料的相应值。例如，在 700 s 时，水腐蚀复合材料的 HRR 为 106 kW/m²，而在相同燃烧时间下，未腐蚀复合材料的 HRR 仅为 58 kW/m²。经过水腐蚀的 HIPS/MH150 复合材料的 HRR 曲线出现双峰，意味着燃烧初期形成的残余物不够稳定，在燃烧过程中被破坏。也就是说，随着热量和挥发性气体的不断积累，覆盖在水腐蚀后的复合材料表面的残余物被破坏，更多的可燃气体从材料内部逸出进入火焰区，使 HRR 出现第二次峰值。从表 8-1 的数据可以看出，HIPS/MH150 复合材料的平均 HRR（AHRR）、平均质量损失速率（AMLR）、总释放热量（THR）、总释放烟量（TSR）均远

小于水腐蚀后的材料的相应值，表明 HIPS/MH150 复合材料的阻燃性能在水腐蚀后明显降低。尽管如此，两种复合材料的平均有效燃烧热（AEHC）值还是几乎相同，这表明水腐蚀后复合材料的阻燃性能的降低并不是由气相燃烧区的变化引起的，而是由凝聚相的变化造成的。

表 8-1　　几种不同材料的锥形量热仪测试数据[111]

测试参数	HIPS	HIPS/MH150	水腐蚀 HIPS/MH150
TTI/s	63	100	103
PHRR/（kW/m²）	738	170	149
AHRR/（kW/m²）	280	80	96
AMLR/（10^{-3} g/s）	73	28	36
THR/（MJ/m²）	119	72	86
AEHC/（MJ/kg）	34	25	24
TSR/（m²/m²）	5112	1777	2795
燃烧残余率/%	1.9	49.9	47.0

注：TTI，引燃时间；PHRR，热释放速率峰值；AHRR，热释放速率平均值；AMLR，平均质量损失速率；THR，总释放热量；AEHC，平均有效燃烧热；TSR，总释放烟量

从图 8-3（b）可见，两种复合材料的 THR 曲线在燃烧初期几乎重合，但在640 s 后发生偏离。总的来看，水腐蚀后复合材料的 THR 急剧增加。燃烧结束时，水腐蚀前后复合材料的 THR 分别为 72 MJ/m² 和 86 MJ/m²，水腐蚀后的复合材料在燃烧时释放的热量更多。显然，这对材料的阻燃是不利的。

图 8-4 为 HIPS/MH150 复合材料水腐蚀前后的生烟速率（SPR）和总释放烟量（TSR）曲线。图 8-4（a）中的 SPR 曲线与图 8-3（a）中的 HRR 曲线非常相

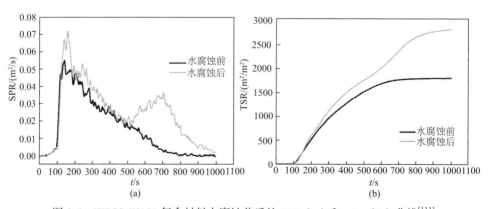

图 8-4　HIPS/MH150 复合材料水腐蚀前后的 SPR（a）和 TSR（b）曲线[111]

似。从图 8-4（a）可以看出，水腐蚀后的复合材料的 SPR 远远大于腐蚀前的复合
材料的相应值。同样，前者的 TSR 值远远大于后者[图 8-4（b）]。腐蚀前后的
HIPS/MH150 复合材料在燃烧结束时的 TSR 分别为 1777 m^2/m^2 和 2795 m^2/m^2。显
然，在聚合物复合材料燃烧过程中，烟气的释放与热量的释放密切相关。这些结
果表明，水腐蚀不仅破坏了 HIPS/MH 复合材料的阻燃性能，而且降低了抑烟性能。

　　从以上讨论可知，HIPS/MH150 复合材料的 LOI 随着水腐蚀时间延长和腐蚀
温度的升高而减小，复合材料的 UL-94 VBT 等级在水腐蚀后由 V-0 级下降到没有
任何级别。与此同时，与未腐蚀的复合材料相比，水腐蚀复合材料的 AHRR、
AMLR、THR 和 TSR 均明显增大。另外，HIPS/MH 复合材料经过水处理后，燃
烧过程中产生的固体残余物在凝聚相的阻隔作用降低，导致被腐蚀样品的 HRR 曲
线出现两个峰值。因此，HIPS/MH 复合材料的阻燃和抑烟性能在水腐蚀后都有明
显降低。尽管 MH 与水之间不存在化学反应，MH 在水中的溶解度也不高，但水
腐蚀对 HIPS/MH 复合材料燃烧性能的影响仍然是不容忽视的。

8.2.2　水腐蚀对复合材料阻燃性能影响机理分析

　　为了探索 HIPS/MH 复合材料在水腐蚀前后阻燃性能变化的原因，采用热分析
方法研究了该复合材料水腐蚀前后材料表层的热降解行为，结果如图 8-5 所示。
从图中可见，随着温度的升高，水腐蚀后的 HIPS/MH150 复合材料的表层分解速
率较快，而原 HIPS/MH150 复合材料的分解速率要慢得多。在整个实验过程中，
水腐蚀后的复合材料表层的残余质量远远小于未腐蚀的复合材料的相应值。例如，
在 400℃时，未经腐蚀的复合材料的残余质量百分数为 91%，腐蚀后的复合材料
的表层的残余质量百分数为 64%。测试结束时，前者的残余质量百分数为 42%，而
后者的残余质量百分数仅为 3%[图 8-5（a）]。如图 8-5（b）所示，在 320℃以上，水

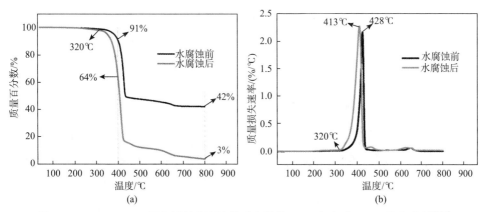

图 8-5　HIPS/MH150 复合材料水腐蚀前后表层的 TGA（a）和 DTG（b）曲线[111]

腐蚀后的复合材料表层的质量损失速率（MLR）远大于原复合材料。前者 MLR 峰值对应的温度为 413℃，后者对应的温度为 428℃。这些结果为水腐蚀后复合材料表层金属氢氧化物含量的大幅度降低提供了有力的证据。也就是说，由于水腐蚀作用，复合材料表层的大部分 MH 被消耗，水腐蚀后复合材料的表层主要由纯 HIPS 聚合物组成。

图 8-6 中的 ATR-FTIR 谱图为上述分析提供了进一步的证据。如图所示，3693 cm^{-1}、3028 cm^{-1}、2800～3000 cm^{-1} 处的吸收峰分别对应于 MH 分子中 O—H 键的伸缩振动、苯环中 C—H 键的伸缩振动以及 HIPS 分子链中饱和 C—H 键的伸缩振动，3400 cm^{-1} 处的宽峰是 MH 分子中与 O—H 相连的氢键的伸缩振动，1654 cm^{-1} 和 1076 cm^{-1} 处的吸收峰分别为 C=C 键的伸缩振动和 HIPS 分子链中 C—C 键的伸缩振动，在 1600 cm^{-1}、1500 cm^{-1} 和 1450 cm^{-1} 处的吸收峰是苯环的特征峰，752 cm^{-1} 和 693 cm^{-1} 处的吸收峰是存在单取代苯环的证明[112,113]。两张光谱图中最显著的区别是，复合材料在 3400 cm^{-1} 处的吸收峰在水腐蚀作用后消失。同时，在 1654 cm^{-1} 处出现了一个新的小峰，而未腐蚀的复合材料在相同位置的光谱中没有明显的峰。这些结果表明，复合材料表层的 MH 经过水腐蚀后被大量去除，腐蚀后的复合材料表层的 HIPS 聚合物含量明显增加，这与图 8-5 中的 TGA 结果是一致的。

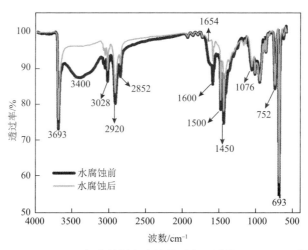

图 8-6　HIPS/MH150 复合材料水腐蚀前后表面层的 ATR-FTIR 谱图[111]

图 8-7 为 HIPS/MH150 复合材料水腐蚀前后表面形貌的 SEM 照片。如图 8-7（a）所示，水腐蚀前的 HIPS/MH150 复合材料的表面相当光滑平整，在 80℃的水中处理 15 h 后，复合材料的表面被严重破坏，样品表面存在许多小裂缝、孔洞和片状结构，这与腐蚀前的复合材料形成了鲜明的对比[图 8-7（b）]。这种变化意

味着复合材料表面层中的一些 MH 已被水腐蚀除去。表 8-2 中的 EDS 数据显示，水腐蚀后 Mg、O 含量降低，C 含量增加，进一步证明了这一结论。综合 TGA、ATR-FTIR、SEM 和 EDS 的分析结果可知，HIPS/MH 复合材料表面的部分 MH 确实是由于水腐蚀作用而被去除。虽然 MH 被广泛认为是不溶于水的，但复合材料被水长时间腐蚀后，材料表面的 MH 仍然会损失一部分。本书作者通过一个简单的实验进一步证实了这一点，在 25℃时，饱和 MH 水溶液的 pH 约为 8.0，在 80℃时上升到 9.0。因此，MH 仍可在水中轻微溶解。即使它在水中的溶解度比较低，也不能忽视。MH 被溶解的数量随着水温提高和腐蚀时间的延长而增加。随着水腐蚀温度提高和水腐蚀时间的延长，HIPS/MH150 复合材料表层中残留的 MH 含量逐渐减少。因此，LOI 数值随着复合材料水腐蚀温度的上升和腐蚀时间延长而下降（图 8-1 和图 8-2）。当复合材料表面的大多数 MH 被水溶解消耗后，MH 在复合材料表面的含量将不再改变。因此，被腐蚀的复合材料的 LOI 也将保持不变。因此，当水腐蚀时间超过 15 h 后，图 8-1 中的 LOI 接近于常数。对于 UL-94 VBT 垂直燃烧实验，随着水腐蚀程度加深，复合材料表层中 MH 的含量降低，表层的阻燃性能也随之降低。由于材料表层中 MH 阻燃剂减少，在复合材料着火后，火焰会沿复合材料表面蔓延。因此，UL-94 VBT 的等级从 V-0 下降到没有任何级别（图 8-1 和图 8-2）。图 8-7 的 SEM 结果表明，水腐蚀不仅改变了样品表面的化学组成，还使样品表面变得更加粗糙和多孔，这无疑会影响聚合物复合材料的阻燃性能。

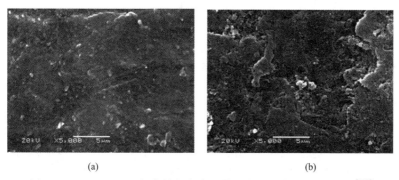

(a)　　　　　　　　　　　　　　　　(b)

图 8-7　HIPS/MH150 复合材料水腐蚀前后表面形貌的 SEM 照片[111]
（a）腐蚀前；（b）腐蚀后

表 8-2　HIPS/MH150 复合材料水腐蚀前后表面组成的 EDS 数据[111]

材料名称	元素质量分数/%		
	C	O	Mg
HIPS/MH150	75.8	8.5	15.7
水腐蚀 HIPS/MH150	79.3	5.9	14.8

图 8-8 为不同 HIPS/MH150 复合材料在火焰中燃烧 30 s 后表面形貌的 SEM 照片。如图 8-8（a）所示，HIPS/MH150 复合材料在火焰中燃烧 30 s 后，表面形貌比较光滑平整。然而，在相同的条件下，被水腐蚀后的材料表面变得非常疏松。样品经火焰处理后，试样表面出现许多较大的裂纹［图 8-8（b）］。这与图 8-8（a）的形貌形成了明显的对比，显示该复合材料的耐火性能在水腐蚀后急剧下降。由于表面形成较大的裂纹，火焰区域的热量可以进入聚合物复合材料的内部区域，聚合物降解产生的挥发性气体可以很容易地从材料内部逸出，为火焰提供燃料。这将不可避免地导致材料阻燃性能的下降。该结果表明，复合材料的阻燃性能在水腐蚀作用后显著降低，而阻燃性能的降低主要发生在凝聚相。

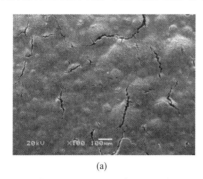 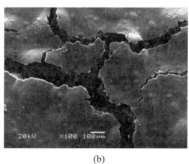

(a)   (b)

图 8-8　水腐蚀前（a）和水腐蚀后（b）的 HIPS/MH150 复合材料在火焰中燃烧 30 s 后
表面形貌的 SEM 照片[111]

表 8-3 为上述两种不同复合材料在火焰中燃烧 30 s 后表面元素组成的 EDS 数据。可见，水腐蚀后的复合材料在燃烧后表面 C 元素的含量比腐蚀前的材料多，Mg 元素的含量比腐蚀前的材料少，两种材料表面 O 元素的含量类似。与表 8-2 的数据相比，两种复合材料在火焰中燃烧 30 s 后，表面 C 元素的含量急剧降低，Mg 和 O 的含量显著上升，表面 O 元素的含量差别减小。显然，这是由材料表面的聚合物被降解成气体逸出，在样品表面生成 MgO 造成的。另外，材料表面聚合物的氧化降解也可能会增加 O 元素的含量，使两种材料表面 O 元素的含量显著上升，差别减小。

表 8-3　两种不同复合材料在火焰中燃烧 30 s 后表面元素组成的 EDS 数据[111]

材料名称	元素质量分数/%		
	C	O	Mg
HIPS/MH150	41.8	19.7	38.5
水腐蚀 HIPS/MH150	49.8	18.9	31.3

表 8-1 中的数据显示，水腐蚀后的 HIPS/MH150 复合材料的 PHRR 比未腐蚀复合材料的小，前者为 149 kW/m²，后者为 170 kW/m²。如果仅从该结果来看，HIPS/MH150 复合材料的阻燃性能在水腐蚀后似乎并没有下降。显然，这与上面的结论不一致。造成这种差异的确切原因尚不清楚，可能是水腐蚀前后复合材料表面的不同形貌造成的。从图 8-7 和图 8-8 可以看出，HIPS/MH150 复合材料经过水腐蚀后，表面变得粗糙多孔。水腐蚀后的复合材料经火焰处理后，其表面出现较大的裂纹。而原复合材料（未经腐蚀处理的复合材料）经火焰处理后，表面光滑致密。不难想象，来自锥形量热仪的热量很容易进入被腐蚀的复合材料内部，而由于未腐蚀的复合材料表面致密连续，大量的热量会在其表面聚积。因此，未腐蚀的复合材料表面的温度将远远高于被腐蚀复合材料表面的温度。在燃烧初期，未腐蚀的复合材料所产生的可燃性气体要比腐蚀后的复合材料所产生的可燃性气体多。因此，前者的单位面积热释放速率峰值比后者大。

为了更好地了解水腐蚀对 HIPS/MH 复合材料阻燃性能的影响，图 8-9 给出了水腐蚀作用的模型。如图所示，当聚合物复合材料浸泡在水中时，复合材料表层的 MH 粒子会缓慢地溶解在水中，导致水的 pH 增加。虽然 MH 本身难溶于水，但这种溶解仍然会发生。这一过程随着水温升高和腐蚀时间的延长而加剧。复合材料表层中 MH 的含量会随着水温的升高和腐蚀时间的延长而逐渐降低（见图 8-9中表层）。由于水的腐蚀作用，复合材料表层中的 MH 含量持续降低，直到表层中的 MH 几乎全部被溶解。由于水腐蚀作用，表层中 HIPS 聚合物的含量迅速增

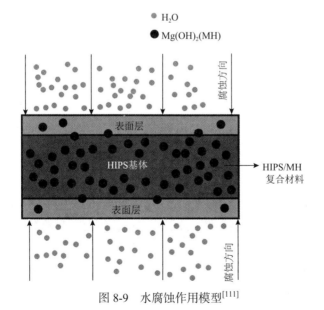

图 8-9 水腐蚀作用模型[111]

加。一旦材料表层的 MH 被全部腐蚀掉，整个聚合物复合材料的表层就会被 HIPS 完全覆盖。由于 HIPS 本身是一种高度易燃的聚合物，在 UL-94 VBT 测试中，一旦被引燃，火焰会沿着被腐蚀的复合材料表面迅速扩散。因此，水腐蚀后复合材料的 UL-94 VBT 等级由 V-0 变为没有级别，LOI 随着水温的升高和腐蚀时间的延长而减小。另外，当分散在复合材料表层的 MH 颗粒被水去除时，必然会在其原来的位置留下一些孔隙。因此，试样表面在水腐蚀后会变得粗糙多孔。如前文所述，这将显著降低复合材料的阻燃性能。

8.2.3　HIPS/MH 复合材料酸腐蚀前后的阻燃性能

图 8-10 为酸腐蚀时间对 HIPS/MH150 复合材料 LOI 和 UL-94 VBT 的影响。从图中可见，随着酸腐蚀时间增加，复合材料的 LOI 逐渐减小，酸腐蚀时间超过 8 h 后 LOI 基本不再变化。复合材料腐蚀前的垂直燃烧等级为 V-0 级，在浓度为 20wt%、温度为 50℃的 H_2SO_4 溶液中腐蚀 1 h 后就变得没有任何级别了。这些结果表明，酸腐蚀能够显著降低复合材料的阻燃性能，当腐蚀进行到一定程度时，复合材料的阻燃性能就不再继续下降。

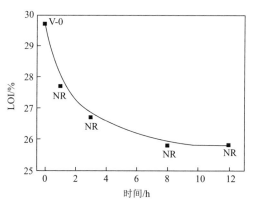

图 8-10　酸腐蚀时间对 HIPS/MH150 复合材料 LOI 和 UL-94 垂直燃烧性能的影响
腐蚀条件：20wt% H_2SO_4，50℃

图 8-11 为酸腐蚀温度对 HIPS/MH150 复合材料 LOI 和 UL-94 VBT 的影响。可见，在其他条件相同时，随着酸腐蚀温度升高，复合材料的 LOI 逐渐降低。把复合材料在浓度为 20wt%、温度为 0℃的 H_2SO_4 溶液中腐蚀 1 h，其垂直燃烧等级就从 V-0 级变成没有任何级别。由此可见，HIPS/MH 复合材料对酸特别敏感，经过酸腐蚀后材料的阻燃性能明显降低。

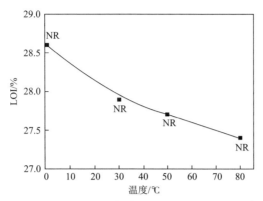

图 8-11　酸腐蚀温度对 HIPS/MH150 复合材料 LOI 和 UL-94 垂直燃烧性能的影响

腐蚀条件：20wt% H_2SO_4，1 h

　　为进一步了解酸腐蚀对材料阻燃性能的影响，用锥形量热仪测试了样品在浓度为 20wt%、温度为 50℃的 H_2SO_4 溶液中腐蚀 12 h 前后的动态燃烧性能。从图 8-12（a）可见，复合材料在酸腐蚀前后的 PHRR 差别不大，未经处理的复合材料的 HRR 在材料引燃后很快达到峰值，此后逐渐降低，HRR 曲线上只有一个峰值，而经过腐蚀的复合材料的 HRR 曲线在出现第一个峰值后缓慢降低，在大约 630 s 出现第二个峰值，在燃烧的大部分时间里经过腐蚀的复合材料的 HRR 数值比未经腐蚀的复合材料的相应值更大。由此推断，原复合材料在燃烧时能够很快在材料表面生成一层残余物（主要成分是 MgO）起到防火屏障作用，使燃烧过程比较平稳，而经过腐蚀处理的复合材料在开始燃烧时生成的残余物不够稳定，在锥形量热仪持续的热辐射作用以及聚合物热分解产生的气体冲击下被破坏，可燃性气体大量逸出为火焰提供燃料，导致出现第二个峰值。从图 8-12（b）可见，两种复合材料在燃烧前期(<450 s)的 THR 相同,但此后经过腐蚀的复合材料的 THR 明显大于未经腐蚀的复合材料的相应值，因此腐蚀后的材料放出的热量更多。

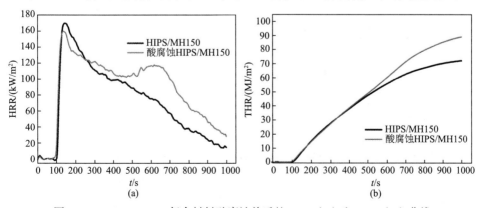

图 8-12　HIPS/MH150 复合材料酸腐蚀前后的 HRR（a）和 THR（b）曲线

表 8-4 给出了几种不同材料的锥形量热仪测试数据。在纯 HIPS 中加入 MH
后材料的引燃时间（TTI）、火灾性能指数（FPI）和燃烧残余物数量大幅度增加，
而热释放速率（PHRR 和 AHRR）、平均质量损失速率（AMLR）、THR 和总释
放烟量（TSR）均显著降低，聚合物的阻燃性能大幅度提高。与腐蚀前的材料相
比，腐蚀后的材料的 TTI、FPI 和燃烧残余物数量均减小，而 AHRR、AMLR、THR
和 TSR 均显著增大，表明酸腐蚀处理后复合材料的阻燃性能和抑烟性能均降低，
这与上面 LOI 和 UL-94 VBT 的实验结果是一致的。从表 8-4 还可看出，尽管酸腐
蚀后复合材料的阻燃性能明显下降，但是两者的平均有效燃烧热（AEHC）几乎
完全相同，这表明腐蚀后的材料阻燃性能的降低是由凝聚相中的变化造成的，与
气相无关。

表 8-4　几种不同材料的锥形量热仪测试数据

测试参数	HIPS	HIPS/MH150	酸腐蚀 HIPS/MH150
TTI/s	63	100	90
PHRR/（kW/m²）	738	170	161
AHRR/（kW/m²）	280	80	97
AMLR/（10^{-3} g/s）	73	28	33
THR/（MJ/m²）	119	72	89
AEHC/（MJ/kg）	34	25	26
TSR/（m²/m²）	5112	1777	2461
FPI/（10^{-3} s·m²/kW）	85.3	588	559
燃烧残余率/%	1.9	49.9	45.5

注：TTI，引燃时间；PHRR，热释放速率峰值；AHRR，热释放速率平均值；AMLR，平均质量损失速率；
THR，总释放热量；AEHC，平均有效燃烧热；TSR，总释放烟量；FPI，火灾性能指数

8.2.4　酸腐蚀对复合材料阻燃性能影响机理分析

图 8-13 给出了复合材料在浓度为 20wt%、温度为 50℃的 H_2SO_4 溶液中腐蚀 8 h
前后表层（厚度为 0.1 mm）的 TGA 和 DTG 曲线。从图 8-13（a）可见，两种材
料的 TGA 曲线在温度低于 265℃时重合在一起，温度超过 265℃后经过酸腐蚀的
复合材料表面层热分解明显更快，温度为 387～440℃之间时两条曲线又重合在一
起，温度超过 440℃后未腐蚀复合材料热失重基本结束，而酸腐蚀后复合材料表
面层继续快速分解，直到 476℃时热失重才结束。温度为 800℃时未腐蚀复合材料
和酸腐蚀后复合材料表层的热分解残余率分别为 41.4%和 7.9%。从图 8-13（b）

可以看出，温度达到 265℃ 以后经过酸腐蚀的复合材料表层的质量损失速率（MLR）开始大于未腐蚀的复合材料，从 265℃ 到 490℃，前者的 MLR 显著大于后者。两种材料的最大质量损失速率分别为 2.18%/℃ 和 0.34%/℃，前者为后者的 6.4 倍，两种材料最大质量损失速率对应的温度均为 432℃ 左右。从热分析数据可见，酸腐蚀后复合材料表面层热分解温度降低，分解速率更快，分解后残余物更少，热稳定性变差。显然，这对于材料的阻燃是非常不利的。

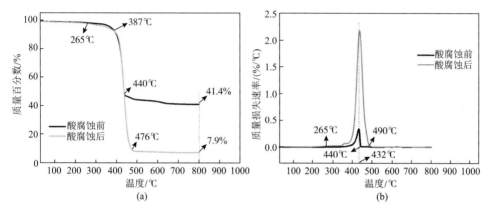

图 8-13　HIPS/MH150 复合材料酸腐蚀前后表层的 TGA（a）和 DTG（b）曲线

图 8-14 为 HIPS/MH150 复合材料酸腐蚀前后表面层的 ATR-FTIR 谱图。图中位于 3693 cm^{-1}、3028 cm^{-1}、2800~3000 cm^{-1} 处的吸收峰分别为 MH 分子中 O—H 键的伸缩振动、HIPS 分子链上苯环中 C—H 键的伸缩振动以及 HIPS 分子链上饱和 C—H 键的伸缩振动。位于 1652 cm^{-1} 和 1076 cm^{-1} 处的吸收峰分别为 HIPS 分子链上 C=C 和 C—C 的伸缩振动，位于 1600 cm^{-1}、1500 cm^{-1} 和 1450 cm^{-1} 处的吸收峰为苯环骨架的特征吸收峰，位于 752 cm^{-1} 和 693 cm^{-1} 处的吸收峰为单取代

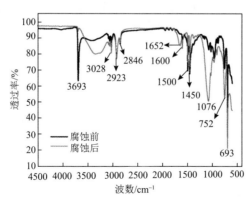

图 8-14　HIPS/MH150 复合材料酸腐蚀前后表面层的 ATR-FTIR 谱图

苯环的特征吸收峰。两个谱图中最显著的区别是位于 3693 cm^{-1} 处的吸收峰在酸腐蚀后几乎完全消失，这表明复合材料表层中的 MH 分子已经被酸腐蚀掉了。与此同时，位于 3028 cm^{-1}、1652 cm^{-1}、1600 cm^{-1}、1076 cm^{-1}、752 cm^{-1} 和 693 cm^{-1} 处的与 HIPS 相关的吸收峰在酸腐蚀后均明显增强，表明腐蚀后的材料表面主要由 HIPS 组成，几乎不含有 MH 阻燃剂，因此腐蚀后材料表层的热稳定性急剧降低，更容易燃烧，这与上述热分析的实验结果是一致的。

图 8-15 为 HIPS/MH150 复合材料在浓度为 20wt%、温度为 80℃的 H$_2$SO$_4$ 溶液中腐蚀 3 h 前后表面形貌的 SEM 照片。从图中可见，酸腐蚀前复合材料的表面非常连续致密，腐蚀后的材料表面出现了许多尺寸大小不一的孔洞，连续性和致密性明显变差。表 8-5 给出了酸腐蚀前后材料表面组成的 EDS 数据。可以看出，腐蚀后复合材料表面 Mg 和 O 两种元素的含量急剧减小，C 元素的含量增加，同时出现了 S 元素，其含量（质量分数）达到了 7.3%。这是由于材料表面的 MH 与酸反应被腐蚀掉，导致 Mg 和 O 两种元素的含量减小，而 HIPS 本身具有优异的耐酸性，不会与酸反应，所以从整体上看，C 元素的含量增加。MH 与 H$_2$SO$_4$ 反应后生成的 MgSO$_4$ 易溶于水，本应该在水洗过程中完全去除，但是由于腐蚀后的材料表面有许多孔洞，一部分 MgSO$_4$ 可能残留在孔洞中，所以腐蚀后的材料表面有 S 元素存在。这些结果表明，酸腐蚀不仅改变了复合材料表面的化学组成，而且使材料表面变得粗糙多孔。毫无疑问，这会对材料的阻燃性能产生负面影响。

 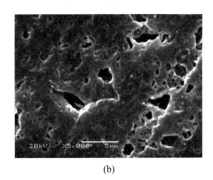

(a)　　　　　　　　　　　　　(b)

图 8-15　HIPS/MH150 复合材料酸腐蚀前后表面形貌的 SEM 照片

（a）腐蚀前；（b）腐蚀后

表 8-5　HIPS/MH150 复合材料酸腐蚀前后表面组成的 EDS 数据

材料名称	元素质量分数/%			
	C	O	Mg	S
HIPS/MH150	78.1	11.2	10.7	0
酸腐蚀 HIPS/MH150	86.7	3.2	2.8	7.3

图 8-16 为上述两种复合材料在火焰中燃烧 30 s 后表面形貌的 SEM 照片。可见,未腐蚀的 HIPS/MH150 复合材料在火焰中燃烧后表面仅出现少量细小的裂纹,相当连续致密,腐蚀后的复合材料表面为类似蜂窝状结构,有许多孔洞,连续性和致密性很差,与腐蚀前的形态形成了鲜明对比。显然,这种疏松多孔的结构无法在材料表面形成有效的防火屏障,燃烧过程中火焰区的热量能够很容易地进入材料内部引起聚合物分解,聚合物分解产生的可燃性气体可以顺利逸出为火焰提供燃料。因此,腐蚀后的复合材料的阻燃性能显著降低。

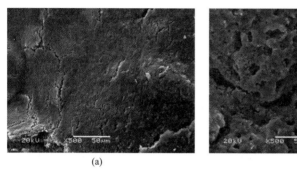

(a)　　　　　　　　　　　　　(b)

图 8-16　不同复合材料在火焰中燃烧 30 s 后表面形貌的 SEM 照片
(a) HIPS/MH150;(b) 酸腐蚀 HIPS/MH150

从本节的讨论可总结为,水/酸腐蚀均会大幅度降低 HIPS/MH 复合材料的阻燃性能,但水腐蚀的溶解作用明显小于酸腐蚀的化学反应作用。随着腐蚀时间延长和温度提高,复合材料的极限氧指数和 UL-94 VBT 垂直燃烧等级均下降,腐蚀进行到一定程度后材料的阻燃性能不再下降。水/酸腐蚀后的复合材料表面的 MH 含量显著降低,材料表层主要由 HIPS 组成,热稳定性变差,在高温下更容易分解产生小分子可燃气体,更容易燃烧。腐蚀到一定程度后,材料表面层的 MH 几乎完全被腐蚀掉,而复合材料内部的 MH 由于 HIPS 基体的保护不会被腐蚀,因此阻燃性能不会继续下降。复合材料经过水/酸腐蚀后表面变得粗糙不平,连续性和致密性明显变差,在火焰作用下形成疏松多孔的蜂窝状结构,无法形成有效的防火屏障,导致阻燃性能显著降低。本工作为研究开发耐化学腐蚀阻燃复合材料提供了科学基础。

8.3　耐水/酸腐蚀的 HIPS/MH/MRP 阻燃复合材料

为方便起见,表 8-6 列出了本节用到的一系列 HIPS/MH/MRP 阻燃复合材料的编号和配方组成。

表 8-6　不同 HIPS/MH/MRP 阻燃复合材料的名称与组成

材料名称	HIPS/MH/MRP 质量比	MRP 质量分数/%
HIPS/MH130	100/130	0
HIPS/MH120/MRP10	100/120/10	4.3
HIPS/MH110/MRP20	100/110/20	8.7
HIPS/MH100/MRP30	100/100/30	13.0
HIPS/MH90/MRP40	100/90/40	17.4

8.3.1　HIPS/MH/MRP 复合材料的阻燃性能

图 8-17 为聚合物和阻燃剂质量比固定为 100/130 时 MRP 用量对 HIPS/MH/MRP 复合材料 LOI 和 UL-94 VBT 的影响。可见，随 MRP 含量增多，复合材料的 LOI 逐渐变大，当 MRP 用量（质量分数）增加到 13.0%时，复合材料的 LOI 达到峰值，此后继续增加 MRP 用量时复合材料的 LOI 反而降低。MRP 含量在 0~13.0%范围时，复合材料的 UL-94 VBT 等级均为 V-0 级别，MRP 含量超过 13.0%后，UL-94 VBT 等级变为 V-1 级别。该结果表明，适量引入 MRP 可以提高复合材料的阻燃性能，过量的 MRP 反而会使材料的阻燃性能有所降低。鉴于 MRP 含量为 13.0%时，复合材料的阻燃性能最佳，所以选择 HIPS/MH100/MH30 体系进行锥形量热仪量热和耐腐蚀性能测试。

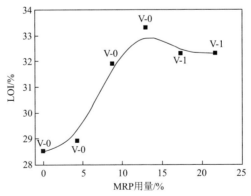

图 8-17　聚合物和阻燃剂质量比固定为 100/130 时，MRP 用量对 HIPS/MH/MRP 复合材料
LOI 和 UL-94 VBT 垂直燃烧性能的影响

图 8-18 给出了阻燃剂含量相同的两种不同复合材料的 HRR 和 THR 曲线。表 8-7 列出了几种不同材料的燃烧性能实验数据。结合图 8-18（a）和表 8-7 可以看出，与 HIPS/MH130 复合材料相比，HIPS/MH100/MRP30 复合材料的引燃时间明

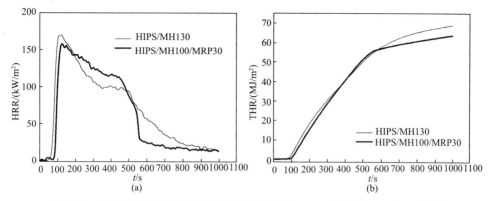

图 8-18　阻燃剂含量相同的两种不同复合材料的 HRR（a）和 THR（b）曲线

表 8-7　几种不同材料的燃烧性能实验结果

测试参数	HIPS	HIPS/MH130	HIPS/MH100/MRP30
TTI/s	63	62	81
PHRR/(kW/m²)	738	170	158
AHRR/(kW/m²)	280	73	70
AMLR/(10^{-3} g/s)	73	37	27
THR/(MJ/m²)	119	69	63
AEHC/(MJ/kg)	34	14	23
TSR/(m²/m²)	5112	1655	3459
FPI/(10^{-3} s·m²/kW)	85	300	544
燃烧残余率/wt%	1.9	48.7	45.6
LOI/%	18.1	28.5	33.3
UL-94 VBT	无级别	V-0	V-0

注：TTI，引燃时间；PHRR，热释放速率峰值；AHRR，热释放速率平均值；AMLR，平均质量损失速率；THR，总释放热量；AEHC，平均有效燃烧热；TSR，总释放烟量；FPI，火灾性能指数；LOI，极限氧指数；UL-94 VBT，垂直燃烧等级

显延长，表明该复合材料在热辐射作用下更加难以被点燃。两种复合材料在引燃后的 HRR 均迅速增加到峰值，HIPS/MH130 复合材料的 PHRR 为 170 kW/m²，添加了少量 MRP 后复合材料的 PHRR 降为 158 kW/m²，在燃烧过程中大部分时间内 HIPS/MH100/MRP30 复合材料的 HRR 低于 HIPS/MH130 复合材料的相应值。从图 8-18（b）可以看出，在 560 s 之前两种复合材料的 THR 变化趋势一致且相差不大，但 560 s 后添加了 MRP 的复合材料的 THR 增长速率明显小于只加入了 MH 的复合材料，结合表 8-7 可以看出，整个测试过程中两者的 THR 分别为 63 MJ/m²

和 69 MJ/m², 热释放速率平均值由 73 kW/m² 降低到 70 kW/m², 平均质量损失速率由 37×10⁻³ g/s 降低到 27×10⁻³ g/s。从 LOI 的数据来看, 保持阻燃剂总量不变, 用 13% 的 MRP 代替 MH 可使复合材料的 LOI 从 28.5% 迅速增加到 33.3%, 同时复合材料可保持 V-0 级。从火灾性能指数（FPI）数据来看, HIPS/MH100/MRP30 复合材料的 FPI 是 HIPS/MH130 复合材料的 1.8 倍。这些实验结果清楚地表明, 与 HIPS/MH130 复合材料相比, HIPS/MH100/MRP30 复合材料更加难以引燃, 在燃烧过程中热量释放速率更慢, 释放的热量更少, LOI 显著增大, 阻燃性能大幅度提高, 因此 MH 和 MRP 之间有非常显著的协同阻燃效应。

从表 8-7 还可以看出, 引入 MRP 后, HIPS/MH130 复合材料的总释放烟量增加了一倍, 不过相比于纯 HIPS 的发烟量仍有大幅降低, 表明该复合材料仍具有较好的抑烟效果。总的来看, 添加适量 MRP 可极大地提高 HIPS/MH 复合材料的阻燃性能, 同时该复合材料还具有较好的抑烟性能。

8.3.2 HIPS/MH/MRP 阻燃复合材料的耐水腐蚀性能

图 8-19 为水腐蚀时间对两种不同复合材料 LOI 和 UL-94 VBT 性能的影响。可以看出, 在聚合物与阻燃剂质量比固定为 100/130 时, 随着水腐蚀时间延长, 两种复合材料的 LOI 均逐渐减小, 未添加 MRP 的复合材料的 LOI 在水腐蚀时间超过 15 h 后基本不再变化, 而添加了 MRP 的复合材料的 LOI 始终远远大于前者, 并且在水腐蚀时间为 10 h 时其 LOI 就不再下降了。水腐蚀前两种复合材料的 UL-94 VBT 等级均为 V-0 级, 未添加 MRP 的复合材料在 80℃的水中腐蚀 5 h 后降低到 V-1 级别, 水腐蚀时间达到 10 h 时就变得没有任何级别了, 而添加 MRP

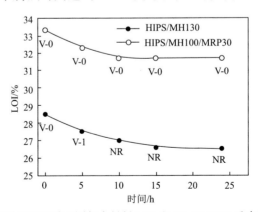

图 8-19　水腐蚀时间对两种不同复合材料 LOI 和 UL-94 VBT 垂直燃烧性能的影响

水腐蚀温度为 80℃

的复合材料在 80℃的水中腐蚀 24 h 后 UL-94 VBT 等级仍保持在 V-0 级别。这些结果表明，在 HIPS/MH 复合材料中引入适量 MRP 能够显著降低水腐蚀对复合材料 LOI 和 UL-94 VBT 性能的影响，提高复合材料的耐水腐蚀性能。

8.3.3　HIPS/MH/MRP 阻燃复合材料的耐酸腐蚀性能

图 8-20 为 50℃条件下酸腐蚀时间对两种不同复合材料 LOI 和 UL-94 VBT 性能的影响。从图中可见，未处理时 HIPS/MH130 和 HIPS/MH100/MPR30 复合材料的 UL-94 VBT 等级均为 V-0 级，在 20wt% H_2SO_4 作用下，HIPS/MH130 复合材料 1 h 后就变得没有级别了，同时 LOI 大幅降低，腐蚀时间延长到 12 h 时其 LOI 仍有下降趋势，显示该复合材料的耐酸性能极差。与此相比，HIPS/MH100/MRP30 复合材料的 UL-94 VBT 等级在酸腐蚀 12 h 后依然是 V-0 级，LOI 也远远大于前者的相应值，且在酸腐蚀时间达到 3 h 后就基本不再降低，二者差距十分明显。以上结果表明，HIPS/MH100/MRP30 复合材料的耐酸性能明显优于 HIPS/MH130 复合材料，因此在 HIPS/MH 复合材料中引入适量 MRP 能够大幅提高复合材料的耐酸性，增强 HIPS/MH 阻燃复合材料在酸性环境中的使用稳定性。

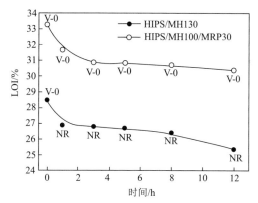

图 8-20　酸腐蚀时间对两种不同复合材料 LOI 和 UL-94 垂直燃烧性能的影响
酸腐蚀条件：20wt% H_2SO_4，50℃

图 8-21 给出了酸腐蚀温度对两种不同复合材料 LOI 和 UL-94 VBT 性能的影响。采用 20wt%的 H_2SO_4 腐蚀 1 h 时，随着酸腐蚀温度升高，两种复合材料的 LOI 均有少量下降，但 HIPS/MH100/MRP30 复合材料的 LOI 始终远远大于 HIPS/MH130 复合材料的相应值。HIPS/MH130 复合材料在 0℃的 H_2SO_4 溶液中腐蚀 1 h 后，UL-94 VBT 等级就从 V-0 级下降到没有级别了，而 HIPS/MH100/MRP30 复合材料在酸腐蚀温度升高到 80℃时还能保持在 V-0 级。由此可见，HIPS/MH150

复合材料对酸腐蚀温度比较敏感，引入 MRP 后复合材料可以有效抵抗热强酸的腐蚀作用。

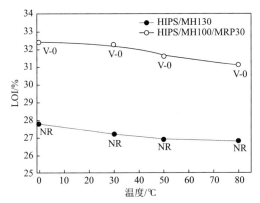

图 8-21 酸腐蚀温度对两种不同复合材料 LOI 和 UL-94 垂直燃烧性能的影响

酸腐蚀条件：20wt% H_2SO_4，1 h

为进一步了解 HIPS/MH/MRP 复合材料的耐酸性能，图 8-22 给出了 HIPS/MH100/MRP30 阻燃复合材料的长期耐酸腐蚀实验结果。从图中可见，在浓度为 20wt%、温度为 80℃ 的 H_2SO_4 腐蚀下，HIPS/MH100/MRP30 复合材料的 LOI 在前 5 d 迅速降低，腐蚀时间到 10 d 后 LOI 下降幅度趋于平缓，当时间达到 30 d 时，复合材料的 LOI 仍能达到 26.5%，UL-94 VBT 等级同样保持在 V-0 级。该结果表明 HIPS/MH/MRP 复合材料具有极其优异的耐酸腐蚀性能，可以在苛刻的酸性环境下长期使用，从而有效地解决了含有 MH 的阻燃材料耐酸性差的问题。

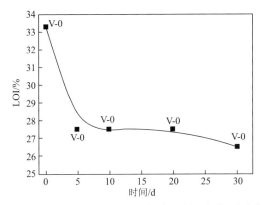

图 8-22 HIPS/MH100/MRP30 阻燃复合材料的长期耐酸腐蚀性能

酸腐蚀条件：20wt% H_2SO_4，80℃

8.4   耐水/酸腐蚀的 HIPS/MH/EG 阻燃复合材料

8.4.1   EG 对 HIPS/MH 复合材料燃烧性能的影响

保持聚合物与阻燃剂的质量比为 100/130 不变，改变 MH 与 EG 的相对含量，制备了一系列 HIPS/MH/EG 阻燃复合材料，表 8-8 列出了复合材料的名称和配方组成，图 8-23 给出了 HIPS/MH/EG 复合材料的 LOI 和 UL-94 VBT 垂直燃烧性能随着 EG 含量的变化曲线。从图中可见，随着少量 EG 的加入，HIPS/MH 复合材料的 LOI 和 UL-94 VBT 级别均有所降低，这是由于 EG 含量过少时在燃烧过程中不能形成连续的膨胀炭层，反而破坏了 MH 本身的阻燃作用。随着 EG 含量增加，复合材料的阻燃性能开始迅速提高，在 EG 含量（质量分数）达到 8.7% 时，含有 EG 的复合材料的 LOI 已超过未添加 EG 的复合材料，此时 UL-94 VBT 等级同样达到 V-0 级。进一步增加 EG 含量，复合材料的 LOI 在 EG 含量为 13.0% 时达到峰值，之后继续增加 EG 含量，复合材料的 LOI 反而有所下降，在此阶段 UL-94 VBT 等级始终为 V-0 级。该结果表明，加入适量 EG 可以显著提高 HIPS/MH 复合材料的阻燃性能，起到明显的阻燃增效作用。考虑到加入过少 EG 不能起到有效的协同阻燃作用，加入过多 EG 并不能继续提高材料的阻燃性能，因此选择 HIPS/MH110/EG20 和 HIPS/MH100/EG30 两种复合材料作为研究对象。

表 8-8   不同 HIPS/MH/EG 阻燃复合材料的名称与组成

材料名称	HIPS/MH/EG 质量比	EG 质量分数/%
HIPS/MH130	100/130	0
HIPS/MH120/EG10	100/120/10	4.3
HIPS/MH110/EG20	100/110/20	8.7
HIPS/MH100/EG30	100/100/30	13.0
HIPS/MH90/EG40	100/90/40	17.4

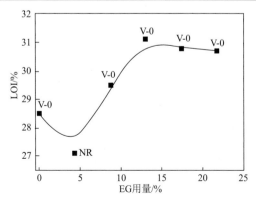

图 8-23   EG 用量对 HIPS/MH 复合材料 LOI 和 UL-94 垂直燃烧性能的影响

图 8-24 为几种不同 HIPS/MH/EG 材料的热释放速率和总释放热量曲线，表 8-9 列出了这些材料在锥形量热仪、LOI 和 UL-94 VBT 测试中的实验结果。从图 8-24（a）和表 8-9 可见，在 HIPS/MH 中添加 EG 后得到的复合材料引燃时间更短，这表明 MH 含量的降低缩短了引燃时间。三种复合材料在引燃后均迅速达到热释放速率峰值（PHRR），未添加 EG 复合材料的 PHRR 为 161 kW/m²，在 700 s 左右出现第二个 HRR 峰值，这表明 HIPS/MH 复合材料在燃烧过程中形成的残余物不够稳定，在热量和聚合物分解产生的气体的压力下出现了破裂。添加 EG 的两种复合材料的 PHRR 分别为 122 kW/m² 和 104 kW/m²，远低于未添加 EG 复合材料的数值，表明 EG 受热膨胀后形成的膨胀炭层有效地阻止了热量传递，抑制了 HIPS 基体的分解和燃烧。在整个燃烧过程中，含有 EG 的两种复合材料的 HRR 曲线在达到峰值后呈平缓下降趋势，没有双峰出现，两种复合材料的 HRR 数值远远小于 HIPS/MH130 复合材料的相应值。这些结果表明，加入 EG 后形成的膨胀炭层十分稳定，在燃烧过程中没有被破坏，能够始终起到有效的防火屏障作用。另外，保持阻燃剂总量不变，用适量 EG 代替 MH 后能够显著提高复合材料的 LOI，同时保持 V-0 级，起到了明显的阻燃增效作用。

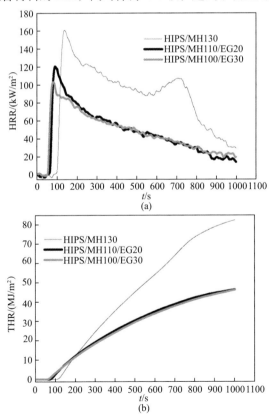

图 8-24　几种不同材料的 HRR（a）和 THR（b）曲线

表 8-9　几种不同材料的锥形量热仪测试数据

测试参数	HIPS	HIPS/MH130	HIPS/MH110/EG20	HIPS/MH100/EG30
TTI/s	63	102	67	58
PHRR/（kW/m²）	738	161	122	104
AHRR/（kW/m²）	280	92	50	49
AMLR/（10^{-3} g/s）	73	34	18	18
THR/（MJ/m²）	119	82	46	46
AEHC/（MJ/kg）	34	24	25	25
TSR/（m²/m²）	5112	2644	465	321
FPI/（10^{-3} s·m²/kW）	85	634	549	558
残余率/%	1.9	46.0	65.6	67.1
LOI/%	18.1	28.5	29.5	31.1
UL-94 VBT	无级别	V-0	V-0	V-0

注：TTI，引燃时间；PHRR，热释放速率峰值；AHRR，热释放速率平均值；AMLR，平均质量损失速率；THR，总释放热量；AEHC，平均有效燃烧热；TSR，总释放烟量；FPI，火灾性能指数；LOI，极限氧指数；UL-94 VBT，垂直燃烧等级

由图 8-24（b）和表 8-9 中的数据可以看出，加入 EG 的两种复合材料的 THR 在燃烧的大部分时间内均远远小于 HIPS/MH130 复合材料的相应值。燃烧结束时，两种含有 EG 的复合材料的 THR 均为 46 MJ/m²，而阻燃剂含量相同的 HIPS/MH130 复合材料的 THR 为 82 MJ/m²，前两者比后者降低了 44%，表明加入 EG 后的复合材料在燃烧时的热量释放显著减少。显然，这对材料的阻燃是非常有利的。另外，从表 8-9 还可看出，尽管加入 EG 后的复合材料的阻燃性能比 HIPS/MH 显著提高，但是这些材料的平均有效燃烧热（AEHC）数值完全相同，这清楚地表明，HIPS/MH/EG 复合材料阻燃性能的提高是由凝聚相的变化造成的，因此膨胀炭层的形成对复合材料阻燃性能的提高起到了非常重要的作用。

图 8-25 为几种不同材料的生烟速率和总释放烟量曲线。图 8-25（a）与图 8-24（a）的曲线非常相似，未添加 EG 的复合材料 SPR 远大于添加 EG 的复合材料且出现了双峰。同样，从图 8-25（b）可见，加入 EG 后得到的复合材料的 TSR 远远小于 HIPS/MH 复合材料的相应值。显然，聚合物在燃烧过程中的烟释放与热释放密切相关。这些结果表明，加入适量 EG 不仅提高了 HIPS/MH 复合材料的阻燃性能，而且起到了有效的抑烟作用。

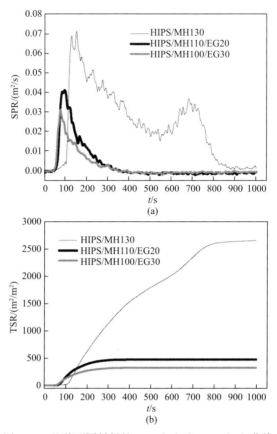

图 8-25　几种不同材料的 SPR（a）和 TSR（b）曲线

图 8-26 为几种不同组成的复合材料在锥形量热仪测试中的质量损失曲线，结合表 8-9 中的数据可以看出，不含 EG 的 HIPS/MH130 复合材料在锥形量热仪测试中质量损失最快，平均质量损失速率为 34×10^{-3} g/s，燃烧后残余率为 46.0%。保持聚合物与阻燃剂质量比为 100/130 不变，在 HIPS/MH 复合材料中分别引入 8.7% 和 13.0% EG 后得到的两种含有 EG 的复合材料的质量损失速率曲线基本重合，平均质量损失速率均为 18×10^{-3} g/s，相比于未添加 EG 的复合材料大幅降低，燃烧后的质量残余率分别为 65.6% 和 67.1%，相比于未添加 EG 时提高了 19.6% 和 21.1%。由此可见，EG 的引入明显增强了复合材料在高温下的热稳定性，显著降低了复合材料在燃烧过程中的质量损失，与 MH 表现出良好的协同阻燃作用，从而提高了 HIPS/MH 复合材料的阻燃性能。

图 8-27 为阻燃剂含量相同的三种复合材料在氮气气氛中的 TGA 和 DTG 曲线。从图 8-27（a）可见，三种复合材料的 TGA 曲线在温度低于 336℃时完全重合在一起，温度超过 336℃后，含有 EG 的两种复合材料首先开始分解且曲线完全

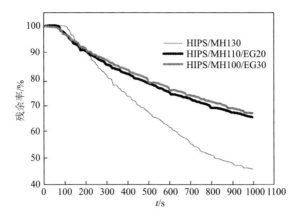

图 8-26　几种不同组成的复合材料在锥形量热仪测试中的质量损失曲线

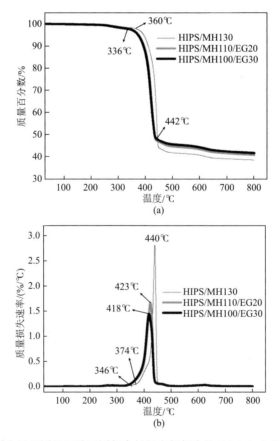

图 8-27　阻燃剂含量相同的三种不同复合材料在氮气中的 TGA（a）和 DTG（b）曲线

重合，此温度与 EG 插层物浓硫酸的沸腾温度相一致，表明 EG 在此时开始膨胀。温度达到 360℃时，未添加 EG 的复合材料开始快速分解。温度达到 442℃时，含有 EG 的两种复合材料热失重基本结束，而不含 EG 的复合材料继续快速分解，后者的热分解残余率明显低于前者。从图 8-27（b）中可以看出，两种含 EG 的复合材料质量损失速率曲线基本重合，在温度达到 346℃以后质量损失速率开始大于未添加 EG 的复合材料，HIPS/MH100/EG30 复合材料在 418℃时质量损失速率达到峰值，温度升高到 423℃时，HIPS/MH110/EG20 复合材料的质量损失速率达到峰值，两者峰值较为接近。HIPS/MH130 复合材料的质量损失速率峰值在 440℃，且质量损失速率远远大于添加 EG 的两种复合材料的质量损失速率。由此可知，EG 的分解温度低于 HIPS 和 MH 的分解温度，在 HIPS/MH 复合材料中引入适量 EG 可以有效地降低复合材料的热分解速率峰值，增加热分解残余率，减少可燃性气体的生成，从而有利于改善材料的阻燃性能。

8.4.2　HIPS/MH/EG 阻燃复合材料的电学性能

　　由于 EG 是一种良好的导电材料，而 HIPS 常被用作绝缘材料，EG 的引入势必会对 HIPS/MH 复合材料的电学性能产生某些影响。表 8-10 中列出了 EG 含量（质量分数）不同的 HIPS/MH/EG 阻燃复合材料体积电阻率（ρ_v）的实验结果。可以看出，引入少量 EG 并不会降低复合材料的电绝缘性能。EG 含量为 8.7%时，复合材料的 ρ_v 达到最大值 1.8×10^{15} Ω·cm，之后随着 EG 含量增加，阻燃材料的 ρ_v 开始逐渐下降，EG 含量为 13.0%时，复合材料的 ρ_v 值仍能达到 2.3×10^{13} Ω·cm，此时材料仍有良好的绝缘性能。EG 含量继续增大时，复合材料的 ρ_v 开始急剧下降。当 EG 含量达到 17.4%时，复合材料的 ρ_v 迅速降低到 2.0×10^7 Ω·cm，此时材料已经变成导电材料。结合图 8-23 和表 8-9 中的锥形量热仪、LOI 和 UL-94 VBT 的实验数据以及电学性能的实验结果，发现 HIPS/MH110/EG20 复合材料同时兼具良好的阻燃、抑烟和电绝缘性能，因此选择这种材料进行耐化学腐蚀性能分析。

表 8-10　不同复合材料的体积电阻率数据

序号	材料名称	EG 含量/%	体积电阻率/（Ω·cm）
1	HIPS/MH130	0	8.7×10^{13}
2	HIPS/MH120/EG10	4.3	1.7×10^{15}
3	HIPS/MH110/EG20	8.7	1.8×10^{15}
4	HIPS/MH100/EG30	13.0	2.3×10^{13}
5	HIPS/MH90/EG40	17.4	2.0×10^7

8.4.3　HIPS/MH/EG 阻燃复合材料的耐水/酸腐蚀性能

图 8-28 为阻燃剂含量相同的两种不同组成的复合材料的 LOI 和 UL-94 VBT 等级随着水腐蚀时间的变化曲线。从图中可以看出，在聚合物基体与阻燃剂质量比固定为 100/130 时，HIPS/MH130 复合材料的 LOI 随着水处理时间延长而明显减小，水腐蚀时间达到 24 h 后，LOI 基本不再变化。复合材料腐蚀前的 UL-94 VBT 等级为 V-0 级，在 80℃水中腐蚀 5 h 后下降到 V-1 级别，腐蚀时间延长到 10 h 就变得没有任何级别了。相比之下，HIPS/MH110/EG20 复合材料的 LOI 远远高于前者且基本没有降低，UL-94 VBT 等级始终为 V-0 级别。这些结果表明，引入适量 EG 不仅显著提高了 HIPS/MH 复合材料的阻燃和抑烟性能，而且大幅度改善了复合材料的耐水腐蚀性能，从而使阻燃材料可以在潮湿或雨淋的环境中长期使用。

图 8-29 给出了上述两种不同复合材料的 LOI 和 UL-94 VBT 等级随着酸腐蚀

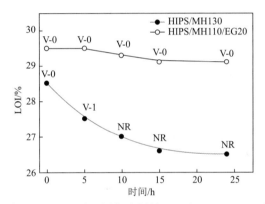

图 8-28　水腐蚀时间对两种不同复合材料 LOI 和 UL-94 VBT 等级的影响

水腐蚀温度为 80℃

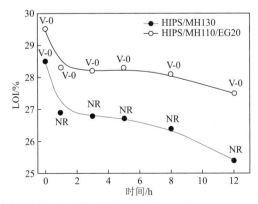

图 8-29　酸腐蚀时间对两种不同复合材料 LOI 和 UL-94 VBT 等级的影响

酸腐蚀条件：20wt% H_2SO_4，50℃

时间的变化曲线。可见，在 50℃、20wt%硫酸腐蚀条件下，HIPS/MH130 复合材料的 LOI 随着酸腐蚀时间延长先是快速减小，之后下降速度放缓。在腐蚀时间为 1 h时，复合材料的 UL-94 VBT 等级就从 V-0 级变得没有级别了。HIPS/MH110/EG20复合材料的 LOI 远远大于未添加 EG 的复合材料的 LOI 数值，并且在相同酸腐蚀条件下下降幅度较小，同时其 UL-94 VBT 等级始终为 V-0 级，表现出良好的耐酸腐蚀性能，这与 HIPS/MH 复合材料形成了鲜明对比。

图 8-30 为上述两种不同复合材料的 LOI 和 UL-94 VBT 等级随着酸腐蚀温度的变化曲线。可以看出，在其他条件完全相同时，随着酸腐蚀温度升高，HIPS/MH130 和 HIPS/MH110/EG20 复合材料的 LOI 值均逐渐降低。把HIPS/MH130 复合材料在温度为 0℃、20wt%的硫酸中腐蚀 1 h，其 UL-94 VBT 等级就从 V-0 级变得没有任何级别了。对比腐蚀前后的 LOI 可以看出，HIPS/MH130复合材料在 80℃的酸溶液中腐蚀 1 h 后 LOI 由 27.8%下降到 26.7%，下降幅度非常大。在相同条件下，HIPS/MH110/EG20 复合材料的 LOI 在酸腐蚀前后始终明显高于 HIPS/MH130 复合材料的相应值，并且随着酸腐蚀的温度升高，LOI 的下降幅度明显小于前者。从 UL-94 VBT 垂直燃烧等级来看，即使受到 80℃的热强酸腐蚀 1 h ，HIPS/MH110/EG20 复合材料仍能保持 V-0 级别。由此可见，在 HIPS/MH复合材料中引入适量 EG 对材料的耐酸性能有非常明显的增强作用。

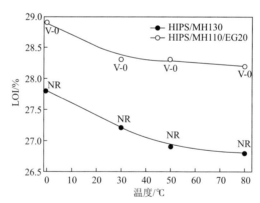

图 8-30　酸腐蚀温度对两种不同复合材料 LOI 和 UL-94 VBT 等级的影响
酸腐蚀条件：20wt% H_2SO_4，1 h

为进一步深入了解 HIPS/MH110/EG20 阻燃复合材料的耐化学腐蚀性能，把该复合材料在温度为 80℃、20wt%的热硫酸中连续腐蚀一个月，测试了复合材料阻燃性能的变化，相关实验结果如图 8-31 所示。从图中可见，即使在苛刻的腐蚀条件下长时间进行腐蚀，HIPS/MH110/EG20 复合材料的 LOI 始终为 28.0%左右，UL-94 VBT 等级始终为 V-0 级，表现出极其优异的耐化学腐蚀性能。结合图 8-28的结果可以得出以下结论，适量 EG 的存在可极大地增强 HIPS/MH 复合材料的耐水/酸腐蚀性能，扩大阻燃材料的应用范围。

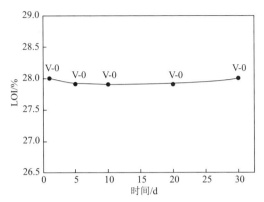

图 8-31　HIPS/MH110/EG20 阻燃复合材料的长期耐酸腐蚀性能

酸腐蚀条件：20wt% H_2SO_4，80℃

8.4.4　复合材料微观形貌分析

图 8-32 为阻燃剂含量相同的 HIPS/MH130 和 HIPS/MH110/EG20 两种不同复合材料受到火焰作用 30 s 后表面形貌的 SEM 照片。可以看出，引入 EG 前后复合材料在火焰作用 30 s 后表面形貌存在明显差别。从图 8-32（a）可见，HIPS/MH130 复合材料受到火焰作用后表面变得比较粗糙，出现许多较大尺寸的孔洞。这种疏松多孔的结构无法阻止复合材料内部聚合物分解产生的小分子可燃气体逸出到火焰区，也难以阻止热量和氧气向材料内部传递和扩散。显然，这种对材料的阻燃是十分不利的。如图 8-32（b）所示，与 HIPS/MH130 复合材料相比，HIPS/MH110/EG20 复合材料表面布满了蠕虫状的膨胀炭层，材料表面连续致密，组成均匀，没有孔洞和裂纹存在。由于膨胀炭层是一种良好的绝热层，可阻止热量向复合材料内部传递，延

(a)　　　　　　　　　　　　　　　　(b)

图 8-32　阻燃剂含量相同的两种不同复合材料受到火焰作用 30 s 后表面形貌的 SEM 照片

（a）HIPS/MH130；（b）HIPS/MH110/EG20

缓和终止聚合物的分解，也可抑制聚合物分解产生的小分子气体向外迁移，起到了有效的防火屏障作用，因此加入适量 EG 能够极大地提高材料的阻燃性能。

图 8-33 为两种经过酸腐蚀的复合材料受到火焰作用 30 s 后表面形貌的 SEM 照片。从图 8-33（a）可见，酸腐蚀后的 HIPS/MH130 复合材料在火焰作用下表面呈现蜂窝状结构，有许多孔洞和大尺寸裂纹。显然，这种疏松和开裂的表面结构会使更多热量传递到材料内部促进聚合物分解，同时小分子可燃气体也更容易迁移到材料表面，加剧材料的燃烧，从而使复合材料的阻燃性能大幅度下降。结合图 8-33（b）和图 8-32（b）可以发现，HIPS/MH110/EG20 复合材料酸腐蚀前后在火焰作用下均能形成蠕虫状的膨胀炭层，覆盖在材料表面形成防火屏障，有效阻止热量传递，抑制聚合物的分解。由此可见，EG 的引入可极大地提高 HIPS/MH 阻燃复合材料的耐化学腐蚀性能。

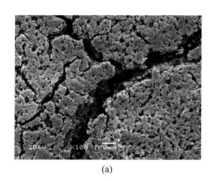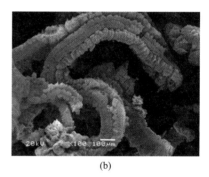

(a)　　　　　　　　　　　　　　(b)

图 8-33　两种经过酸腐蚀的复合材料受到火焰作用 30 s 后表面形貌的 SEM 照片
（a）HIPS/MH130；（b）HIPS/MH110/EG20

表 8-11 列出了两种经过酸腐蚀的复合材料在火焰中燃烧 30 s 后表面元素组成的 EDS 数据。可以看出，酸腐蚀后的两种复合材料表面均含有微量 S 元素，这可能是复合材料表面被腐蚀破坏后有少量 $MgSO_4$ 渗入到复合材料表面生成的孔洞中没有被完全洗涤除掉所致。对比表 8-11 中两种复合材料表面的元素组成发现，引入 EG 后材料表面的 Mg、O 元素含量大幅降低，而 C 元素含量大幅提升。这是由于加入 EG 后的复合材料表面 MH 的含量降低，经过硫酸腐蚀后表面 MH 的含量进一步降低，表面剩余的物质主要是石墨和聚合物，受到火焰作用后石墨发生膨胀，因此材料表面几乎完全由膨胀石墨组成，这与图 8-33 的结果是一致的。

表 8-11　两种经过酸腐蚀的复合材料在火焰中燃烧 30 s 后表面元素组成的 EDS 数据

材料名称	元素质量分数/%			
	C	O	Mg	S
HIPS/MH150	66.5	13.0	18.8	1.7
HIPS/MH110/EG20	86.8	7.8	3.9	1.5

参 考 文 献

[1]涂永杰, 周达飞. 阻燃剂复配技术在高分子材料中的应用[J]. 现代塑料加工应用, 1997, 9(2): 43-46.

[2]于永忠, 吴启鸿. 阻燃材料手册[M]. 北京: 群众出版社, 1990: 43.

[3]李建军, 欧育湘. 阻燃理论[M]. 北京: 科学出版社, 2013: 33-34.

[4]Kaspersma J, Doumen C, Munro S, et al. Fire retardant mechanism of aliphatic bromine compounds in polystyrene and polypropylene[J]. Polymer Degradation and Stability, 2002, 77(2): 325-331.

[5]王文广, 田雁晨. 塑料配方设计[M]. 2版. 北京: 化学工业出版社, 2004: 245.

[6]马雅琳, 王标兵, 胡国胜. 阻燃剂及其阻燃机理的研究现状[J]. 材料导报, 2006, 20(S1): 392-395.

[7]井蒙蒙, 刘继纯, 刘翠云, 等. 高分子材料的阻燃方法[J]. 中国塑料, 2012, 26(2): 13-19.

[8]周亚东. 高分子材料阻燃改性研究进展[J]. 广州化工, 2013, 41(3): 18-20.

[9]刘春静, 晏鸿, 高向华, 等. 添加型阻燃剂在 HIPS 中的应用研究进展[J]. 塑料科技, 2013, 41(11): 96-101.

[10]朱磊, 张翔. 改性氢氧化镁阻燃剂对聚丙烯的性能影响研究[J]. 消防技术与产品信息, 2009(7): 4l-43.

[11]白梅. 塑料中无机阻燃剂的研究进展[J]. 精细与专用化学品, 2011, 19(11): 23-25.

[12]Lu S Y, Hamerton I. Recent developments in the chemistry of halogen-free flame retardant polymers[J]. Progress in Polymer Science, 2002, 27(8): 1661-1712.

[13]Wharton R K. The performance of various testing columns in small-scale horizontal burning studies[J]. Fire and Materials, 1984, 8(4): 177-182.

[14]徐桂琴. 对聚合物氧指数测试值影响因素的研究[J]. 石化技术, 1999, 6(1): 30-33.

[15]中国石油和化学工业协会. 塑料 燃烧性能的测定 水平法和垂直法: GB/T 2408—2008[S]. 北京: 中国石油和化学工业协会, 2010.

[16]Levchik S V, Bright D A, Alessio G R, et al. Synergistic action between arylphosphates and phenolic resin in PBT[J]. Polymer Degradation and Stability, 2002, 77(2): 267-272.

[17]李斌, 王建棋. 聚合物材料燃烧性和阻燃性的评价——锥形量热仪(Cone)法[J]. 高分子材料科学与工程, 1998, 14(5): 15-19.

[18]Zhao Q, Zhang H Q, Quan H, et al. Flame retardancy of rice husk-filled high-density polyethylene ecocomposites[J]. Composites Science and Technology, 2009, 69(15): 2675-2681.

[19]Kashiwagia T, Harris Jr R H, Zhang X. Flame retardant mechanism of polyamide 6-clay nanocomposites[J]. Polymer, 2004, 45(3): 881-889.

[20]Shi Y, Kashiwagia T, Walters R N. Ethylene vinyl acetate/layered silicate nanocomposites prepared by a surfactant-free method: Enhanced flame retardant and mechanical properties[J].

Polymer, 2009, 50(15): 3478-3487.

[21]Austin P J, Buch R R, Kashiwagi T. Gasification of silicone fluids under external thermal radiation: PartⅠ. Gasification rate and global heat of gasification[J]. Fire and Materials, 1998, 22(6): 221-237.

[22]Zhan J, Song L, Nie S B, et al. Combustion properties and thermal degradation behavior of polylactide with an effective intumescent flame retardant[J]. Polymer Degradation and Stability, 2009, 94(3): 291-296.

[23]Isitman N A, Gunduz H O, Kaynak C. Nanoclay synergy in flame retarded/glass fibre reinforced polyamide 6[J]. Polymer Degradation and Stability, 2009, 94(12): 2241-2250.

[24]付梦月, 刘继纯, 李晴媛, 等. PS/OMMT 纳米复合材料的阻燃性能研究[J]. 中国塑料, 2008, 22(10): 20-23.

[25]Liu J C, Zhang Y B, Peng S G, et al. Fire property and charring behavior of high impact polystyrene containing expandable graphite and microencapsulated red phosphorus[J]. Polymer Degradation and Stability, 2015, 121: 261-270.

[26]Liu J C, Peng S G, Zhang Y B, et al. Influence of microencapsulated red phosphorus on the flame retardancy of high impact polystyrene/magnesium hydroxide composite and its mode of action[J]. Polymer Degradation and Stability, 2015, 121: 208-221.

[27]Morgan A B, Bundy M. Cone calorimeter analysis of UL-94 V-rated plastics[J]. Fire and Materials, 2006, 31(4): 257-283.

[28]Weil E D, Hirschler M M, Patel N G, et al. Oxygen index: Correlations to other fire tests[J]. Fire and Materials, 1992, 16(4): 159-167.

[29]刘继纯, 付梦月, 李晴媛, 等. 聚苯乙烯无卤阻燃研究进展[J]. 中国塑料, 2008, 22(6): 1-4.

[30]Laoutid F, Bonnaud L, Alexandre M, et al. New prospects in flame retardant polymer materials: From fundamentals to nanocomposites[J]. Materials Science and Engineering R, 2009, 63(3): 100-125.

[31]王正洲, 章斌, 孔清锋, 等. 阻燃剂微胶囊制备及在聚合物中的应用研究进展[J]. 高分子材料科学与工程, 2011, 27(12): 163-166.

[32]于娜娜, 陈东方, 秦兵杰, 等. 红磷阻燃剂微胶囊化研究进展[J]. 精细与专用化学品, 2013, 21(1): 51-54.

[33]李碧英, 张帆, 彭波. 白度化微胶囊红磷阻燃剂的制备及应用[J]. 塑料科技, 2007, 35(9): 100-104.

[34]贾娟花, 苑会林, 邵晶鑫. 聚苯乙烯的无卤阻燃研究[J]. 合成树脂及塑料, 2006, 23(2): 36-38.

[35]Robert H N, Parttywisian N. Poly(alky/arylphosphazenes) and their Precursors[J]. Chemical Reviews, 1988, 88(3): 541-562.

[36]张昌洪, 聂刚, 陈宁, 等. 一种磷腈化合物的合成及其PS无卤阻燃体系中的应用[J]. 中国塑料, 2004, 18(2): 80-85.

[37]祝飞. 聚磷腈/氢氧化镁协同阻燃聚丙烯的研究[J]. 中国安全科学学报, 2012, 22(7): 31-35.

[38]Lee K, Kim J, Bae J, et al. Studies on the thermal stabilization enhancement of ABS; synergistic effect by triphenyl phosphate and epoxy resin mixtures[J]. Polymer, 2002, 43(8): 2249-2253.

[39]Bourbigot S. 4A Zeolite synergistic agent in new flame retardant intumescent formulation of polyethylenic polymer—study of the effect of the constitutent monomers[J]. Polymer Degradation and Stability, 1996, 54(2): 275-287.

[40]Hsiue G H, Liu Y L, Tsiao J. Phosphorus-containing epoxy resins for flame retardancy V: Synergistic effect of phosphorus-silicon on flame retardancy[J]. Journal of Applied Polymer Science, 2000, 78(1): 1-7.

[41]Wang W J, Perng L H, Hsiue G H. Characterisation and properties of new silicon containing epoxy resin[J]. Polymer, 2000, 41(16): 6113-6122.

[42]贾修伟, 刘治国. 硅系阻燃剂研究进展[J]. 化工进展, 2003, 22(8): 818-822.

[43]Grand A, Wilkie C A. Fire Retardancy of Polymeric Materials[M]. New York Basel: Marcel Dekker Inc, 2000.

[44]周盾白, 贾德民, 黄险波. 有机硅/聚合物阻燃改性应用与研究进展[J]. 塑料科技, 2006, 6(34): 53-56.

[45]徐晓楠, 张健. 二氧化硅对膨胀型阻燃聚乙烯的性能影响研究[J]. 火灾科学, 2004, 13(3): 168-173.

[46]Morgan A B, Harris Jr R H, Kashiwagi T, et al. Flammability of polystyrene layered silicate (clay)nanocomposites: Carbonaceous char formation[J]. Fire and Materials, 2002, 26(6): 247-253.

[47]Liu J C, Fu M Y, Li Q Y, et al. Flame retardancy and charring behavior of polystyrene-organic montmorillonite nanocomposites[J]. Polymers for Advanced Technologies, 2013, 24(3): 273-281.

[48]刘继纯, 常海波, 李晴媛, 等. Mg(OH)$_2$/聚苯乙烯复合材料的阻燃机制[J]. 复合材料学报, 2012, 29(5): 32-40.

[49]Rothon R N, Hornsby P R. Flame retardant effects of magnesium hydroxide[J]. Polymer Degradation and Stability, 1996, 54(2-3): 383-385.

[50]Hornsby P R. The application of magnesium hydroxide as a fire retardant and smoke-suppressing additive for polymers[J]. Fire and Materials, 1994, 18(5): 269-276.

[51]刘继纯, 于卓立, 陈梁, 等. Mg(OH)$_2$-Al(OH)$_3$-微胶囊红磷/高抗冲聚苯乙烯无卤阻燃复合材料[J]. 复合材料学报, 2013, 30(4): 35-43.

[52]Liu S P, Ying J R, Zhou X P, et al. Core-shell magnesium hydroxide/polystyrene hybrid nanoparticles prepared by ultrasonic wave-assisted in-situ copolymerization[J]. Materials Letters, 2009, 63(11): 911-913.

[53]Yan H, Zhang X H, Wei L Q, et al. Hydrophobic magnesium hydroxide nanoparticles via oleic acid and poly(methyl methacrylate)-grafting surface modification[J]. Powder Technology, 2009, 193(2): 125-129.

[54]韩黎刚, 郭正虹, 方征平. 金属氢氧化物协效阻燃聚烯烃的研究进展[J]. 材料科学与工程学报, 2015, 33(6): 923-926.

[55]Liu J C, Yu Z L, Chang H B, et al. Thermal degradation behavior and fire performance of halogen-free flame-retardant high impact polystyrene containing magnesium hydroxide and microencapsulated red phosphorus[J]. Polymer Degradation and Stability, 2014, 103: 83-95.

[56]刘继纯, 陈权, 井蒙蒙, 等. PS/PPO合金的燃烧行为研究[J]. 塑料科技, 2011, 39(4): 47-50.

[57]王建祺, 等. 无卤阻燃聚合物基础与应用[M]. 北京: 科学出版社, 2013: 161-191.

[58]贾修伟. 纳米阻燃材料[M]. 北京: 化学工业出版社, 2008: 282-569.

[59]张军, 纪奎江, 夏延致. 聚合物燃烧与阻燃技术[M]. 北京: 化学工业出版社, 2005: 363-386.

[60]胡源, 宋磊, 等. 阻燃聚合物纳米复合材料[M]. 北京: 化学工业出版社, 2008: 115-181.

[61]Morgan A B, Wilkie C A. 阻燃聚合物纳米复合材料[M]. 欧育湘, 李建军, 叶南飚, 主译. 北京: 国防工业出版社, 2011: 56-70.

[62]Gilman J W. Flammability and thermal stability studies of polymer layered-silicate（clay）nanocomposites[J]. Applied Clay Science, 1999, 15（1-2）: 31-49.

[63]Yao H Y, Mckinney M A, Dick C. Crossing-Linking of polystyrene by Friedel-Crafts chemistry: Reaction of p-hydroxymethylbenzyl chloride with polystyrene[J]. Polymer Degradation and Stability, 2001, 72（3）: 399-405.

[64]Suzuki M, Wilkie C A. The thermal degradation of acrylonitrile-butadiene-styrene terpolymer grafted with methacrylic acid[J]. Polymer Degradation and Stability, 1995, 47（2）: 223-228.

[65]Price D, Bulletta K J, Cunliffea L K, et al. Cone calorimetry studies of polymer systems flame Retarded by chemically bonded phosphorus[J]. Polymer Degradation and Stability, 2005, 88（1）: 74-79.

[66]Cui W G, Guo F, Chen J F. Preparation and properties of flame retardant high impact polystyrene[J]. Fire Safety Journal, 2007, 42（3）: 232-239.

[67]Isitman N A, Kaynak C. Tailored flame retardancy via nanofiller dispersion state: Synergistic action between a conventional flame-retardant and nanoclay in high-impact polystyrene[J]. Polymer Degradation and Stability, 2010, 95（9）: 1759-1768.

[68]Lu H D, Wilkie C A. Study on intumescent flame retarded polystyrene composites with improved flame retardancy[J]. Polymer Degradation and Stability, 2010, 95（12）: 2388-2395.

[69]Edenharter A, Feicht P, Diar-Bakerly B, et al. Superior flame retardant by combining high aspect ratio layered double hydroxide and graphene oxide[J]. Polymer, 2016, 91: 41-49.

[70]Liu J C, Zhang Y B, Yu Z L, et al. Enhancement of organoclay on thermal and flame retardant properties of polystyrene/magnesium hydroxide composite[J]. Polymer Composites, 2016, 37（3）: 746-755.

[71]刘继纯, 宋文生, 井蒙蒙, 等. 三聚氰胺氰尿酸盐改性 PPO/PS 复合材料的燃烧性能和流动性能[J]. 复合材料学报, 2012, 29（4）: 75-82.

[72]王庆国, 张军, 张峰. 锥形量热仪的工作原理及应用[J]. 现代科学仪器, 2003（6）: 36-39.

[73]Levchik S V, Levchik G F, Balabanovich A I. Mechanistic study of combustion performance and thermal decomposition behaviour of nylon 6 with added halogen-free fire retardants[J]. Polymer Degradation and Stability, 1996, 54（2）: 217-222.

[74]刘继纯, 于卓立, 罗洁, 等. 微胶囊红磷和聚苯醚对高抗冲聚苯乙烯的协同阻燃作用[J]. 复合材料学报, 2013, 30（4）: 44-52.

[75]孙秀茹. 红磷阻燃剂在尼龙-66 工程中塑料中的应用[J]. 中国塑料, 1999, 13（9）: 70-72.

[76]王星, 胡立嵩, 夏林, 等. 石墨资源概况与提纯方法研究[J]. 化工时刊, 2015, 29（2）: 19-22.

[77]Pang X Y, Shi X Z, Kang X O, et al. Preparation of borate modified expandable graphite and its flame retardancy on acrylonitrile-butadiene-styrene（ABS）resin[J]. Polymer Composites, 2016,

37(9): 2673-2683.

[78]Wang Z Z, Qu B J, Fan W C, et al. Combustion characteristics of halogen-free flame-retarded polyethylene containing magnesium hydroxide and some synergists[J]. Journal of Applied Polymer Science, 2001, 81(1): 206-214.

[79]Liu J C, Li H, Chang H B, et al. Structure and thermal property of intumescent char produced by flame-retardant high impact polystyrene/expandable graphite/microencapsulated red phosphorus composite[J]. Fire and Materials, 2019, 43(8): 971-980.

[80]Lee I H, Shin S H, Foroutan F, et al. Effects of magnesium content on the physical, chemical and degradation properties in a MgO-CaO-Na$_2$O-P$_2$O$_5$ glass system[J]. Journal of Non-Crystalline Solids, 2013, 363: 57-63.

[81]Xie R C, Qu B J, Hu K L. Dynamic FTIR studies of thermo-oxidation of expandable graphite-based halogen-free flame retardant LLDPE blends[J]. Polymer Degradation and Stability, 2001, 72(2): 313-321.

[82]Hao X Y, Gai G S, Liu J P, et al. Flame retardancy and antidripping effect of OMT/PA nanocomposites[J]. Materials Chemistry and Physics, 2006, 96(1): 34-41.

[83]刘继纯, 付梦月, 潘炳力, 等. 蒙脱土/聚苯乙烯复合材料的热分解成炭行为[J]. 复合材料学报, 2012, 29(6): 9-18.

[84]Carty P, White S. Flammability of polymer blends[J]. Polymer Degradation and Stability, 1996, 54(2): 379-381.

[85]Lu H D, Wilkie C A, Ding M, et al. Flammability performance of poly(vinyl alcohol) nanocomposites with zirconium phosphate and layered silicates[J]. Polymer Degradation and Stability, 2011, 96(7): 1219-1224.

[86]Wang Z Y, Liu Y, Wang Q. Flame-retardant polyoxymethylene with aluminium hydroxide/melamine/novolac resin synergistic system[J]. Polymer Degradation and Stability, 2010, 95(6): 945-954.

[87]Schartel B, Hull T R. Development of fire-retarded materials—Interpretation of cone calorimeter data[J]. Fire and Materials, 2007, 31(5): 327-354.

[88]刘继纯, 陈权, 井蒙蒙, 等. 有机蒙脱土/聚苯乙烯复合材料的燃烧性能与阻燃机制[J]. 复合材料学报, 2011, 28(6): 50-58.

[89]Yeh J T, Yang H M, Huang S S. Combustion of polyethylene filled with metallic hydroxides and crosslinkable polyethylene[J]. Polymer Degradation and Stability, 1995, 50(2): 229-234.

[90]Larry K. Magnesium hydroxide: Halogen-free flame retardant and smoke suppressant for polypropylene[J]. Plastics Compounding, 1985, 9(4): 40-44.

[91]Hull T R, Witkowski A, Hollingbery L. Fire retardant action of mineral fillers[J]. Polymer Degradation and Stability, 2011, 96(8): 1462-1469.

[92]刘继纯, 李行, 贺云鹏, 等. 纳米 Mg(OH)$_2$-微胶囊红磷/乙烯-乙酸乙烯酯共聚物阻燃复合材料的性能[J]. 复合材料学报, 2019, 36(11): 2530-2540.

[93]Feng C M, Zhang Y, Liang D, et al. Flame retardancy and thermal degradation behaviors of polypropylene composites with novel intumescent flame retardant and manganese dioxide[J]. Journal of Analytical and Applied Pyrolysis, 2013, 104: 59-67.

[94]Braun U, Schartel B. Flame retardant mechanism of red phosphorus and magnesium hydroxide in

high impact polystyrene[J]. Macromolecular Chemistry and Physics, 2004, 205(16): 2185-2196.

[95]Liu J C, Guo Y B, Chang H B, et al. Interaction between magnesium hydroxide and microencapsulated red phosphorus in flame-retarded high-impact polystyrene composite[J]. Fire and Materials, 2018, 42(8): 958-966.

[96]Liu J C, Zhang Y B, Guo Y B, et al. Effect of carbon black on the thermal degradation and flammability properties of flame-retarded high impact polystyrene/magnesium hydroxide/ microencapsulated red phosphorus composite[J]. Polymer Composites, 2018, 39(3): 770-782.

[97]Li Q Y, Wu G Z, Ma Y L, et al. Grafting modification of carbon black by trapping macroradicals formed by sonochemical degradation[J]. Carbon, 2007, 45(12): 2411-2416.

[98]Zhou X J, Li Q Y, Wu C F. Grafting of maleic anhydride onto carbon black surface via ultrasonic irradiation[J]. Applied Organometallic Chemistry, 2008, 22(2): 78-81.

[99]Wen X, Wang Y J, Gong J, et al. Thermal and flammability properties of polypropylene/carbon black nanocomposites[J]. Polymer Degradation and Stability, 2012, 97(5): 793-801.

[100]Hayashi S, Naitoh A, Machida S, et al. Grafting of polymers onto a carbon black surface by the trapping of polymer radicals[J]. Applied Organometallic Chemistry, 1998, 12(10-11): 743-748.

[101]王军亮, 秦鹏飞, 李豪, 等. 玻纤对阻燃聚甲醛复合材料阻燃性能、力学性能及流变行为的影响研究[J]. 塑料工业, 2017, 45(10): 92-95.

[102]左晓玲, 张道海, 罗兴, 等. 阻燃长玻纤增强尼龙-6 的研究进展[J]. 现代化工, 2013, 33(2): 33-37.

[103]Tang G, Wang X, Zhang R, et al. Facile synthesis of lanthanum hypophosphite and its application in glass-fiber reinforced polyamide 6 as a novel flame retardant[J]. Composites Part A, 2013, 54: 1-9.

[104]Zhu J W, Shentu X Y, Xu X, et al. Preparation of graphene oxide modified glass fibers and their application in flame retardant polyamide 6[J]. Polymers for Advanced Technologies, 2020, 31(8): 1709-1718.

[105]Liu Y, Deng C L, Zhao J, et al. An efficiently halogen-free flame-retardant long-glass-fiber-reinforced polypropylene system[J]. Polymer Degradation and Stability, 2011, 96(3): 363-370.

[106]Wang X, Song L, Pornwannchai W, et al. The effect of graphene presence in flame retarded epoxy resin matrix on the mechanical and flammability properties of glass fiber-reinforced composites[J]. Composites Part A, 2013, 53: 88-96.

[107]李行, 张炎斌, 贺云鹏, 等. 玻璃纤维对高抗冲聚苯乙烯阻燃性能的影响[J]. 塑料科技, 2019, 47(11): 54-58.

[108]Liu J C, Guo Y B, Zhang Y B, et al. Thermal conduction and fire property of glass fiber-reinforced high impact polystyrene/magnesium hydroxide/microencapsulated red phosphorus composite[J]. Polymer Degradation and Stability, 2016, 129: 180-191.

[109]Liu J C, Yu Z L, Shi Y Z, et al. A preliminary study on the thermal degradation behavior and flame retardancy of high impact polystyrene/magnesium hydroxide/microencapsulated red phosphorus composite with a gradient structure[J]. Polymer Degradation and Stability, 2014, 105: 21-30.

[110]Yu Z L, Liu J C, Zhang Y B, et al. Thermo-oxidative degradation behavior and fire performance

of high impact polystyrene/magnesium hydroxide/microencapsulated red phosphorus composite with an alternating layered structure[J]. Polymer Degradation and Stability, 2015, 115: 54-62.

[111]Liu J C, Li H, Chang H B, et al. Effect of water erosion on flame retardancy of high impact polystyrene/magnesium hydroxide composite and its mode of action[J]. Fire and Materials, 2020, 44(2): 180-188.

[112]Liu H, Yi J H. Polystyrene/magnesium hydroxide nanocomposite particles prepared by surface-initiated *in-situ* polymerization[J]. Applied Surface Science, 2009, 255(11): 5714-5720.

[113]Hu K, Cui Z K, Yuan Y L, et al. Synthesis, structure, and properties of high-impact polystyrene/octavinyl polyhedral oligomeric silsesquioxane nanocomposites[J]. Polymer Composites, 2016, 37(4): 1049-1055.

中英文对照表

缩写符号	英文名称	中文名称
ABS	acrylonitrile-butadiene-styrene copolymer	丙烯腈-丁二烯-苯乙烯共聚物
ACOY	average CO yield	平均 CO 释放量
AEHC	average effective heat of combustion	平均有效燃烧热
AHRR	average heat release rate	热释放速率平均值
AMLR	average mass loss rate	平均质量损失速率
ASEA	average specific extinction area	比消光面积平均值
ATH	aluminum trihydrate	氢氧化铝
ATR-FTIR	attenuated total reflection-Fourier transform infrared spectroscopy	衰减全反射傅里叶变换红外光谱
CB	carbon black	炭黑
DOPO	9,10-dihydro-9-oxa-10-phosphaphenanthrene-10-oxide	9,10-二氢-9-氧杂-10-磷杂菲-10-氧化物
DTG	derivative thermogravimetry	微分热重分析
DVB	divinyl benzene	二乙烯基苯
EDS	X-ray energy dispersive spectrum	能量色散 X 射线谱
EG	expandable graphite	可膨胀石墨
EHC	effective heat of combustion	有效燃烧热
FIGRA	fire growth rate	火增长速率指数
FPI	fire performance index	火灾性能指数
FTIR	Fourier transform infrared spectroscopy	傅里叶变换红外光谱
GF	glass fiber	玻璃纤维
HIPS	high impact polystyrene	高抗冲聚苯乙烯
HRR	heat release rate	热释放速率
LOI	limiting oxygen index	极限氧指数
MCA	melamine cyanurate	氰尿酸三聚氰胺
MFR	melt flow rate	熔体流动速率
MH	magnesium hydroxide	氢氧化镁

续表

缩写符号	英文名称	中文名称
MLP	mass loss percentage	质量损失百分率
MLR	mass loss rate	质量损失速率
mMH	micro-sized magnesium hydroxide	微米氢氧化镁
MMT	montmorillonite	蒙脱土
MRP	microencapsulated red phosphorus	微胶囊红磷
NG	natural graphite	天然石墨
nMH	nano-sized magnesium hydroxide	纳米氢氧化镁
OMMT	organic montmorillonite	有机蒙脱土
phm	parts per hundred monomer	在每100份单体中添加的其他物质的份数
phr	parts per hundred resin	在每100份树脂中添加的其他物质的份数
PHRR	peak heat release rate	热释放速率峰值
PLSN	polymer-layered silicate nanocomposite	聚合物/层状硅酸盐纳米复合材料
PPO	polyphenylene oxide	聚苯醚
PS	polystyrene	聚苯乙烯
PVC	polyvinyl chloride	聚氯乙烯
RP	red phosphorus	红磷
RS	Raman spectroscopy	拉曼光谱
SEA	specific extinction area	比消光面积
SEM	scanning electron microscope	扫描电子显微镜
SPR	smoke production rate	烟生成速率
TEM	transmission electron microscope	透射电子显微镜
TGA	thermogravimetric analysis	热重分析
THR	total heat release	总释放热量
t-MH	treated magnesium hydroxide	热处理后的氢氧化镁
TSR	total smoke release	总释放烟量
TTI	time to ignition	引燃时间
TTPHRR	time to peak heat release rate	到达热释放速率峰值的时间
UL-94 HBT	UL-94 horizontal burning test	UL-94 水平燃烧实验法
UL-94 VBT	UL-94 vertical burning test	UL-94 垂直燃烧实验法
XPS	X-ray photoelectron spectroscopy	X 射线光电子能谱
XRD	X-ray diffraction	X 射线衍射

索　引

B

表层　201

玻璃纤维　173

C

残余物　2, 43

层状硅酸盐　14

成炭　13

成炭能力　98

成炭行为　42

成型加工　25

垂直燃烧　5

D

多孔炭层　3

F

防火屏障　37

放热峰　155

非均质结构　201

腐蚀时间　233

腐蚀温度　233

复合材料　60

傅里叶变换红外光谱　75

G

高抗冲聚苯乙烯　16

共聚　14

H

红磷　10

化学改性　14

火灾安全性　184

火灾性能指数　7

J

极限指数法　4

加工性能　13

夹层结构　202

降解　2

交联　14

交替结构　220

接枝　14

结构　49

金属氢氧化物　13

聚苯醚　16

聚苯乙烯　1

聚合物　1

聚合物合金　13

聚磷酸铵　10

均质结构　209

K

可膨胀石墨　35

可燃性物质　2

L

拉曼光谱　78

力学强度　173

力学性能　13

流动性能　25

N

纳米复合材料　14

耐腐蚀性能　244

黏土　59

凝聚相阻燃　2

O

偶联剂　199

P

膨胀石墨　35

膨胀炭层　35

膨胀型阻燃剂　10, 11

Q

气相阻燃　2

氢氧化铝　13

氢氧化镁　13

氰尿酸三聚氰胺　16

R

燃烧　1, 44

燃烧热　102

燃烧速率　183

燃烧性能　18

热传导　173

热导率　184

热分解　1, 17

热辐射　183, 245

热降解　45

热量　2

热量传递　8

热屏蔽效应　56

热释放速率　6

热稳定性能　15

热氧化降解　45

热源　184

热重分析法　4

熔融滴落　199

S

生烟速率　6

石墨　35

石墨烯　14

水腐蚀　230

水平燃烧　5

酸腐蚀　229

T

炭层　48

炭黑　14

碳基纳米材料　14

梯度结构　211

W

微胶囊红磷　16

无卤阻燃　10

X

吸收谱带　77

相容性　16

协同效应　13

协同阻燃　15

芯层　201

性能　49

Y

氧化反应　2, 155

抑烟　14

引燃时间　6

有机蒙脱土　15

有效燃烧热　7

原位聚合　94

Z

增强 173

质量损失速率 6

中断热交换阻燃 2

烛芯效应 197

锥形量热仪 4

自熄 15

自由基 2

总释放热量 6

阻隔作用 233

阻燃 1

阻燃材料 8

阻燃复合材料 201

阻燃机理 2

阻燃剂 10

阻燃效率 13

阻燃性能 4